普通高等学校计算机类一流本科专业建设系列教材

C 语言程序设计

（第二版）

主　编　乔保军
副主编　刘志丹　赵建辉　朱小艳
　　　　凌广明　刘定一

科学出版社

北京

内 容 简 介

本书致力于新工科新形态教材的建设，基于第一版在实际教学中的多年应用，对全书编程案例进行了优化与整合，并通过二维码添加了案例的教学视频及拓展内容资源。本书不仅强调内容的全面性和实用性，还严格遵循科学的教学理念与编写依据，旨在为高等院校学生及编程爱好者提供一本高效且易于理解的 C 语言教材。

全书共分为四部分：第一部分为基础篇，涵盖 C 语言编程初步、数据处理和交互；第二部分为流程控制篇，包括选择控制结构、循环控制结构、函数；第三部分为进阶篇，涉及指针、数组、字符串、结构、动态数据结构及数据文件；第四部分为高阶篇，包括预编译指令与位运算及应用。

本书可作为高等学校 C 语言课程的教材，也可供编程爱好者阅读参考。

图书在版编目（CIP）数据

C 语言程序设计 / 乔保军主编. -- 2 版. -- 北京：科学出版社，2025. 8. -- (普通高等学校计算机类一流本科专业建设系列教材).
ISBN 978-7-03-082410-3

Ⅰ．TP312.8

中国国家版本馆 CIP 数据核字第 2025VM8153 号

责任编辑：滕 云 / 责任校对：王 瑞
责任印制：师艳茹 / 封面设计：无极设计

科学出版社 出版
北京东黄城根北街 16 号
邮政编码：100717
http://www.sciencep.com

三河市骏杰印刷有限公司印刷
科学出版社发行 各地新华书店经销

*

2013 年 8 月第 一 版　开本：787×1092　1/16
2025 年 8 月第 二 版　印张：18 3/4
2025 年 8 月第七次印刷　字数：492 000

定价：59.80 元

（如有印装质量问题，我社负责调换）

前　言

　　C语言是一种被广泛使用的程序设计语言，其运算符和数据类型丰富，便于实现各种复杂类型的数据结构的计算。C语言既有高级语言的特性，又具有对硬件直接编程的能力，适用于多种操作系统，是当今最为流行的计算机编程语言之一，用其编写的程序具有速度快、效率高、可移植性好等优点。

　　目前介绍C语言的教材有很多，但是在多年的教学实践中，我们发现适合高等学校程序设计课程的基础书籍有限。本书从学习程序设计的方法出发，有目的地展开C语言程序设计的学习。通过对内容由浅入深的渐进式编排，同时结合大量例题，将C语言基础知识、基本编程方法和程序设计技巧展现给广大读者，力求实现C语言知识和应用开发能力的融会贯通。本书作为程序设计的基础教材，不但适合初学者使用，而且对专业人员也有一定的参考价值。

　　全书从结构上分为四部分。第一部分是基础篇，包括第1章(C语言编程初步)和第2章(数据处理和交互)，主要介绍学习程序设计的方法、C语言概述、基本语法和顺序程序设计的方法；第二部分是流程控制篇，包括第3章(选择控制结构)、第4章(循环控制结构)和第5章(函数)，主要介绍C语言中四种流程控制的方法，即顺序控制、选择控制、循环控制和函数调用控制；第三部分是进阶篇，包括第6章(指针)、第7章(数组)、第8章(字符串)、第9章(结构)、第10章(动态数据结构)和第11章(数据文件)，主要介绍C语言中的构造数据类型：数组、结构和指针等，并详细讲解文件的使用方法；第四部分是高阶篇，包括第12章(预编译指令)和第13章(位运算及应用)，主要介绍宏定义、多文件编译和位运算符的使用方法。

　　本书以目前广泛使用的Dev-C++作为集成开发环境。本书的参考学时为96学时(理论64学时和上机32学时)，读者可根据教学实际情况对相关内容进行取舍。本书内容遵循由浅入深的原则进行编排，由基础语法至高级技巧，辅以大量例题及实际案例，助力读者逐步掌握C语言程序设计的基本技能。全书以"小小计算器"与"成绩管理器"两个综合案例为核心线索，逐步拓展功能，帮助学生深入理解和掌握程序设计的思想与方法。同时，综合案例采用模块化设计，将功能细分为多个子模块，通过函数与结构体的应用，增强了代码的可读性与可维护性。

　　本书由河南大学乔保军担任主编，河南大学刘志丹、赵建辉、朱小艳，河南工程学院凌广明，河南警察学院刘定一担任副主编。本书第1、2章由乔保军编写，第3、4章由赵建辉编写，第5、6章由凌广明编写，第7、8章由刘志丹编写，第9、10章由朱小艳编写，第11~13章由刘定一编写。本书的讲解视频由刘志丹、朱小艳、赵建辉录制。全书由乔保军统稿。在此对所有为本书的出版付出辛勤劳动的朋友表示衷心的感谢。本书配有丰富的教学视频、知识点拓展内容,并提供源代码,读者可扫描下方二维码下载使用。

由于编者水平有限,书中难免存在一些不足之处,恳请广大读者批评指正。

编 者

2025 年 1 月 1 日

部分源代码

目　录

第一部分　基　础　篇

第1章　C语言编程初步 …………… 1
  1.1　程序与程序设计 …………… 1
  1.2　初识C语言 ………………… 2
    1.2.1　C语言的发展和特点 …… 2
    1.2.2　C语言程序的编写和运行 … 3
  1.3　C语言程序架构 …………… 8
  习题 ……………………………… 12
第2章　数据处理和交互 …………… 13
  2.1　数据类型 …………………… 13
    2.1.1　整型数据类型 …………… 13
    2.1.2　浮点型数据类型 ………… 16
  2.2　变量 ………………………… 17
    2.2.1　变量的定义 ……………… 17
    2.2.2　变量和地址 ……………… 19
    2.2.3　变量的命名要求 ………… 20
  2.3　常量 ………………………… 20
  2.4　运算符 ……………………… 22
    2.4.1　算术运算符 ……………… 24
    2.4.2　赋值运算符 ……………… 25
    2.4.3　自增/自减运算符 ……… 27
  2.5　数据类型转换 ……………… 28
  2.6　交互式输入输出 …………… 30
    2.6.1　putchar函数和getchar函数 … 31
    2.6.2　格式化输出函数printf … 32
    2.6.3　格式化输入函数scanf … 34
    2.6.4　cin和cout ……………… 35
  2.7　案例：小小计算器1.0 ……… 37
  习题 ……………………………… 40

第二部分　流程控制篇

第3章　选择控制结构 ……………… 41
  3.1　关系运算符 ………………… 41
  3.2　逻辑运算符 ………………… 42
  3.3　if语句和if-else语句 ……… 44
    3.3.1　if语句 …………………… 44
    3.3.2　if-else语句 ……………… 47
    3.3.3　if-else链 ………………… 50
  3.4　switch语句 ………………… 54
  3.5　选择结构的嵌套 …………… 59
  3.6　条件运算符 ………………… 60
  3.7　案例：小小计算器2.0 ……… 62
  习题 ……………………………… 65
第4章　循环控制结构 ……………… 66
  4.1　while语句 …………………… 66
  4.2　for语句 ……………………… 69
  4.3　do-while语句 ……………… 72
  4.4　break语句和continue语句 … 73
  4.5　循环的嵌套 ………………… 78
  4.6　案例：小小计算器3.0 ……… 81
  习题 ……………………………… 84
第5章　函数 ………………………… 86
  5.1　函数概述 …………………… 86
    5.1.1　函数的原型和定义 ……… 86
    5.1.2　函数调用 ………………… 88
    5.1.3　递归调用 ………………… 95
  5.2　变量的作用域和存储类别 … 100
    5.2.1　局部变量 ………………… 100
    5.2.2　全局变量 ………………… 104
    5.2.3　变量的存储类别 ………… 107
  5.3　C语言常用库函数 ………… 111
    5.3.1　数学库函数 ……………… 111
    5.3.2　时间函数 ………………… 113

5.3.3 随机函数 ·············· 114
5.4 案例：小小计算器 4.0 ········ 116

第三部分 进 阶 篇

第 6 章 指针 ················ 121
6.1 存储地址与指针 ············ 121
6.2 指针变量 ················ 123
6.2.1 指针变量的定义 ·········· 123
6.2.2 指针的运算 ············ 126
6.3 指针与函数 ·············· 127
6.3.1 指针变量作为函数参数 ····· 127
6.3.2 返回指针的函数 ·········· 132
6.3.3 指向函数的指针 ·········· 134
习题 ·························· 135

第 7 章 数组 ················ 137
7.1 一维数组 ················ 137
7.1.1 一维数组的定义 ·········· 137
7.1.2 一维数组的地址 ·········· 140
7.1.3 一维数组的初始化 ········ 142
7.1.4 一维数组的使用 ·········· 144
7.2 多维数组 ················ 146
7.2.1 二维数组的定义 ·········· 146
7.2.2 二维数组的地址和初始化 ··· 149
7.2.3 二维数组的使用 ·········· 150
7.2.4 多维数组基础 ············ 154
7.3 数组作为函数的参数 ········ 154
7.4 数组和指针 ·············· 158
7.4.1 一维数组和指针 ·········· 158
7.4.2 二维数组和指针 ·········· 160
7.4.3 指向一维数组的指针 ······ 163
7.5 案例：成绩管理器 1.0 ······ 165
习题 ·························· 173

第 8 章 字符串 ·············· 175
8.1 字符串基础 ·············· 175
8.2 字符串的输入输出 ········ 176
8.3 字符和字符串库函数 ········ 179
8.3.1 字符串库函数 ············ 179
8.3.2 字符库函数 ············ 181
8.3.3 转换库函数 ············ 183
8.4 字符串处理 ·············· 184

习题 ·························· 119

8.5 字符串和指针 ············ 193
8.5.1 使用指针创建字符串 ······ 193
8.5.2 使用指针访问字符串 ······ 195
8.5.3 指针数组 ·············· 197
8.6 案例：成绩管理器 1.1 ······ 200
习题 ·························· 204

第 9 章 结构 ················ 206
9.1 结构的基础 ·············· 206
9.1.1 结构的定义 ············ 206
9.1.2 结构的使用 ············ 208
9.1.3 结构的初始化 ·········· 210
9.2 typedef 语句 ············ 212
9.3 结构和函数 ·············· 214
9.3.1 结构作为函数的参数 ······ 214
9.3.2 函数返回结构 ············ 217
9.4 结构和指针 ·············· 218
9.5 枚举类型 ················ 222
9.6 案例：成绩管理器 2.0 ······ 225
习题 ·························· 233

第 10 章 动态数据结构 ······ 234
10.1 动态存储分配 ············ 234
10.2 链表 ·················· 236
10.3 案例：成绩管理器 2.5 ···· 240
习题 ·························· 247

第 11 章 数据文件 ·········· 248
11.1 文件的基础 ·············· 248
11.2 打开和关闭文件 ·········· 249
11.3 读取和写入文本文件 ······ 251
11.3.1 字符读取函数 fgetc ······ 251
11.3.2 字符写入函数 fputc ······ 253
11.3.3 字符串读取函数 fgets ···· 254
11.3.4 字符串写入函数 fputs ···· 255
11.3.5 fprintf 和 fscanf 函数 ···· 257
11.4 二进制文件读写 ·········· 260
11.5 其他文件相关函数 ········ 263
11.6 案例 1：成绩管理器 3.0 ···· 268

11.7　案例 2：绘制地图 …………… 272
习题 ………………………………… 276

第四部分　高　阶　篇

第 12 章　预编译指令 …………… 277
12.1　宏定义 …………………… 277
　12.1.1　变量式宏定义 ……………… 277
　12.1.2　函数式宏定义 ……………… 279
　12.1.3　宏定义的范围 ……………… 280
12.2　文件包含和条件编译 ……… 281

第 13 章　位运算及应用 …………… 286
13.1　位运算 …………………… 286
13.2　位运算应用 ……………… 289

参考文献 ………………………………… 292

第一部分 基　础　篇

第 1 章　C 语言编程初步

我们的工作和生活越来越离不开计算机程序了，而计算机程序都是由专门的编程语言编写的。C 语言是众多优秀的计算机编程语言中的一种，无论在系统软件开发还是各种应用软件开发领域都有广泛的应用，它是当今最流行、最受欢迎的计算机语言之一。在学习 C 语言之前，我们先来了解什么是程序、什么是程序设计，以及学习程序设计的方法。

1.1　程序与程序设计

1. 程序

在日常生活中，我们总是在不断地编写"程序"、执行"程序"。例如，我们要用全自动洗衣机洗衣服，当把准备工作做完之后，洗衣机就会按照我们设定的洗衣步骤，自动完成注水、洗涤、清洗、甩干等一系列动作，这不就是在编写"程序"和执行"程序"吗？

在计算机中，程序指的是一组计算机指令。如果没有程序，计算机就什么都不会做。与现实生活中的"程序"一样，要使计算机完成人们安排好的工作，就必须把待完成工作的具体步骤编写成计算机能够执行的一系列指令。这些完成指定功能的一系列指令就是程序。

2. 程序设计

程序设计是一门技术，需要相应的理论、技术、方法和工具来支撑。程序设计可以分为以下四个阶段。

(1) 分析程序的需求。具体编写程序前，必须对用户的需求进行深入调研，弄明白用户想要达到什么样的目的、能够提供怎样的数据，明确用户的具体需求。

(2) 程序的分析和开发。在这个阶段首先需要分析问题，然后筹划解决方案，接下来才能编写程序代码，最后对程序进行测试和修改。

(3) 撰写文档。程序设计通常会涉及以下几个文档：需求文档、程序代码的说明文档、修改文档、测试用例文档和用户使用手册。

(4) 维护。针对程序实际应用过程中出现的问题和新需求，需要对程序进行不断的改进和修改。

所以，不要简单地认为程序设计只是编写代码，它是一个全面的过程，一个合格的程序设计人员应该全面掌握程序设计的各个方面。本书着重讲解其中程序代码编写的部分。

好的程序应该具有正确性、可靠性、易读性、可维护性等良好的特性。为了满足这些特性要求，既应采用正确的程序设计方法和技术，也应该使用良好的程序设计风格，使程序结构清晰合理，便于维护。

利用 C 语言进行程序设计时,常采用结构化程序设计方法,也可以说 C 语言是一种结构化程序设计语言。

结构化程序设计是建立在经典的结构定理基础上的。结构定理指出:任何程序逻辑都可以用顺序、选择和循环三种基本结构来表示。实践证明,结构化程序设计方法确实提高了程序的执行效率,降低了程序的出错率,减少了后期维护的费用。

结构化程序设计有以下两个主要特征。

(1) 程序总是由三种基本结构组成,即顺序结构、选择结构和循环结构。这三种结构都是单入口单出口的程序结构。

(2) 自顶向下、逐步求精和模块化是结构化程序设计方法中最典型、最具有代表性的方法。

当然,结构化程序设计的缺点也是很明显的,如数据和处理方法相分离、代码的可重用效率较低。

3. 学习程序设计的方法

学习程序设计要经历三个阶段:读程序、写程序和积累功能代码。

1) 读程序

在没有读过一段完整的源代码之前,很难写出好的程序。读程序必须具备一定的语言基础知识,最起码应该能读懂程序每一行的含义,同时也应理解代码段整体的含义。是否具有程序设计的思想,在这个阶段并不重要,只要具备一定的语法基础即可。

学习一门编程语言和学习英语一样,识记程序语法如同读音标来背单词,阅读源代码如同英语中的阅读理解,学习过程是漫长的,这就要求我们在学习编程语言时,既要有渴望知识的热情、学习知识的方法,更要有持之以恒的决心和毅力。

2) 写程序

刚开始写程序时,不要奢望一下子就能写出既正确又高效的程序。编程需要手脑结合,既要思考,又要动手,循序渐进。开始的时候可以写一点功能简单的、篇幅短小的代码,然后在此基础上逐步对代码进行完善和扩充。

3) 积累功能代码

积累非常重要,可以将平时自己写的和阅读的代码分类整理,构建一个属于自己的代码库,在需要相关功能代码的时候就可以方便地查询,这样做既可以提高编码的效率,又可以提高编码的正确率。

1.2 初识 C 语言

1.2.1 C 语言的发展和特点

1. C 语言的诞生与发展

C 语言是由贝尔实验室的丹尼斯·里奇(Dennis Ritchie)于 1972 年在 BCPL(basic combined programming language)编程语言的基础上设计出来的。随着 C 语言的不断发展和广泛应用,众多的编译器厂商根据不同的开发平台和应用领域提供了各具特色的编译环境,从而出现了许多不同版本的 C 语言。这也给 C 语言的应用和学习带来了诸多不便,在某种程度上也阻碍了 C 语言的发展。因此 1989 年美国国家标准研究所(ANSI)为 C 语言制定了一套 ANSI 标准(简称 C89)，为 C 语言的进一步发展奠定了良好的基础。随着 C 语言的广泛应用和发展，后续 ANSI 又相继制定了 C90、C99、C11、C17、C23 等版本的标准。这些标准规定了 C 语言的语法、语义、库函数等方面的规范，对于 C 语言程序的编写和编译具有重要的指导意义。

C 语言作为一门历史悠久且极为成功的语言，很适合作为编程世界的入门语言，具有极高的教学价值。更为重要的是，当今许多编程语言都可以认为是源于 C 语言，如 C++、C#、Java、JavaScript 等。学习 C 语言将为以后学习这些语言打下良好的基础。另外，嵌入式技术和 Linux 程序开发技术为 C 语言提供了更为广阔的发展空间。作为一种非常基础和常用的编程语言，C 语言在嵌入式系统开发中体现出了其强大的软硬件操控能力。如果说 C 语言和 UNIX 是一对孪生兄弟，那么 C 语言和 Linux 就是一对父子，在 Linux 系统中，C 语言得到了更为深入的发展。

目前，我们所使用的手机或移动设备的操作系统多数都是基于 C 语言开发的，或者说它们的内核是用 C 语言实现的，如 Android 和 iOS。由我国华为公司自主研发的全场景 Harmony OS 也不例外。

2. C 语言的特点

(1) 功能强大的高级编程语言。C 语言可以直接访问内存的物理地址，进行位(bit)一级的操作，能够直接对硬件进行操作，还可以直接嵌入汇编语言子程序，充分发挥汇编语言的优势。可以说 C 语言是把高级编程语言和低级编程语言的功能集成于一身的语言。

(2) 结构化程序设计语言。C 语言提供了结构化的控制语句,把函数作为程序的模块单位，实现程序的模块化。可以说 C 语言是完全模块化和结构化的语言。

(3) 功能齐备。C 语言具有丰富的运算符和数据类型，便于实现各种类型复杂的数据结构的计算，而且 C 语言引入了指针的概念，可使程序的效率更高。

(4) 适用范围广，移植性好。C 语言的初衷就是解决不同平台的兼容性问题，它为跨平台的系统开发带来了极大的便利，提供了宏等多种机制以便于移植。

(5) 书写形式简洁灵活。ANSI 标准 C 语言一共有 32 个关键字、9 种控制语句，非常简洁。而且，相比于其他高级语言，C 语言几乎对书写不加"任何"限制，非常自由。

(6) 生成代码质量高，程序执行效率高。用 C 语言编译生成的目标代码一般可以达到汇编程序生成的目标代码效率的 80%～90%。相对于其他高级语言来讲，这是难能可贵的。

1.2.2　C 语言程序的编写和运行

1. 编写和运行 C 语言程序的流程

使用 C 语言编写的源代码，如何转换为最终的可执行的应用程序呢？

从 C 语言源代码到可执行程序，首先需要经过编译器的编译，生成目标程序，目标程序需要由连接器和其他文件连接，才能生成最终的可执行文件。

如果把编译器看作一台机器，源代码看作原材料，可执行文件看作产品，我们就是使用这台机器把原材料加工成产品的，而编译器可以看作一个实力强劲的公司使用先进的技术生产的机器。

通过 C 程序创建一个可执行程序的过程如图 1.1 所示。

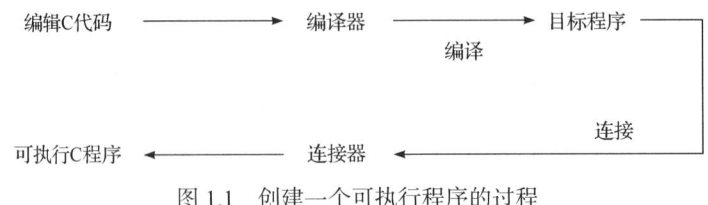

图 1.1 创建一个可执行程序的过程

2. C 语言的编译环境

使用 C 语言编写程序之前，首先需要在计算机上安装 C 语言编译器。编译器也是一种计算机软件工具，其主要任务就是让计算机能够正确理解和执行用户所编写的程序。目前流行的 C 语言编译器有很多种，可以选择跨平台的 CodeBlocks 编译器；在 Linux 环境下，可以选择 GCC(GNU Compiler Collection)编译器；在 macOS 环境下，可以选择 XCode 编译器；在 Windows 平台上，可以选择 Visual C++系列产品，较为经典的版本是 Visual C++ 6.0(简称 VC 6.0)；Dev-C++(或者叫作 Dev-Cpp)是 Windows 环境下的一个轻量级 C/C++集成开发环境，它是一款自由软件，遵守通用公共许可(GPL)协议分发源代码。

Dev-C++集合了功能强大的源码编辑器、MinGW64/TDM-GCC 编译器(遵循 C++11 标准，同时兼容 C++98 标准)、GDB(GNU Debugger)调试器和 AStyle 格式整理器等众多自由软件，开发环境包括多页面窗口、工程编辑器以及调试器等，在工程编辑器中集合了编辑器、编译器、连接程序和执行程序，提供高亮度语法显示，以减少编辑错误，还有完善的调试功能，适合在教学中供 C/C++语言初学者使用，也适合非商业级普通开发者使用。

本书用 Dev-C++ 5.11 集成开发环境进行代码书写。Dev-C++ 5.11 启动后的界面如图 1.2 所示。

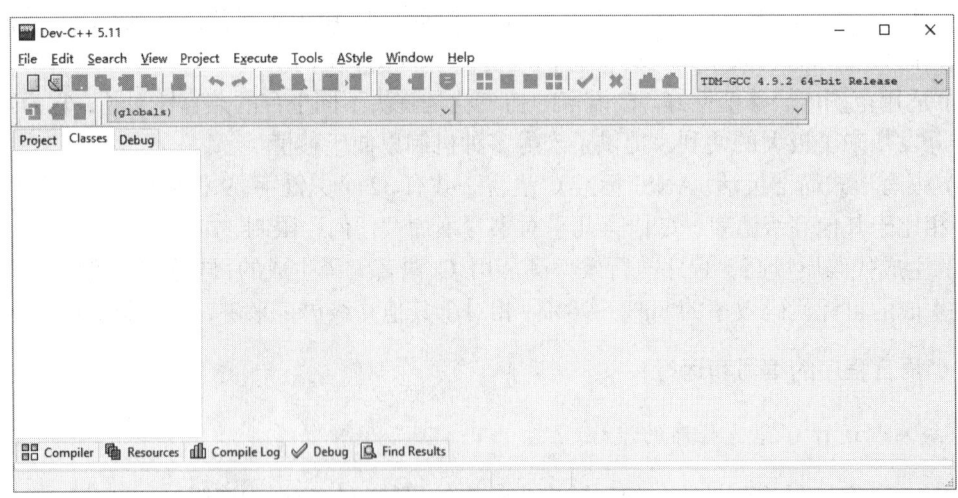

图 1.2 Dev-C++ 5.11 启动后的界面

【例 1.1】输出"Hello World！"。

如图 1.3 所示，选择 File 菜单中的 New 菜单项下的 Project 选项，弹出 New Project 对话框，如图 1.4 所示。

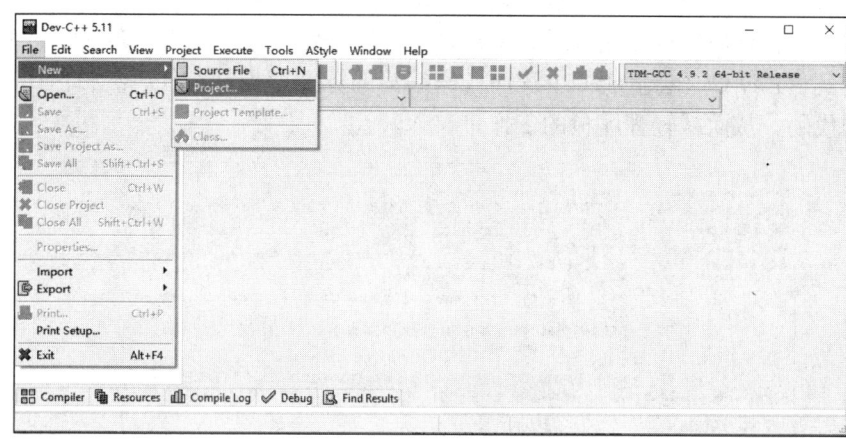

图 1.3 新建工程的菜单操作

Dev-C++的使用

VC 6.0的使用

Code Blocks的使用

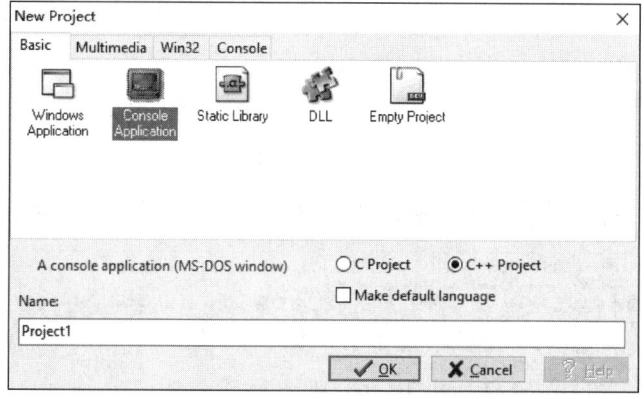

图 1.4 新建工程

在 New Project 对话框中可以看到许多工程类型,由于 C 程序一般是基于控制台的,选择 Console Application 新建一个控制台应用程序。系统默认是新建一个 C++工程(C++ Project),这里可以改成 C 工程(C Project),然后输入工程名"Project1",接下来单击 OK 按钮,出现如图 1.5 所示的保存界面。

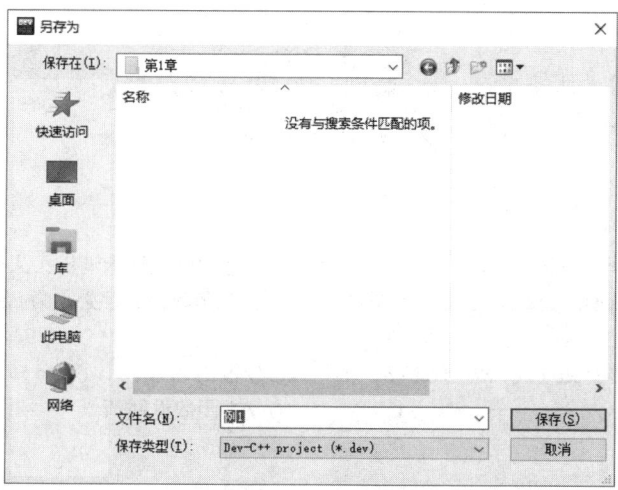

图 1.5 新建工程的保存

选择这个工程合适的存储路径后，单击"保存"按钮，进入工程编辑窗口，如图 1.6 所示。可以看到，Dev-C++会生成一个程序代码编写的标准模板，在代码编辑区中自动添加了一些必要的代码，从而减轻程序员的工作量。

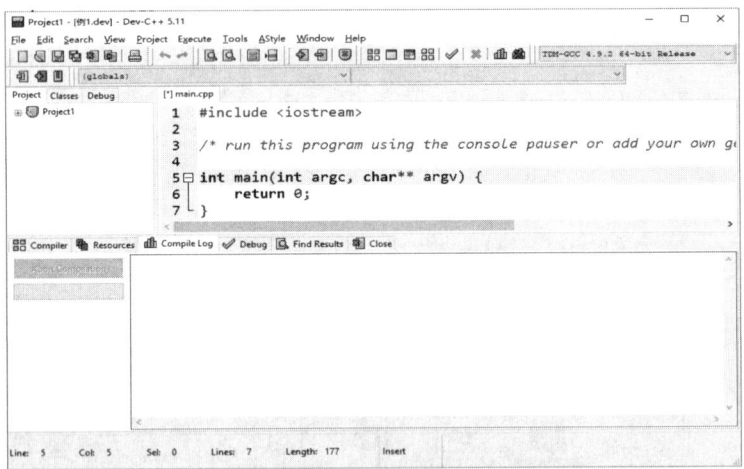

图 1.6　工程编辑窗口

在代码编辑区，可以进行代码的输入和编辑。在编辑区输入下面的代码，如图 1.7 所示。

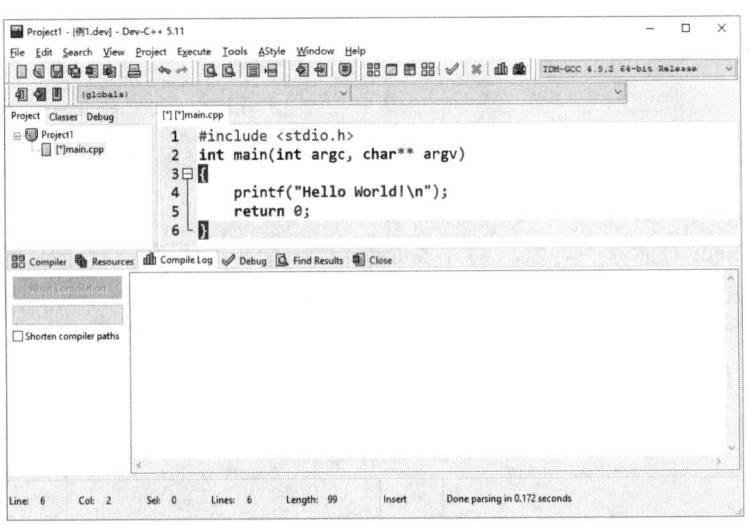

图 1.7　代码编辑界面(一)

程序如下：

```
1    #include <stdio.h>                    //包含标准输入输出头文件
2    int main(int argc, char **argv[ ])//主函数，名字必须为main，注意大小写
3    {
4        printf("Hello World!\n");         //输出Hello World!
5        return 0;                         //主函数返回值
6    }
```

注意：使用 Dev-C++进行单文件 C 程序的编写时，在进入图 1.2 所示的界面后，也可以跳过新建工程的一系列操作,而直接从新建文件开始。如图 1.8 所示,选择 File 菜单中的 New 菜单项下的 Source File 选项,进入如图 1.9 所示的代码编辑界面。

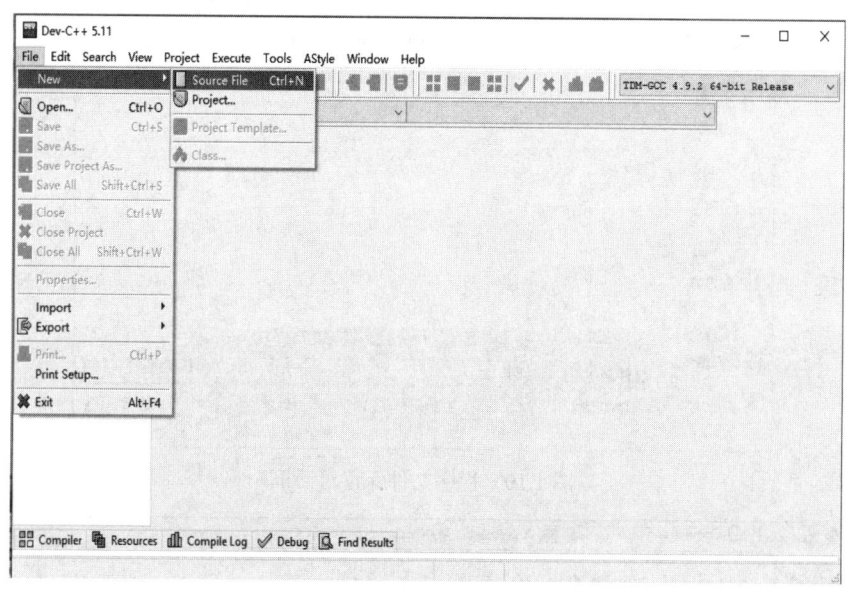

图 1.8　新建源文件的操作界面

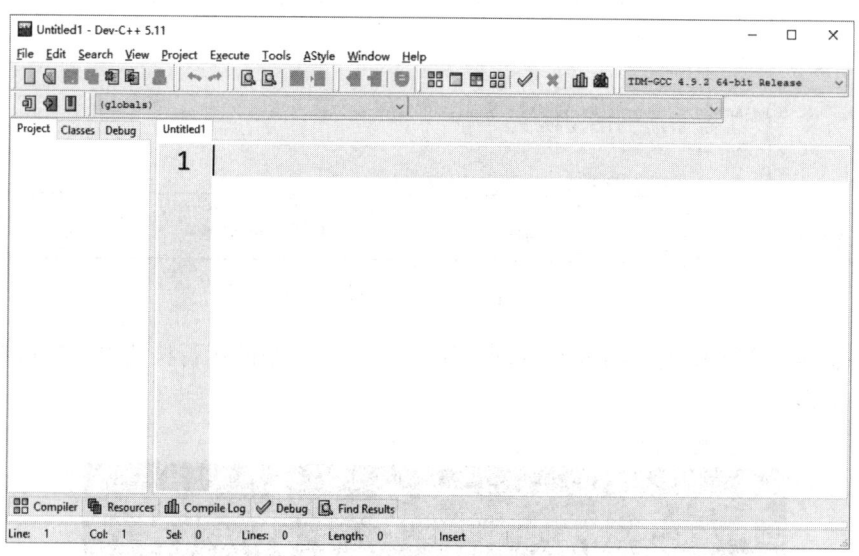

图 1.9　代码编辑界面(二)

可以发现,图 1.9 和图 1.6 相似,区别在于图 1.6 中,系统会自动添加一些必要的代码,图 1.9 给出的是一个空白的代码编辑区,由程序员输入完整的程序代码。两种操作方式的效果一样,由程序员根据个人喜好自由选择。

选择 Execute 菜单中的 Compile 菜单项(也可以单击工具栏中的编译按钮),首次运行时,会弹出一个程序文件保存对话框,如图 1.10 所示。为当前程序文件命名后,单击"保存"按钮,开始编译,并在代码编辑区下方的编译窗口中,显示编译结果,如图 1.11 所示。

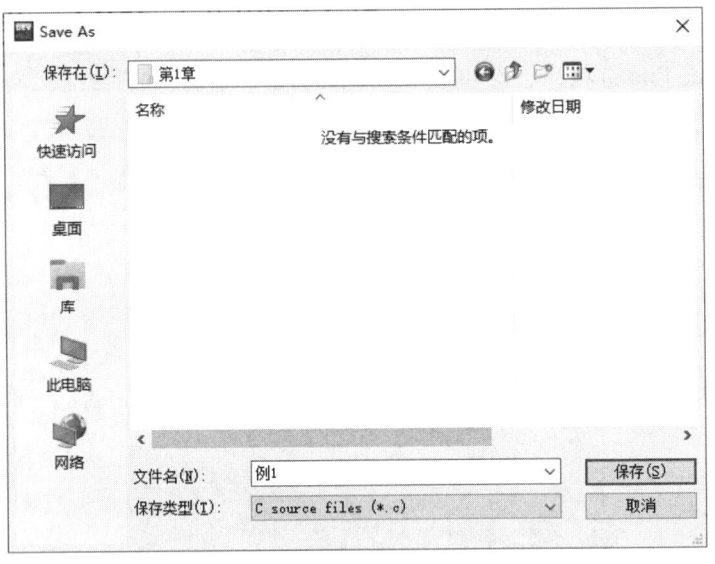

图 1.10 程序文件保存对话框

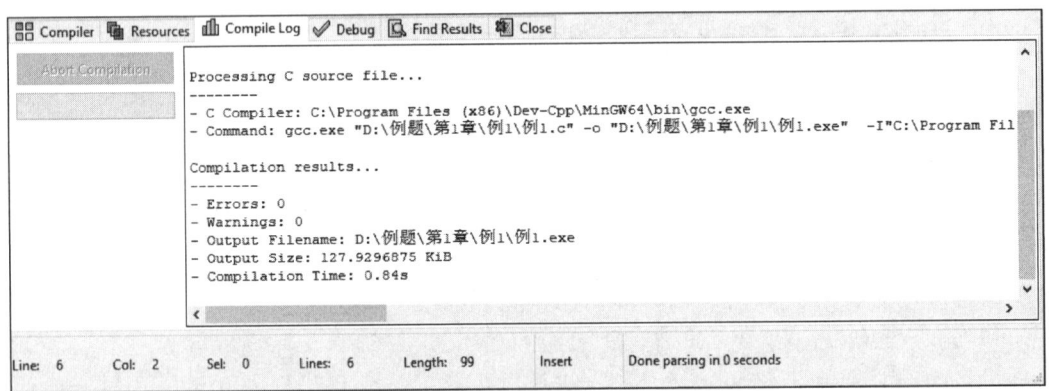

图 1.11 编译窗口

选择 Execute 菜单中的 Run 菜单项(也可以单击工具栏中的运行按钮■),即可在命令行中输出程序的结果,如图 1.12 所示。

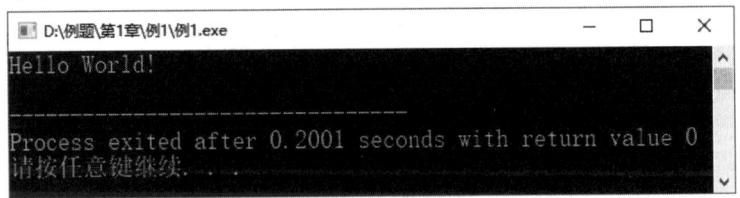

图 1.12 运行窗口

1.3 C 语言程序架构

C 语言是结构化程序设计语言,函数作为程序的模块单位,一个 C 语言程序中有且只能有一个主函数,即 main 函数。

1. main 函数

C 程序可以由一个或多个源代码文件组成，每个源文件可以由一个或多个函数构成，如图 1.13 所示。函数是 C 程序的基本组成单位。

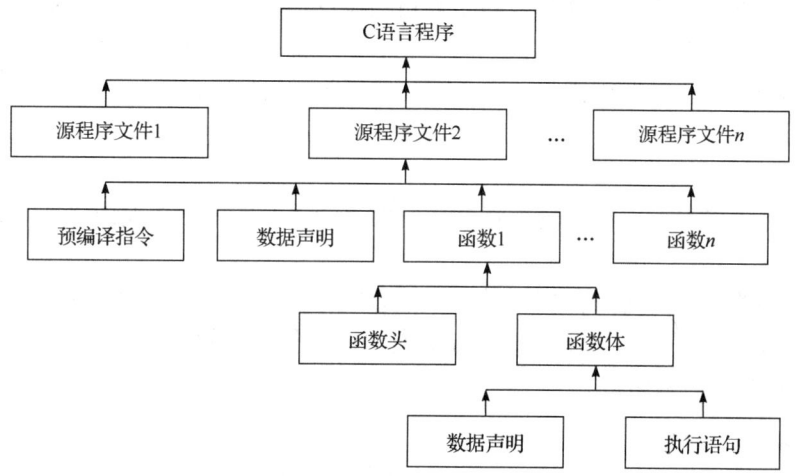

图 1.13　C 程序的组成

一个 C 程序无论由多少个文件组成，所有文件中有且只能有一个主函数，即 main 函数，它是程序唯一的入口。main 函数按次序调用其他函数，完成指定的功能，如图 1.14 所示。

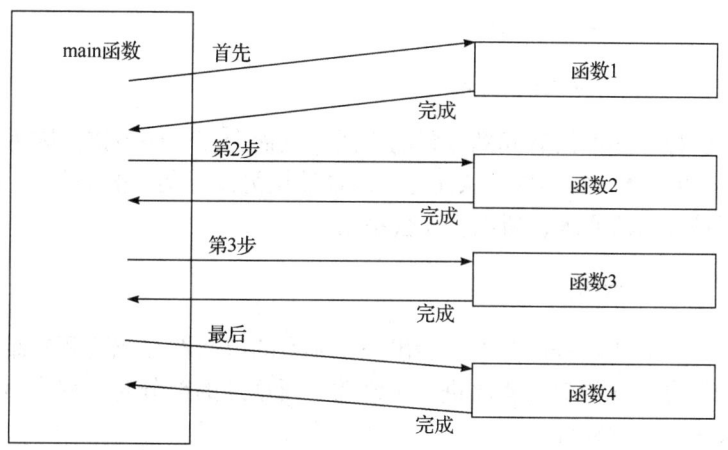

图 1.14　主函数控制其他函数的调用

2. 文件包含——#include <stdio.h>

C 语言提供了丰富的库函数，称为标准库函数。其中最常用的库函数头文件就是 stdio.h，它包含约 1/3 的标准库函数，可以将其称为标准输入输出头文件。

例 1.1 中调用了格式化输出函数 printf，它是在 stdio.h 文件中进行声明的。#include 是一个预编译指令，它告诉编译器在创建可执行程序之前需要预先把 stdio.h 头文件中的代码加入该程序中。执行"#include <stdio.h>"指令之后，编译器会先将头文件 stdio.h 包含到该程序中，编译器在编译代码的过程中，遇到 printf 这样的内容时才能够正确识别它的含义。

3. 执行语句

C 程序是由函数构成的，函数是由语句组成的，而语句是由表达式加分号";"组成的。在 C 程序中，每一条 C 语言的语句都需要以分号";"结尾。

C 语言中的语句主要包括两类：声明语句和执行语句。C 语言对每一种语句赋予一种特定的功能，声明语句可以对一些变量或函数进行声明(也可以理解为定义)。C 语言的执行语句主要包括控制语句、函数调用语句、表达式语句、空语句和复合语句。

4. 注释

注释的作用是解释程序的功能、增强代码的可读性。编译器在编译代码时会跳过注释，不对其进行编译。

注释有两种形式：一种是使用符号"//"，另一种是使用符号"/*"和"*/"。

(1) "//"是单行注释，注释的内容是该行"//"符号后的所有内容。要注释多行时，每行都需要使用"//"。例如：

```
//调用格式化输出函数
printf("Hello World!\n");          //输出 Hello World!
```

(2) "/*"和"*/"的作用是多行注释，注释内容是"/*"和"*/"之间的内容。例如：

```
/* 函数 Sum 的功能是根据用户输入的数值,
   计算表达式的结果 */
```

(3) 注释是不允许嵌套的。例如：

```
/* 输出 /* Hello */ World! */
```

上面的这行注释，非但没有起到注释的作用，反而会使程序报错。因为"输出"前面的"/*"和 Hello 后面的"*/"相匹配，从而导致编译器认为该行剩余的部分"World! */"属于源代码，而它又不符合语法要求，所以程序会报错。

5. C 语言程序架构示例

下面仍以 Hello World! 程序为例，给出一个典型的单文件 C 语言程序结构的示例。为了说明上文提到的概念，我们对源程序进行了修改，所增加的部分对于程序而言可能没有任何实际意义，仅仅是为了解释说明。

```
#include <stdio.h>              //预编译指令，请注意该指令末尾不能加分号
...
#include <math.h>
int number1;                    //声明语句，声明(定义)了一个整型全局变量 number1
/* 定义第 1 个函数，函数名字为 Fun1  */
函数类型  Fun1(形参及形参类型)    //函数头部分
{ /*  函数体部分  */
    数据声明部分;
    执行语句部分;
}
```

```
...
/* 定义第n个函数 */
函数类型  第n个函数名(形参及形参类型)
{
    数据声明部分;
    执行语句部分;
}
/* 定义主函数*/
int main( )                    //主函数,请注意是小写的main
{
    int num1, num2;            //声明语句,声明了两个整型的局部变量num1和num2
    num1=1;                    //表达式语句
    num2=5;
    if(num1<num2)              //控制语句
    {
        num1=num1*5;
    }
    Fun1(…);                   //函数调用语句,执行Fun1函数
                               //复合语句,把由一对大括号括起来的多条语句称为复合语句
    {
        num1=num1+1;
        num2=num2-1;
    }
    ;                          //空语句,只有一个分号的语句称为空语句,空语句任何操作也不做
    printf("Hello World! \n");  //函数调用语句,调用printf函数,在屏幕上输出Hello
                               //     World!
    return 0;                  //控制语句,返回整数0
}
```

6. 缩排

为了便于代码理解和维护,在书写时应遵循以下规则。

(1) 一条语句尽量独立占一行。在C程序中,空白符[包括空格符、制表符(Tab)、回车符]对代码的功能没有影响(字符串内的空白符除外)。例如,下面的代码的语法是正确的,但阅读起来不容易理解。

```
int
main(
){
  printf
     ("Hello World!\n"
     );
  return 0;
}
```

(2) 低一层次的语句通常比高一层次的语句留有一个缩进距离。一般来说,缩进距离指的

是存在一个制表符的空白位置。例如，下面的代码全部采用左对齐方式书写，语法是正确的，但当代码较长时，要理解缺少层次感的代码的关系就会变得很困难。

```c
int main( )
{
    printf("Hello World!\n");
    return 0;
}
```

习　题

1. 使用 printf 函数编写一个程序，功能是将自己的名字在第一行输出，然后将自己的爱好在第二行输出。
2. 编写一个 C 程序，输出下面三行内容。

Tell me your name?
As far as I can see.
轻轻的我走了，正如我轻轻的来。（徐志摩）

3. 使用良好的编程方法重新编写下面的代码。

(1)
```
    #include <stdio.h>
    int main(
    ){
printf
(
"yes sir"
);return 0;}
```

(2)
```
#include <stdio.h>
int main
( ){printf("this is a
city\n");printf(
"beautiful lady\n");printf(
"please,let me see!");return 0;}
```

4. 修改下面程序代码中存在的错误，使之能够正确运行。

(1)
```
#include <stdio.h>
int Main( )
{
printf(I love China!);
printf(我爱中国);
return 0;
}
```

(2)
```
int main( )
{
printf("I love China!")。
Printf("我爱中国");
rerurn 0
}
```

(3)
```
#include <stdio.h>;
int main[ ]
{
printf("I love China!")
Printf("我爱中国");
rerurn 0
}
```

第 2 章　数据处理和交互

2.1　数 据 类 型

数据类型就是一个值的集合和定义在该值上的一组操作的总称。编程语言中的数据类型实际上约定了一类数据的取值范围和可能进行的操作。C 语言可以处理丰富的数据类型。例如，要结算银行账单利息，需要对包含小数位的数据进行数学操作，同时还需要根据账户姓名进行字符的比较操作，对这些数据的处理 C 语言都可以做到。

根据数据在内存中的存储方式不同，C 语言包括两种原始数据类型：整型和浮点型，如图 2.1 所示。

图 2.1　原始数据类型

2.1.1　整型数据类型

整型数据包括下列 7 种数据类型，如图 2.2 所示。其中最常用的两种类型是 int 类型和 char 类型。

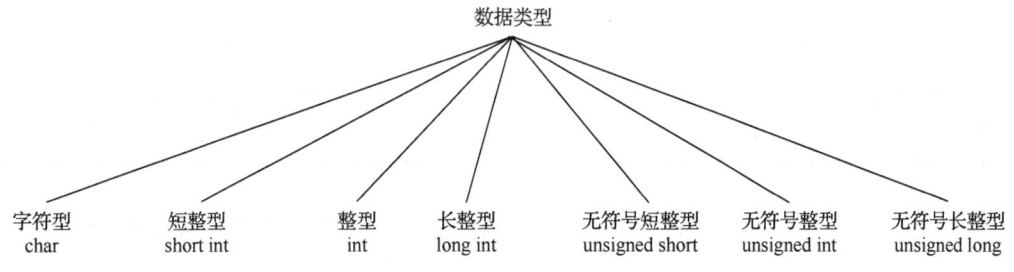

图 2.2　整型数据类型分类

1. int 类型

int 类型是默认的整型数据类型。int 类型数据只能包括数字、正号(+)和负号(-)，不能包括小数点(.)和其他符号。

下面列举的是正确的整型数据：

0　　　　-1　　　　2　　　　-32767　　　　100　　　　+1024

下面列举的是错误的整型数据：

3.14　　　1.　　　2.0　　　1,234　　　$1000

不同的编译器具有不同的数据类型的上下限值。在 Dev-C++中，int 类型占 4 字节(共 32 位，其中 1 个符号位，31 个数据位)。

2. char 类型

char 类型是整型数据中的一种,它用来存储单个字符。字符包括大小写字母、数字字符 0~9,还有其他的特殊符号,如+、$、!、* 等。

在程序中,单个字符需要使用单引号"'"引起来表示,下面列举的是正确的字符类型数据:

  'A' 'a' '0' '9' '!' '#'

char 类型从字面看是字符,但在内存中存储的是该字符的美国信息交换标准代码(American Standard Code for Information Interchange,ASCII)。小写字母的 ASCII 编码如表 2.1 所示。

ASCII 编码表

表 2.1 小写字母的 ASCII 编码

字符	ASCII 编码	数值	字符	ASCII 编码	数值
a	01100001	97	n	01101110	110
b	01100010	98	o	01101111	111
c	01100011	99	p	01110000	112
d	01100100	100	q	01110001	113
e	01100101	101	r	01110010	114
f	01100110	102	s	01110011	115
g	01100111	103	t	01110100	116
h	01101000	104	u	01110101	117
i	01101001	105	v	01110110	118
j	01101010	106	w	01110111	119
k	01101011	107	x	01111000	120
l	01101100	108	y	01111001	121
m	01101101	109	z	01111010	122

例如,有这样 5 个字符:"w""o""r""l""d",它们在内存中存储的形式如表 2.2 所示。

表 2.2 字符的存储形式

ASCII 编码	字符	数值
01110111	w	119
01101111	o	111
01110010	r	114
01101100	l	108
01100100	d	100

常见转义字符

因为字符类型存储的是字符的 ASCII 编码,所以存储的编码"01110111"如果以字符形式输出,显示的是字符"w";如果以数值形式输出,显示的是 119。

字符类型中有一类特殊字符,如常见的回车符、换行符、制表符、退格符等,它们不能通过一般的字符形式显示,而是定义成以反斜杠"\"开始的特殊字符,称为转义符。例如,"\n"代表换行符,"\'"代表单引号,"\""代表双引号,更多的常见转义符可以扫左侧的二维码了解。

【例 2.1】转义符的使用。

程序如下：

```
1   #include <stdio.h>
2   int main( )
3   {
4       printf("123\"456\"789\n");          //转义符\", \n
5       printf("123\b456\t789\n\n");        //转义符\b, \t, \n
6       printf("142\t\\142\n");             //转义符\t, \\, \n
7       printf("\142\t\x62\n");             //转义符\142, \t, \x62, \n
8       return 0;
9   }
```

运行结果如图 2.3 所示。

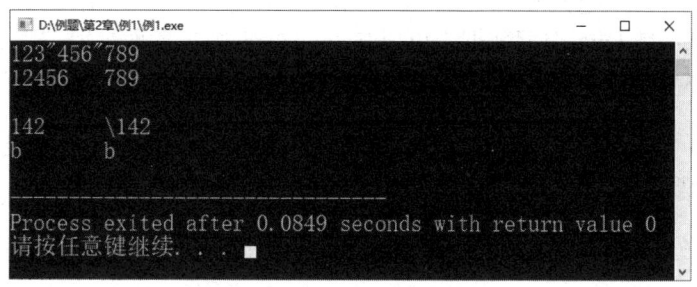

图 2.3　例 2.1 运行结果

程序分析：

4　printf("123\"456\"789\n");

printf 函数的作用是把字符串输出到屏幕上，使用时需要使用双引号把字符串引起来，使用格式如下：

printf("字符串");

如果需要将输出的字符串"123456789"中的"456"加双引号，就需要使用转义符"\""表示双引号，下面的写法不符合 printf 函数的语法格式，是错误的：

printf("123"456"789\n");   //错误

下面分析下一行程序：

5　printf("123\b456\t789\n\n");

转义符"\b"的作用是在输出字符"3"后，重新把光标退回到输出的字符"2"的后面，从而实现输出的字符"4"覆盖字符"3"。在输出字符"6"后，输出转义符"\t"，从而字符"7"在下一个制表位输出。最后连着的两个转义符"\n"执行了两次换行。

```
6    printf("142\t\\142\n");
```

首先字符串"142"按字面值输出,然后输出制表符"\t",接下来输出的转义符"\\"显示单反斜杠"\",最后继续输出字符串"142"。

```
7    printf("\142\t\x62\n");
```

和第 6 行代码不同,首先输出转义符"\142",它是以八进制方式表示的字符,根据 ASCII 码表可知,八进制数 142 对应的是字符"b";之后输出转义符"\x62",它是以十六进制方式表示的字符,十六进制数 62 对应的字符也是"b"。

3. 长整型和短整型

和 int 类型数据所占字节数取决于编译环境不同,在所有的编译环境中,短整型 short int 数据都占 2 字节,长整型 long int 数据都占 4 字节。

可以省略 short 和 long 后面的 int,短整型使用 short 表示,长整型使用 long 表示。为了明确显示整数 1234 是 long 类型数据,可以在 long 类型数据后面加上"l"或"L"后缀,表示成 1234l 或 1234L。一般使用大写字母"L",因为小写字母"l"与数字"1"比较像,容易混淆。

4. 无符号整型

无符号整型数据用来存储非负整数。表 2.3 列出的是整型数据类型的范围。

表 2.3 整型数据类型的范围

类型	说明	字节	范围
整型	int	4	−2147483648~2147483647
短整型	short(int)	2	−32768~32767
长整型	long(int)	4	−2147483648~2147483647
无符号整型	unsigned(int)	4	0~4294967295
无符号短整型	unsigned short(int)	2	0~65535
无符号长整型	unsigned long(int)	4	0~4294967295
字符型	char	1	0~255

2.1.2 浮点型数据类型

浮点型数据也称为实型数据。常见的浮点型数据包括单精度 float 类型和双精度 double 类型,如表 2.4 所示。

表 2.4 浮点型数据类型

类型	位数	取值范围
float	32	$-1.4 \times 10^{-45} \sim 3.4 \times 10^{38}$
double	64	$-4.9 \times 10^{-324} \sim 1.8 \times 10^{308}$
long double	128	取值范围取决于编译器和系统实现

下面列举的是正确的浮点型数据：
1.23   5.   −3.2   0.   .1   +2.0

下面列举的是错误的浮点型数据：
23   12.34.56   4,321 $789

为了区分 float 类型和 double 类型，可以在 float 类型数据后面加上"f"或"F"后缀，如 9.234f 或 5.12F。

浮点型数据有两种表现形式，分别是小数形式和指数形式，如表 2.5 所示。指数形式要求 e 前面必须有数字，e 后面必须是整数。

表 2.5　浮点型数据表现形式

小数形式	指数形式
1234.	1.234 e3
0.00012	1.2 e−4

2.2　变　量

2.2.1　变量的定义

程序中使用的所有数据都需要保存，而且保存后还能够从内存中读取。内存中每字节都有唯一的地址，这就好比宾馆中每个房间都有各自的房间号一样。

假设内存地址 1234 到 1237 中存储了一个 int 类型数据 14(int 类型占 4 字节)，地址 1238 中存储了一个 char 类型字符"c"(char 类型占 1 字节)，如图 2.4 所示。我们可以说，整数 14 的地址是 1234，字符"c"的地址是 1238。

如何在地址 1234 中存储其他的整数呢？

可以使用变量来实现。变量是某块地址空间的名称，对变量赋值就是把数据存储在该地址空间中。

例如：

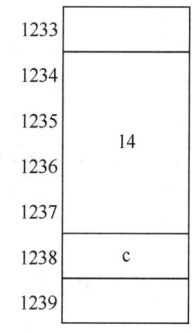

图 2.4　数据的存储形式

```
int i;
```

该语句称为定义整型变量 i，它的含义是在内存中开辟一块连续的 4 字节组成的地址空间，空间命名为 i。此时变量 i 中存储的数据是未知的。继续执行下面的语句：

```
i=14;
```

该语句的含义是将整型数据 14 存放在变量 i 表示的存储空间，称为给变量 i 赋值，值为 14。继续执行下面的语句：

```
i=20;
```

该语句的含义是给变量 i 赋值 20，20 将覆盖变量 i 之前存储的数据 14。

定义同一类型的多个变量时，可以使用多条语句定义，也可以使用一条语句一起定义。例如，定义3个整型变量：

```
int a, b, c;        //变量名之间需要使用逗号分隔开
```

也可以在定义变量的同时对其赋初值，称为变量的初始化。例如，定义变量i并初始化为14，定义变量a、b、c，并对b、c进行初始化，形式如下所示：

```
Int i=14;
int a, b=1, c=2;
```

【例2.2】变量的定义。

程序如下：

```
1   #include <stdio.h>
2   int main( )
3   {
4       int num;                    //定义整型变量num
5       char sex;                   //定义字符类型变量sex
6       float score;                //定义浮点型变量score
7       double average;             //定义浮点型变量average
8       num=100;
9       sex='m';
10      score=85.0f;
11      average=92.5;
12      printf("num = %d\n", num);   //输出
13      printf("sex = %c\n", sex);
14      printf("score = %f\n", score);
15      printf("average = %f\n", average);
16      return 0;
17  }
```

运行结果如图2.5所示。

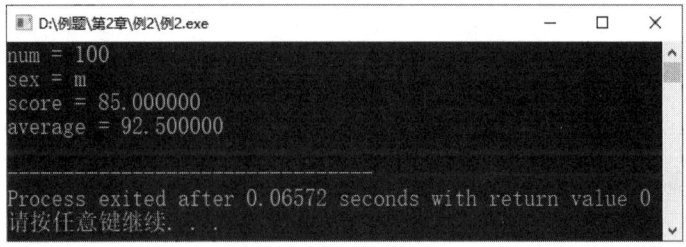

图2.5　例2.2运行结果

程序分析如下：

代码第4~7行分别定义了4种不同类型的变量。

代码第8~11行分别对上述4个变量进行了赋值操作。

代码第 12~15 行分别调用了格式化输出函数 printf 输出不同类型的变量,其中用到了 printf 函数的另一种格式:

printf("格式控制列表", 输出列表);

"格式控制列表"中的格式控制符"%d"表示该位置对应一个整数,"%c"表示该位置对应一个字符,"%f"表示该位置对应一个浮点数。2.6 节会对 printf 函数进行详细讲解,此处大家只需要认识并记住这种使用方法。

2.2.2 变量和地址

既然变量是某块地址空间的名称,那么如何得到该空间的地址呢?

不同的计算机使用不同的方式对内存进行编号。在 C 语言中,可以使用取地址运算符"&"获取变量的地址。

例如,表达式"&i"就表示变量 i 的地址。

【例 2.3】变量的地址。

程序如下:

```
1   #include <stdio.h>
2   int main( )
3   {
4       int num=2;
5       printf("变量 num 的值是:%d\n", num);         //输出 num 的值
6       printf("变量 num 的地址是:%d\n", &num);      //输出 &num 的值
7       return 0;
8   }
```

运行结果如图 2.6 所示。

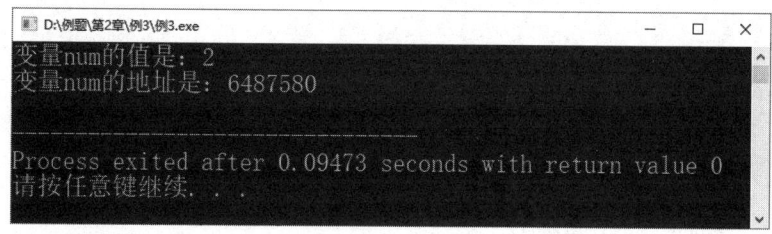

图 2.6 例 2.3 运行结果

程序分析:

```
4   int num=2;
5   printf("变量 num 的值是:%d\n", num);
```

定义整型变量 num 并初始化为 2,然后调用 printf 函数输出 num 的值。

```
6   printf("变量 num 的地址是:%d\n",&num);
```

使用取地址运算符"&"获取变量 num 的地址。因为地址是一个整数，所以 printf 函数中使用格式控制符"%d"。

2.2.3 变量的命名要求

定义的变量名应该符合 C 语言的语法要求，具体如下：

(1) 变量名只能由数字、字母、下划线"_"三种字符组成，而且首字符不能是数字。

(2) 在相同的作用范围内，变量不允许同名。

(3) 变量名不能是 C 语言的关键字，以下是 C 语言的 32 个关键字：auto、break、case、char、const、continue、default、do、double、else、enum、extern、float、for、goto、if、int、long、register、return、short、signed、sizeof、static、struct、switch、typedef、union、unsigned、void、volatile、while。

(4) 区分大小写(C 语言中，相同字母的大小写被认为是不同的标识符)。

下面列举的是正确的变量名：

num123   abcd   a1b2c3   label_1   _score1

下面列举的是错误的变量名：

12345 $total   student.len   max one   long

另外，命名变量时最好不要和标准库函数中的函数同名，虽然这样并不违反变量名的语法要求。例如，如果定义一个 double 类型的变量 printf，这样会导致程序无法使用格式化输出库函数 printf，因为编译器会认为程序中的 printf 只是变量名，而不再是函数，它也不再具有输出的功能。

2.3 常　　量

常量就是固定不变的量，常量可以分为字面值常量(或者称为直接常量)和符号常量两种形式。

1. 字面值常量

下面列举常见的字面值常量形式。

1) 数值常量

```
0      2.46       7.90f      2.12e-5    //正确的数值常量
10     //正确的，十进制数据 10
012    //正确的，八进制数据 12，表示十进制数据 10
```

C 语言中八进制数需要以数字 0 开头。例如，05、017 都是正确的八进制数，而 028 是错误的八进制数，因为其中的数字 8 超出了八进制数字 0~7 的范围限制。

```
0xa    //正确的，十六进制数据 a，表示十进制数据 10
```

C 语言中十六进制数需要以"0x"或"0X"开头。例如，0x12f、0XA2B 都是正确的十六进制数。

2) 字符常量

```
'p'         '\n'          '\t'          //正确的字符常量
'\144'   //正确,其中 144 是八进制数(对应十进制数 100),该转义字符表示字符'd'
'144'    //错误,单引号中只能包含一个字符(包括转义符),不能包含多个字符
'\148'   //错误,因为 8 不是八进制中的数字
''       //错误,单引号中必须包含一个字符
```

3) 字符串常量

字符串常量是指使用双引号引起来的字符序列。

```
"Hello world! "       //正确
"$123.45"             //正确
"abc123"              //正确
"ab"c"123"            //错误,字符串中的特殊字符需要使用转义符形式表示
"ab\"c\"123"          //正确,表示一个值为 ab"c"123 的字符串
```

2. 符号常量

符号常量是常量的另外一种形式,它不能直接从字面看出常量的值,而是借助符号间接地表示常量。

符号常量定义的格式为

```
#define   符号常量   常量
```

例如:

```
#define   PI   3.14
```

符号常量的命名规则必须遵守 C 语言中变量命名的规则。符号常量定义的行尾不能出现分号";"。在该符号常量定义之后,程序中除字符串中出现的 PI 保持不变外,其他的 PI 都表示常量 3.14,而且一旦定义完符号常量,在后续程序中不能对符号常量进行赋值操作。例如,在定义完符号常量 PI 后,下面的语句就是错误的:

```
PI=3.1415;       //错误
```

【例 2.4】定义符号常量 PI 表示 3.14,根据用户输入的圆的半径,计算圆的周长和面积。
程序如下:

```
1   #include <stdio.h>
2   #define PI 3.14
3   int main( )
4   {
5       int r=2;                              //定义圆的半径,并初始化为 2
6       float c, s;                           //定义圆的周长和面积
7       c=2*PI*r;                             //计算圆的周长
8       s=PI*r*r;                             //计算圆的面积
9       printf("PI 的值是%f\n", PI);          //输出
```

```
10     printf("圆的周长是%f\n", c);
11     printf("圆的面积是%f\n", s);
12     return 0;
13  }
```

运行结果如图 2.7 所示。

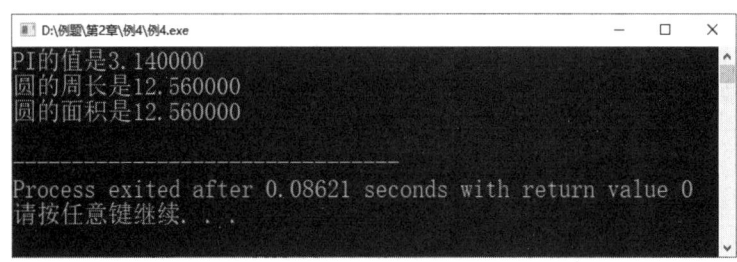

图 2.7 例 2.4 运行结果

程序分析：

```
2   #define PI 3.14
```

定义符号常量 PI 表示常量 3.14。程序中使用到的 PI 将被 3.14 替换(注意：代码第 9 行字符串中的 PI 没有被替换，而双引号外的 PI 被替换成了 3.14)。

如果程序需要修改 PI 的精度，如改为 3.14159，只需要修改符号常量 PI 的定义为 "#define PI 3.14159"，不用再逐一修改程序中使用到 3.14 的地方，方便了程序的修改和维护。

```
7   c=2*PI*r;
8   s=PI*r*r;
```

语句中的符号常量 PI 先在代码编译前以 3.14 进行了替换，从而计算出 c 和 s 的值。

2.4 运 算 符

C 语言中的运算符大致可以分为算术运算符、赋值运算符、关系运算符、逻辑运算符和位运算符。不同级别的运算符具有不同的优先级，相同级别的运算符有着各自不同的运算顺序，如表 2.6 所示。本节主要介绍算术运算符、赋值运算符、C 语言特有的自增/自减运算符的相关内容。

表 2.6 运算符汇总

优先级	运算符	运算顺序
1	圆括号()	从左至右
	数组[]	
	结构成员引用运算符.	
	结构成员指针运算符 ->	

续表

优先级	运算符	运算顺序
2	自增运算符 ++	从右至左
	自减运算符 --	
	正运算符 +	
	负运算符 -	
	强制类型转换()	
	类型长度运算符 sizeof()	
	取地址运算符&	
	指针运算符*	
	按位求反运算符~	
	逻辑求反运算符!	
3	乘运算符*	
	除运算符/	
	取余数运算符%	
4	增运算符+	
	减运算符-	
5	左移运算符<<	
	右移运算符>>	
6	小于运算符<	从左至右
	小于等于运算符<=	
	大于运算符>	
	大于等于运算符>=	
7	等于==	
	不等于!=	
8	按位与运算符&	
9	按位异或运算符^	
10	按位或运算符|	
11	逻辑与运算符&&	
12	逻辑或运算符||	
13	条件运算符?:	
14	简单赋值运算符=	从右至左
	算术复合赋值+=、-=、*=、/=、%=	
	逻辑复合赋值&&=、||=	
	位复合赋值&=、^=、|=、>>=、<<=	
15	逗号运算符,	从左至右

2.4.1 算术运算符

算术运算符用于完成算术运算，包括加、减、乘、除和取模(求余数)运算，运算顺序为从左至右，具体见表 2.6。下面具体介绍取模运算符和除运算符。

1. 取模运算符

取模运算符又称为求余运算符，要求运算符两边的操作数必须都是整数，否则程序将报错。例如：

```
21 % 6         //取模结果是 3
4.0 % 2        //程序报错，%运算符要求左右必须都为整数
```

2. 除运算符

除运算符分为两种情况：如果"/"运算符用于两个整数相除，商的小数部分将被舍弃，仅保留整数部分；如果"/"运算符只要有一边是浮点数，则进行一般的浮点除运算。例如：

```
5/4            //结果是 1
5/4.0          //结果是 1.25
4.0/5          //结果是 0.8
```

【例 2.5】拆分数字，使用算术运算符将给出的 5 位正整数 12345 的个位、十位、百位、千位、万位分别拆分出来。

程序如下：

```
1   #include <stdio.h>
2   int main( )
3   {   int num=12345;
4       int a5, a4, a3, a2, a1;    //a5 表示万位, a4 表示千位, …, a1 表示个位
5       a5=num/10000;
6       a4=num/1000%10;
7       a3=num/100%10;
8       a2=num/10%10;
9       a1=num%10;
10      printf("原数%d\n", num);
11      printf("万位%d\n", a5);
12      printf("千位%d\n", a4);
13      printf("百位%d\n", a3);
14      printf("十位%d\n", a2);
15      printf("个位%d\n", a1);
16      return 0;
17  }
```

运行结果如图 2.8 所示。

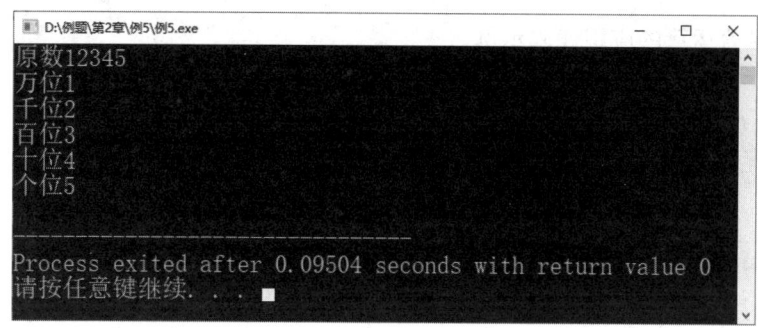

图 2.8　例 2.5 运行结果

程序分析：

```
5    a5=num/10000;
```

该语句表示对一个 5 位数字拆分万位，因为运算符"/"两边的操作数都是整数，利用"/"整除舍弃小数位的特点，分离出变量 num 的万位存储在变量 a5 中。

```
6    a4=num/1000%10;
```

在运算符优先级相同时，运算顺序从左至右依次执行。首先执行 12345/1000，商 12，将原数据的千位降成个位，然后执行 12%10，余 2，这样就过滤出变量 num 的千位，将其存储在变量 a4 中。使用同样的方法获取百位、十位和个位数字。

2.4.2　赋值运算符

赋值运算符用于设置变量的值，运算顺序为从右至左，这是需要注意的。

赋值运算符可以分为简单赋值运算符和复合赋值运算符两种。简单赋值运算符就是"="；复合赋值运算符如"+="，它的作用是先进行一次加运算，再把运算结果赋值给一个变量。

1. 简单赋值运算符

```
char x , y, z;
x='a';         //变量 x 赋值为字符"a"
z=y=x+1;
```

分析：赋值运算符的运算顺序是从右至左的，所以上述表达式将先计算变量 y 的值，再把变量 y 的值赋值给变量 z。因为字符"a"的 ASCII 码是 97，表达式"x+1"的值就是 98，所以 y 的值为 98，即字符"b"。z 的值等于 y，也是字符"b"。

2. 复合赋值运算符

```
int x=2, y=3;
x*=y;
```

分析：上述表达式等价于 x=x*y，所以经过计算，y 的值不变，仍为 3，x 的值变为 6。

【例 2.6】 赋值运算的应用代码示例。

程序如下：

```
1    #include <stdio.h>
2    int main( )
3    {   int a=123, b=3, c=2, d=456, x=2;          //定义多个整型变量并初始化
4        c+=a;
5        d%=b;
6        x+=x-=x*x;
7        printf("a=%d    b=%d\n", a, b);
8        printf("c=%d    d=%d\n", c, d);
9        printf("x=%d\n", x);
10       return 0;
11   }
```

运行结果如图 2.9 所示。

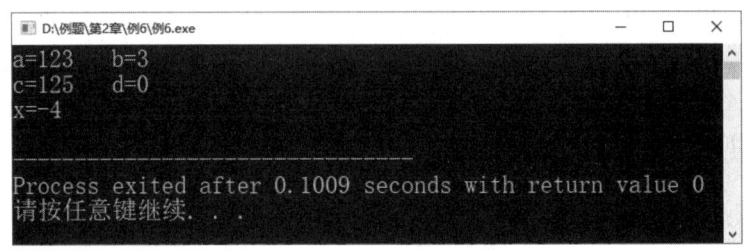

图 2.9　例 2.6 运行结果

程序分析：

4   c+=a;

上式等价于 c = c + a，所以经过计算，c 的值等于 125，a 的值不变。

5   d%=b;

上式等价于 d = d % b，因为 d 能够整除 b，所以经过计算，d 的值等于 0，b 的值不变。

6   x+=x-=x*x;

赋值运算符的运算顺序是从右至左的，上面的运算可以分解为下面的三步。

(1) 先计算 x*x 的值 4，原式等于"x+=x-=4"，此时 x 的值不变，仍为 2。

(2) "x+=x-=4"转换为"x+=x=x-4"，执行 x-4 后，变量 x 的值变为-2。

(3) "x+=x=x-4"进一步转换为"x+=x"，此时 x 的值等于-2，经过计算，变量 x 的值变为-4。

注意：在实际编程中，不建议大家书写"x+=x-=x*x;"这种风格的语句。这种写法，程序的可读性差，不容易理解。这条语句可以等价转换成下面的写法，从而大大提高了代码的可读性。

```
x=x-x*x;        //该语句执行后，x 的值为-2
x=x+x;          //该语句执行后，x 的值为-4
```

2.4.3 自增/自减运算符

自增运算符"++"和自减运算符"--"是 C 语言中两个高效的运算符，运算优先级相同，运算顺序为从右至左。

自增/自减运算符有前置和后置两种形式。从形式上看，前置运算是指运算符在操作数的前面，后置运算是指运算符在操作数的后面。

1. 自增/自减运算符构成单独的语句

```
i++;            //++后置，等价于 i=i+1
++j;            //++前置，等价于 j=j+1
```

分析：自增运算符构成的单语句，无论前置还是后置，作用都相同，都是对变量进行加 1 操作。

2. 表达式中使用自增/自减运算符的前置形式

```
i=5;
x=++i;
```

分析：上述语句先执行变量 i 的自增 1 操作后，再将变化后的 i 值赋给变量 x。所以经过运算，i 的值是 6，x 的值也是 6。

3. 表达式中使用自增/自减运算符的后置形式

```
i=5;
x=i++;
```

分析：上述语句先将变量 i 的初值赋给变量 x，然后再执行变量 i 的自增 1 操作。所以经过运算，i 的值是 6，x 的值是 5。

需要注意的是，由于自增运算符"++"和自减运算符"--"内含了赋值运算，所以运算对象只能是变量，不能是常量和表达式，例如，5++、(x+y)++都是不合法的。

【例 2.7】 自增运算的应用代码示例。

程序如下：

```
1   #include <stdio.h>
2   int main( )
3   {   int a=120, b1, b2;
4       a++;
5       printf("a=%d\n", a);
6       b1=a++;
7       printf("a=%d    b1=%d\n", a, b1);
8       b2=++a;
9       printf("a=%d    b2=%d\n", a, b2);
```

```
10        return 0;
11    }
```

运行结果如图 2.10 所示。

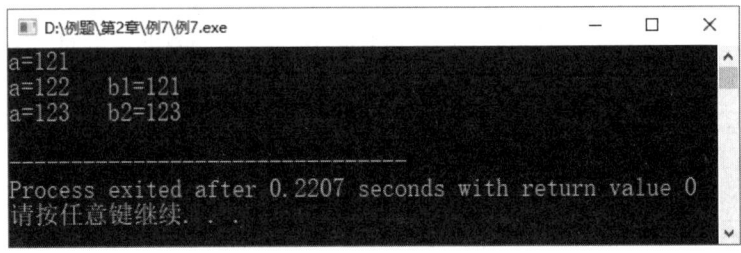

图 2.10 例 2.7 运行结果

程序分析：

```
4    a++;
```

第 4 行代码对整型变量 a 执行了自增操作。因为这条语句就是简单的自增表达式，因此是自增的前置形式还是后置形式，都没有区别。执行完该语句后，变量 a 的值变为 121。

```
6    b1=a++;
7    printf("a=%d  b1=%d\n", a, b1);
```

第 6 行代码是表达式中采用自增的后置形式，所以该语句先将变量 a 的值(121)赋值给变量 b1，然后再对 a 的值加 1。执行完该语句后，变量 a 的值变为 122，b1 的值为 121。

```
8    b2=++a;
9    printf("a=%d  b2=%d\n", a, b2);
```

第 8 行代码是表达式中采用自增的前置形式，所以该语句先将变量 a 的值(122)加 1 变为 123 之后，再将 a 的值赋值给变量 b2。执行完该语句后，变量 a 的值变为 123，b2 的值为 123。

2.5 数据类型转换

不同类型的数据参与运算，特别是赋值运算时，会进行数据类型的转换。有两种转换方式：隐式类型转换和显式类型转换。

1. 隐式类型转换

在赋值运算中，隐式类型转换是指赋值运算符右边的表达式的值会转换为左边变量的数据类型。例如：

```
var=65;
```

如果变量 var 是 int 类型，那么它的值就是 65；如果 var 是 double 类型，那么它的值就是 65.0；如果 var 是 char 类型，那么它的值就是字符"A"。

这种从赋值符号右边的整型数据自动地转换为左边的数据类型的操作称为隐式类型转换。又如：

```
int var;
var=3.14;
```

赋值符号右边的表达式类型是 double 类型，而左边变量 var 的类型是 int 类型，隐式类型转换使数据由高精度降为低精度，3.14 将直接舍弃小数部分，所以变量 var 的值是 3。

隐式类型转换时，数据若由高精度转换为低精度，可能会引起数据丢失；数据若由低精度转换为高精度，数据不会丢失。

2. 显式类型转换

隐式类型转换存在潜在的隐患，如数据精度的降低，所以有些时候我们希望显式地进行数据类型转换。显式类型转换也称为强制类型转换。显式类型转换属于一种运算，它的优先级高于算术运算符。

显式类型转换的使用方法为：
(转换后的数据类型)(表达式)
1) 对单个变量或常量进行显式类型转换

```
var=(int)12.6;
```

如果变量 var 是 int 类型，则显式类型转换后，var 的值是 12，小数位将被强制舍弃；如果变量 var 是 double 类型，经过显式类型转换后，var 的值是 12.0。

2) 对表达式进行显式类型转换

```
int var;
var=(int)(1.8 + 2.5);
```

上述代码是对"1.8+2.5"的和 4.3 进行类型转换，转换后，var 的值是 4。如果把代码修改成下面的形式：

```
var=(int)1.8 + 2.5;
```

因为显式类型转换的优先级高于赋值运算符，所以上述只对 1.8 进行转换，转换结果为 1，然后再经过加法运算，变量 var 的值是 3。

【例 2.8】显式数据类型转换的应用代码示例。
程序如下：

```
1    #include <stdio.h>
2    int main( )
3    {   int x, y;
4        float f, d;
5        x=(0.1+0.3)*2;
6        y='c'-'a';
7        printf("x=%d\n", x);
8        printf("y=%d\n", y);
```

```
9     f=(int)1.2f+3.4f;
10    d=(int)(1.2f+2.4f);
11    printf("f=%f\n", f);
12    printf("d=%f\n", d);
13    return 0;
14  }
```

运行结果如图 2.11 所示。

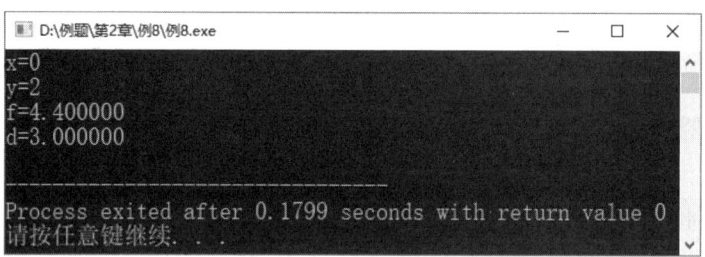

图 2.11　例 2.8 运行结果

程序分析：

5　　x=(0.1+0.3)*2;

经过计算，赋值符号右边的表达式的值是 0.8，double 类型，赋值符号左边的变量 x 是 int 类型，数据由高精度 double 类型转换为低精度 int 类型，将舍弃小数部分，所以变量 x 的值是 0。

6　　y='c'-'a';

赋值符号右边的表达式形式上是字符运算，实质上是数值运算，即两个字符的 ASCII 码的运算，y = 99 - 97，所以 y 的值为 2。

9　　f=(int)1.2f+3.4f;

上式先对 float 类型常量 1.2f 进行了强制取整转换，只保留了 1.2f 的整数部分 1。然后计算赋值符号右边的表达式，值是 4.4，所以变量 f 的值是 4.4。

10　　d=(int)(1.2f+2.4f);

上式先计算出表达式 1.2f+2.4f 的结果，值是 3.6f，然后对 3.6f 进行了显式取整操作，转换后的值是 3。因为赋值符号左边的变量 d 是 float 类型，所以整数 3 又经过隐式类型转换存储在变量 d 中，d 的值是 3.0。

2.6　交互式输入输出

程序中数据的输入和输出是必不可少的，程序应该具有良好的人机交互特性。由于讲解的需要，前文中已经多次使用过格式化输出函数 printf 了，本节将介绍与输入和输出相关的函数。

2.6.1 putchar 函数和 getchar 函数

1. putchar 函数

putchar 函数的作用是输出一个字符。使用方法是：

putchar(字符变量或常量);

例如：

```
char x='M';
putchar('a');        //输出字符"a"
putchar('\n');       //输出一个换行符
putchar(x);          //输出字符"M"
putchar(100);        //输出字符"d"
```

分析：putchar 函数将输出 ASCII 码值 100 对应的字符，所以上述代码将输出字符"d"。下面的两种写法是错误的：

```
putchar('100');      //错误，单引号只能引用一个字符(包括转义符)
putchar("100");      //错误，只能用于单个字符的输出，而不能用于字符串的输出
```

2. getchar 函数

getchar 函数的作用是从输入设备接收一个字符。使用方法如下：

```
char ch;
ch=getchar( );       //接收一个字符
```

分析：程序执行语句"ch = getchar( )"时，将等待用户输入字符，直至用户键入回车键，然后将用户输入的第一个字符存储在变量 ch 中。

修改上述代码为下面的形式，并在程序等待用户输入字符时，输入多个字符，如输入字符串"abc"后键入回车键，将输出什么样的结果呢？

```
1    char ch;
2    ch=getchar( );
3    putchar(ch);
4    ch=getchar( );
5    putchar(ch);
6    ch=getchar( );
7    putchar(ch);
8    ch=getchar( );
9    putchar(ch);
```

输出：

abc
              //此行输出一个空白行

分析：

```
2    ch=getchar( );
```

程序在执行此行代码时将等待用户输入字符，此时输入字符串"abc"后键入回车键。这里大家首先需要明白数据的输入过程，从键盘上输入的字符串"abc"将自动保存在编译器在内存中开辟的输入缓冲区，当用户键入回车键后，结束代码第 2 行的输入等待，此时输入缓冲区内保存的内容不是"abc"3 个字符，而是"abc\n"4 个字符。输入缓冲区中的数据将按照先进先出的原则，把第一个字符"a"存储在第 2 行代码的变量 ch 中，在第 3 行代码输出字符"a"。

```
4    ch=getchar( );
```

程序执行到代码第 4 行时，编译器检测到输入缓冲区中有数据，就不再等待用户输入，仍按照先进先出的原则，把现在输入缓冲区第一个字符"b"存储在变量 ch 中，在第 5 行代码输出字符"b"。

```
6    ch=getchar( );
8    ch=getchar( );
```

根据上面的分析，第 6 行代码将字符"c"存储在 ch 中，第 8 行代码将字符"\n"存储在 ch 中，它们都不再等待用户输入。至此，输入缓冲区已经清空，如果下面的代码又遇到了 getchar 函数，程序将再次等待用户输入数据。

2.6.2 格式化输出函数 printf

格式化输出函数 printf 的语法格式为：

```
printf("格式控制列表", 输出列表);
```

常见格式控制符

常见格式修饰符

"格式控制列表"中除了格式控制符会被"输出列表"替换，其他字符将原样输出，如%d 表示以十进制形式输出整数，%f 表示以小数形式输出浮点数，%c 表示输出一个字符，%s 表示输出一个字符串。更多的格式控制符可以扫下面的二维码了解。

上文在调用 printf 函数输出浮点数时，默认情况下编译器将输出 6 个小数位(并非都是有效数字)，右对齐，输出数据的列宽取决于输出数据所占列宽。可以借助 printf 函数提供的格式修饰符来控制输出数据的小数位、对齐方式和输出列宽等。C 语言的格式修饰符可以扫下面的二维码进一步了解。

【例 2.9】格式控制符和格式修饰符的应用代码示例。

程序如下：

```
1    #include <stdio.h>
2    int main( )
3    {
4        printf("%d,%+6d,%-6d\n", 1234, 1234, 1234);
5        printf("%o,%x,%d\n", 054, 054, 054);
```

```
6       printf("%f,%8.2f,%-7.2f,%.2f\n", 123.4567f, 123.4567f,
        123.4567f, 123.4567f);
7       printf("%s,%5.2s,%-5.2s,%.2s\n", "abcd", "abcd", "abcd", "abcd");
8       return 0;
9   }
```

运行结果如图 2.12 所示。

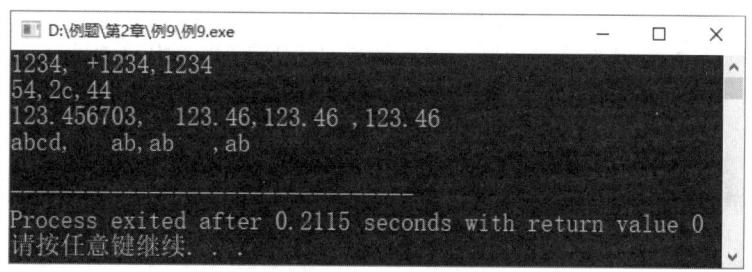

图 2.12　例 2.9 运行结果

程序分析：

4   printf("%d,%+6d,%-6d\n", 1234, 1234, 1234);

使用"%d"形式进行整数的输出时，数据以自身实际所占列数(实际位数)的形式输出该整数；"%+6d"数据输出占 6 列，正号"+"也会被显示出来，并且在正号的左侧再填充一个空格，使输出达到 6 列；"%-6d"数据输出占 6 列，左对齐，右侧填充两个空格。

5   printf("%o,%x,%d\n", 054, 054, 054);

输出列表数据是以八进制形式表示的，"%o"数据以八进制形式输出，所以输出 54；"%x"数据以十六进制形式输出，八进制 54 转换为十六进制 2c；"%d"数据以十进制形式输出，八进制 54 转换为十进制 44。

6   printf("%f,%8.2f,%-7.2f,%.2f\n", 123.4567f, 123.4567f, 123.4567f, 123.4567f);

"%f"数据以自身所占列数输出，默认输出 6 个小数位(并非都是有效数字)；"%8.2f"数据共占 8 列，默认右对齐，保留 2 位小数位，千分位四舍五入，左侧填充两个空格，所以输出"123.46"；"%-7.2f"数据共占 7 列，左对齐，保留 2 位小数位，千分位四舍五入，右侧填充一个空格，所以输出"123.46 "；"%.2f"数据以自身实际所占列数输出，保留 2 位小数位，千分位四舍五入，输出数据"123.46"。

7   printf("%s,%5.2s,%-5.2s,%.2s\n", "abcd", "abcd", "abcd", "abcd");

"%s"数据以自身所占列数输出，输出"abcd"；"%5.2s"数据共占 5 列，默认右对齐，截取左侧 2 个字符，输出左侧填充三个空格的字符串"   ab"；"%-5.2s"数据共占 5 列，左对齐，截取左侧 2 个字符，输出右侧填充三个空格的字符串"ab   "；"%.2s"数据以自身所占列数输出，截取左侧 2 个字符，输出字符串"ab"。

2.6.3 格式化输入函数 scanf

如果要按照指定格式组织输入，可以调用格式化输入函数 scanf。

格式化输入函数 scanf 的语法格式为：

scanf("格式控制列表"，地址列表);

"格式控制列表"和 printf 函数基本相同，需要注意的是，如果输入的数据是 float 类型，使用"%f"；如果输入的数据是 double 类型，应使用"%lf"。

"地址列表"需要使用变量的地址，也就是需要在变量前使用取地址运算符"&"。

例如：

```
int x;
printf("请输入一个整数：");
scanf("%d", &x);
```

【例 2.10】格式化输入函数的应用代码示例。

程序如下：

```
1   #include <stdio.h>
2   int main( )
3   {
4       int a, b, sum;
5       double num1, num2, product;
6       printf("请输入两个整数：");
7       scanf("%d,%d", &a, &b);           //输入两个 int 类型数到 a 和 b 中
8       printf("请输入两个浮点数：");
9       scanf("%lf%lf", &num1, &num2);    //输入两个浮点数到 num1 和 num2 中
10      sum=a+b;
11      product=num1*num2;
12      printf("%d + %d = %d\n", a, b, sum);
13      printf("%.2f * %.2f = %.2f\n", num1, num2, product);
14      return 0;
15  }
```

运行结果如图 2.13 所示。

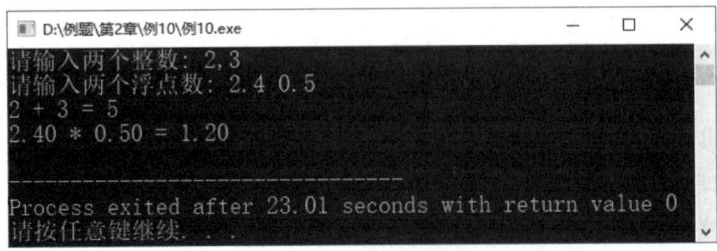

图 2.13　例 2.10 运行结果

程序分析：

```
7    scanf("%d,%d", &a, &b);
```

"%d,%d"中间的逗号是普通字符，必须按原样输入，因此输入的内容是"2,3"。如果输入的内容是"2 3"，输出结果就会出现错误，如图2.14所示。

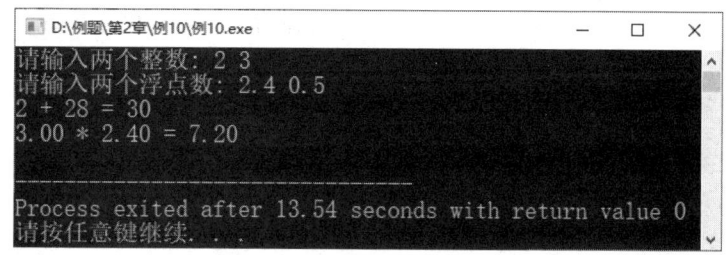

图2.14 例2.10输入错误示例

```
9    scanf("%lf%lf", &num1, &num2);
```

因为代码定义的变量num1和num2是double类型，所以使用scanf函数时，格式控制符应使用"%lf"。"%lf%lf"中的两个控制符之间没有其他字符，输入时两个数据之间应以一个或多个空格分隔，也可以用Tab键或回车键分隔。因此输入的内容是"2.4 0.5"。

```
13   printf("%.2f * %.2f = %.2f\n", num1, num2, product);
```

三个格式控制符都是"%.2f"，依次对应后面num1、num2和product三个变量，每个变量输出时显示两个小数位。

2.6.4 cin 和 cout

初学者在使用printf和scanf时，容易被"格式控制列表"困扰。针对不同类型数据的输入或输出，需要选择对应的格式控制符，输入时，又需要对变量取地址。为了使读者将学习重点集中在编程思想的训练以及C语言本身语法上，而不受printf和scanf具体细节要求所困惑，本书为读者引入C++提供的标准输入对象cin和标准输出对象cout。

在C++中，cin和cout是基于流的输入输出方式，它们是C++标准库中iostream库的一部分。cin用于从标准输入(通常是键盘)读取数据，而cout则用于向标准输出(通常是屏幕)发送数据。流插入运算符"<<"用于将数据输出到屏幕，流提取运算符">>"用于从键盘读取数据。如果想在程序代码中使用cin和cout进行输入输出，需要注意以下几点。

(1) 源程序的文件要保存成C++类型，即文件后缀应该为.cpp。

(2) cin 和 cout 对应的头文件为 iostream，需要在程序开头写上预编译指令 "#include <iostream>"，从而将该头文件包含到程序中。

(3) 在预编译指令之后，需要通过语句"using namespace std;"引用标准命名空间，该标准命名空间中定义了C++编译器标准C++关键字，如cin、cout、endl等。

【例2.11】采用cin和cout实现例2.10的功能。

程序如下：

```
1    #include <stdio.h>
2    #include<iostream>        //使用cin和cout,必须加入该头文件
```

```
3      using namespace std;      //引用标准命名空间
4      int main( )
5      {
6          int a, b, sum;
7          double num1, num2, product;
8          cout << "请输入两个整数：";            //输出提示信息
9          cin >> a >> b;                        //输入两个 int 类型数到 a 和 b 中
10         cout << "请输入两个浮点数：";          //输出提示信息
11         cin >> num1 >> num2;                  //输入两个浮点数到 num1 和 num2 中
12         sum=a+b;
13         product=num1*num2;
14         cout << a << " + " << b << " = "<< sum << "\n";   //输出结果
15         cout <<num1 << " * " << num2 <<" = " << product << endl;
16         return 0;
17     }
```

运行结果如图 2.15 所示。

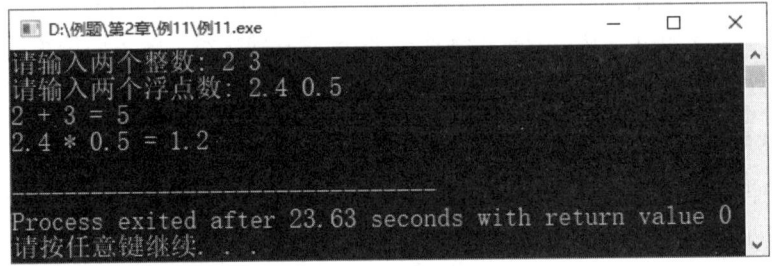

图 2.15　例 2.11 运行结果

程序分析：

```
9    cin >> a >> b;
```

从键盘输入两个整数存到变量 a 和 b 中，两个整数之间用空格分开。在使用 cin 的时候，可以认为数据是先输入到输入流中，然后按照箭头>>所指向的方向依次流入内存变量中。这个代码也可以等价变换为下面两条输入语句：

```
cin >> a;
cin >> b;
```

继续分析下面的语句。

```
14    cout << a << " + " << b << " = "<< sum << "\n";   //输出结果
```

使用 cout 进行输出时，可以认为数据是先输入到输出流中，然后按照箭头<<所指的方向依次送到屏幕显示。这条语句相当于先将变量 a 的值在屏幕输出，然后输出一个字符"+"，接着输出变量 b 的值，然后输出字符"="，接着是变量 sum 的值，最后输出一个转义符"\n"（换行符）。格式化输出函数 printf 中提到的转义符，在 cout 中也可以正常输出。而且，cout 也支持像 printf 的格式化输出，相关内容读者可以查阅 C++的相关资料学习。

```
15    cout << num1 << " * " << num2 <<" = " << product << endl;
```

在屏幕上输出信息，cout 默认不换行，流操作符 endl 主要是进行换行操作，作用类似于"\n"。本书所展示的代码示例中的输入和输出均使用 scanf 和 printf，读者可以自行转换为 cin 和 cout。

2.7 案例：小小计算器 1.0

编写代码，实现一个能够进行两个数的加、减、乘、除以及进行字母的大小写转换等简单功能的小小计算器。本书后续将随着第 3 章和第 4 章的学习，不断丰富这个计算器的功能，本章实现的这个计算器称为 1.0 版。

【例 2.12】小小计算器 1.0。

程序如下：

```
1    #include <stdio.h>
2    int main( )
3    {
4        double x, y;
5        char ch_in, ch_out;
6        printf("****************************\n");
         //显示主菜单
7        printf("*      小小计算器(V1.0)      *\n");
8        printf("*      1    加法             *\n");
9        printf("*      2    减法             *\n");
10       printf("*      3    乘法             *\n");
11       printf("*      4    除法             *\n");
12       printf("*      5    字母转换          *\n");
13       printf("****************************\n");
14       printf("请输入两个数：");
15       scanf("%lf%lf", &x, &y);              //输入两个 double 类型数据
16       printf("1 加法：%.2f+%.2f=%.2f\n", x, y, x + y);
17       printf("2 减法：%.2f-%.2f=%.2f\n", x, y, x - y);
18       printf("3 乘法：%.2f*%.2f=%.2f\n", x, y, x * y);
19       printf("4 除法：%.2f/%.2f=%.2f\n", x, y, x / y);
20       printf("\n");                         //为了显示美观，输出一个空行
21       printf("请输入一个小写字母:");
22       getchar( );                           //消除第 15 行代码进行输入时所键入的回车键对后续字符输入的影响
23       ch_in=getchar( );                     //调用字符输入函数 getchar 进行字符的输入
24       ch_out=ch_in-32;                      //通过算术运算，实现小写字母到大写字母的转换
25       printf("%c 对应的大写字母=%c\n", ch_in, ch_out);
26       printf("请输入一个大写字母:");
27       getchar( );                           //消除第 23 行代码进行输入时所键入的回车键对字符输入的影响
28       scanf("%c", &ch_in);//调用函数 scanf 进行字母的输入
29       ch_out=ch_in+32;                      //通过算术运算，实现大写字母到小写字母的转换
30       printf("%c 对应的小写字母=%c\n", ch_in, ch_out);
31       return 0;
32   }
```

运行结果如图 2.16 所示。

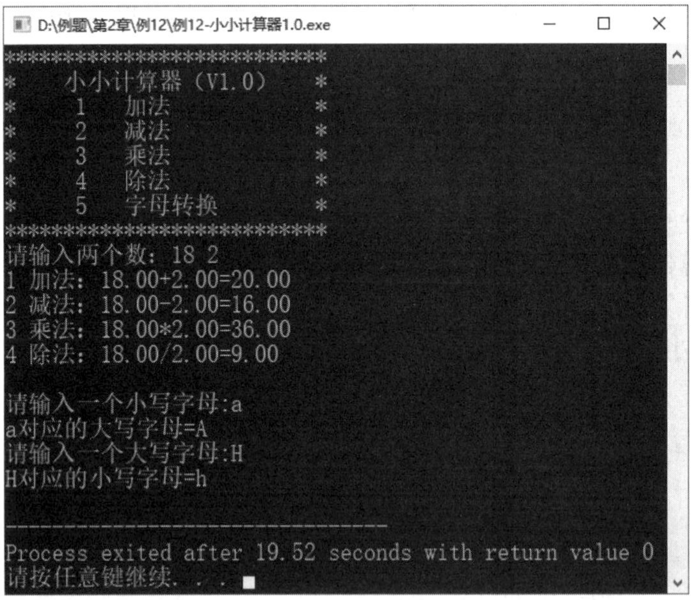

图 2.16 例 2.12 小小计算器 1.0 运行结果

程序分析：

```
15    scanf("%lf%lf", &x, &y);
```

因为定义的变量 x 和 y 是 double 类型，所以使用 scanf 函数时，格式控制符应使用"%lf"。因为在"%lf%lf"中的两个控制符(%lf)之间没有其他字符，所以输入的两个数据之间应以一个或多个空格分隔，也可以用 Tab 键或回车键分隔。

```
23    ch_in=getchar( );
```

调用字符输入函数 getchar 进行字符的输入，从键盘输入一个小写字母后再键入回车键，将该字母存入字符变量 ch_in 中。

```
28    scanf("%c", &ch_in);
```

调用格式化输入函数 scanf 进行字母的输入，因为要输入字符，格式控制符应该用"%c"。

```
24    ch_out=ch_in-32;
29    ch_out=ch_in+32;
```

C 语言可以通过简单的字符运算来实现大小写字母的转换。因为大写字母 A～Z 的 ASCII 码值为 65～90，小写字母 a～z 的 ASCII 码值为 97～122，所以转换大写到小写或者小写到大写，只需要在字符的 ASCII 码值上加上 32(大写到小写)或者减去 32(小写到大写)即可。

```
22    getchar( );
27    getchar( );
```

在 2.6.1 节介绍字符输入函数 getchar 时提到：通过键盘进行数据输入时，最后所键入的回车键也会以一个字符数据(回车符)的形式被送到输入缓冲区。这就导致，如果在一条数据输入语句之后，紧跟着执行 getchar 函数进行字符输入时，系统会自动地将保存在输入缓冲区中的回车符作为用户输入的字符来对待，而不再等待用户进行输入，导致出现不是用户所期望的数据输入结果的情况。第 22 和 27 行代码的目的就是要消除在它们之前进行数据输入时所键入的回车键对后续字符输入操作的影响。执行一次 getchar 函数，将当前输入缓冲区中的回车符("\n")读取出来，从而达到清空缓冲区的效果。此处执行 getchar 函数时，并没有任何变量来接收并存储作为返回结果的回车符，其效果相当于这个回车符被系统丢弃了。

如果将程序中这两行代码删除，再运行程序时，会跳过小写字母的输入。程序运行结果如图 2.17 所示。

图 2.17　去掉第 22 行和第 27 行代码的运行结果

程序会将输入 18 和 2 之后输入的回车符直接从输入缓冲区中取出赋值给 ch_in。回车符 "\n" 的 ASCII 码值是 10，执行完语句 "ch_out=ch_in-32;" 后，ch_out 就对应于字符 "?"。

通过分析小小计算器 1.0 的程序代码以及观察运行效果，可以发现这个计算器虽然可以实现简单的算术运算并进行字母的大小写转换，但是还存在许多不足和局限。

(1) 每次程序运行，只能依次执行加法、减法、乘法、除法、小写转大写和大写转小写，不支持用户根据需要选择执行其中某个计算功能。

(2) 如果输入的第 2 个数等于 0，也就是出现除数为 0 的情况，这个计算器又会怎样？

(3) 在进行字母转换时，不管输入的是不是一个字母，程序都会进行字符运算，并在屏幕上显示对应的字符。如何让程序保证只有在输入的是一个字母时，才进行相应的操作，在不是字母时，仅给出"输入错误"这个提示信息呢？

为了解决上述不足和问题，就需要用到本书第 3 章和第 4 章的相关内容。

习　题

1. 指出下面的数据分别是什么类型。

(1) –10　　　(2) +32　　　(3) 25　　　　(4) 123456L　　(5) 'A'　　　(6) '7'　　　(7) '\0'

(8) '\n'　　　(9) '\27'　　(10) '\x12'–1.234　(11) 0.333　　(12) 3.14F　　(13) .8976f

2. 下面所示的是不是有效的变量名？

(1) m1234　　(2) abcd　　(3) 1A234　　(4) power　　(5) doint　　(6) netPay　　(7) $taxes　　(8) printf

(9) while　　(10) _123　　(11) num5　　(12) add5　　(13) 1_index_2　　(14) include　　(15) 9ab8　　(16) tot.a1

3. 定义下面的变量。

(1) num1 和 num2 用来存储整型数据。

(2) price 用来存储浮点型数据。

(3) let1 和 let2 用来存储字符数据。

4. 指出下面#define 指令中的错误并修改。

(1) #define YES 1.0;

(2) #define 2 NO

(3) #define BOOLEAN true

5. 指出下面表达式的错误。

(1) 6(3.0+12.8)　　　　　　　(2) (12.1+19.3)(2.3+4.5)

6. 编写程序计算矩形的面积和周长，矩形的宽为 3.5，长为 5.48。矩形面积的计算公式为 area=length × width，矩形周长的计算公式为 circum=2(length+width)。

7. 编写代码：要求先输入两个点的坐标，然后计算并输出两个点的中点的坐标。例如，第一个点的坐标是(10,5)，第二个点的坐标是(8,9)，经过计算得出中点坐标是(9,7)。

第二部分　流程控制篇

第 3 章　选择控制结构

　　流程控制的主要目的是控制程序中语句执行的次序。C 语言程序设计属于结构化程序设计，其流程控制方式主要有三种：顺序控制、选择控制和循环控制。顺序控制是基础，各语句默认执行次序是从左向右、从上向下顺序执行；选择控制是根据判断条件有选择地执行某些语句；循环控制是根据判断条件重复地执行某些语句。

　　流程控制中另一种控制方式是函数调用。函数调用指的是，通过执行一条语句来完成调用一系列指令的功能。函数相关内容将在第 5 章中进行介绍。

3.1　关系运算符

　　关系运算符用来比较两个表达式的大小关系，运算结果是 1 或者 0。如果两个表达式的关系成立，结果是 1；否则，结果是 0。表 3.1 列出了关系运算符的优先级和运算顺序。

表 3.1　关系运算符的优先级和运算顺序

优先级	运算符	运算顺序
6	小于 <	从左至右
6	小于等于 <=	从左至右
6	大于 >	从左至右
6	大于等于 >=	从左至右
7	等于 ==	从左至右
7	不等于 !=	从左至右

1. 简单比较表达式

1>2+3

　　分析：根据运算符的优先级，先执行算术运算 2+3，然后执行关系判断 1>5，所以表达式的结果是 0。

'a'+3<'b'

　　分析：参与比较的字符转换为 ASCII 码，上式相当于执行了 97+3<98，所以表达式的结

果是 0。

2. 复杂比较表达式

```
int a=1, b=2, c=0, d=4
int result;
result=a>b>=c>d;
```

分析：因为关系运算符的优先级高于赋值运算符，而关系运算符按照从左至右的顺序依次计算，因此语句"result = a > b >= c > d;"将按照以下步骤进行计算。

(1) 计算 a > b，比较结果为 0。
(2) 计算 0 >= c，比较结果为 1。
(3) 计算 1 > d，比较结果为 0。
(4) 执行 result = 0。

在编写代码时，可以通过合理地使用小括号"( )"来界定表达式的计算顺序，清晰地表示出表达式的逻辑关系，增强代码的可读性。如果上面三个表达式写成下面的形式，其比较关系就非常清晰了：

```
1>(2+3)
('a'+3)<'b'
result=(((a>b)>=c)>d);
```

另外，如果要判断的条件是 c 大于 a 并且 c 小于 b，则下面的写法是错误的：

```
a<c<b            //错误
```

分析：根据关系运算符从左至右的运算顺序，首先比较 a 和 c 的关系，如果 c 小于等于 a，表达式 a < c 的结果是 0，如果 c 大于 a，则表达式 a < c 的结果是 1。无论 c 和 a 的大小关系如何，接下来都将是使用 1 或 0 与变量 b 比较，而不是 c 和 b 比较，这就没有达到判断"c 大于 a 并且 c 小于 b"的要求。

正确的写法如下：

```
(c>a)&&(c<b)
```

分析："&&"是逻辑与运算符(将在 3.2 节讲到)，它表示只有当运算符两边的表达式都成立时，整个表达式的结果才成立。上式表示只有在 c 大于 a 并且 c 小于 b 时，表达式才成立(等于 1)，否则表达式不成立(等于 0)。

3.2 逻辑运算符

逻辑运算用于实现表达式的逻辑判断，如果判断条件成立，运算结果是 1，如果判断条件不成立，运算结果是 0。表 3.2 列出了逻辑运算符的优先级和运算顺序。

表 3.2　逻辑运算符的优先级和运算顺序

优先级	运算符	运算顺序
2	逻辑求反 ！	从右至左
11	逻辑与 &&	从左至右
12	逻辑或 ||	

逻辑求反"！"的作用是将成立(非 0)变为不成立(0)，将不成立(0)变为成立(1)。

逻辑与"&&"的作用是判断运算符两边的表达式的值，只有当两个表达式都成立(非 0)时，整个表达式才成立(1)，否则整个表达式不成立(0)。

逻辑或"\|\|"的作用是判断运算符两边的表达式的值，只要其中有一个表达式成立(非 0)，整个表达式就成立(1)，只有当两个表达式都不成立(0)时，整个表达式才不成立(0)。

假设已有变量定义语句"int a = 10, b = 5, c = –3;"，则以下四个逻辑表达式的结果如下。

(1) "!a"结果为 0。

分析：逻辑求反"！"运算符，对非 0 值求反，结果为 0；对 0 求反，结果为 1，所以"!a"的结果是 0。

(2) "a && b"结果为 1。

分析：逻辑与"&&"运算符只有在左右两边表达式的值都非 0 时，结果才为 1，所以"a && b"的结果是 1。

(3) "a \|\| b"结果为 1。

分析：逻辑或"\|\|"运算符两边的表达式只要有一边的值不为 0，结果就为 1，所以"a \|\| b"的结果为 1。

(4) "a+c >= b && b"结果为 1。

分析：运算符的优先级决定了表达式的运算顺序。算术运算符"+"的优先级高于关系运算符">="，先计算 a+c，值是 7；再比较 7>=b 的关系，结果为 1；最后执行 1&&b 逻辑与的判断，结果为 1，所以整个表达式的结果为 1。该式等价于((a + c) >= b) && b，如果将这个表达式写成((a + c) >= b) && b，就更容易理解了。

对于逻辑表达式(6 * 3 == 36 / 2) && (13 < 3 * 3 + 4) \|\| !(6 – 2 < 5)，可以分解为以下几个步骤。

(1) (18 == 18) && (13 < 3 * 3 + 4) \|\| !(6 – 2 < 5)。
(2) 1 && (13 < 3 * 3 + 4) \|\| !(6 – 2 < 5)。
(3) 1 && (13 < 9+ 4) \|\| !(6 – 2 < 5)。
(4) 1 && (13 < 13) \|\| !(6 – 2 < 5)。
(5) 1 && 0 \|\| !(6 – 2 < 5)。
(6) 1 && 0 \|\| !(4 < 5)。
(7) 1 && 0 \|\| !(1)。
(8) 1 && 0 \|\| 0。
(9) 0 \|\| 0。
(10) 0。

需要注意的是，逻辑运算符"&&"和"\|\|"都具有短路运算的特性。短路运算是指，

运算符"&&"和"||"的表达式按从左到右的顺序进行计算,如果已经能够从运算符左边表达式的计算结果得到整个逻辑表达式的结果,运算符右边的表达式就不会被编译器执行了。

【例 3.1】短路运算的应用代码示例。

程序如下:

```
1   #include <stdio.h>
2   int main( )
3   {
4       int m, n;
5       m=1;
6       n=(m!=1) && (m=2);
7       printf("m=%d n=%d\n", m, n);
8       return 0;
9   }
```

运行结果如图 3.1 所示。

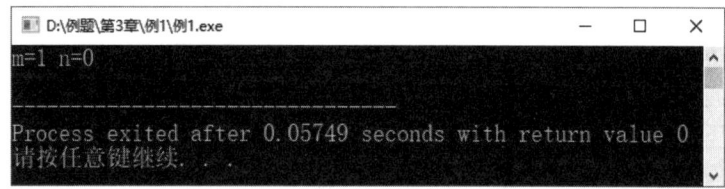

图 3.1 例 3.1 运行结果

程序分析:

```
6   n=(m!=1)&&(m=2);
```

根据运算符的优先级和运算顺序,应该先执行"&&"运算符左侧的小括号,再执行右侧的小括号。因为 m 的初值为 1,所以左侧小括号内的表达式"m != 1"的结果是 0,已经可以据此得出整个逻辑表达式的结果,值是 0。根据"&&"运算符的"短路"特性,右侧小括号内的表达式"m = 2"将不再执行,所以代码第 7 行输出的 m 值仍是 1。

3.3 if 语句和 if-else 语句

3.3.1 if 语句

if 语句的语法格式为:

```
if(判断条件)          //该行语句结尾处没有分号
复合语句
```

说明:如果判断条件成立,则执行复合语句,然后执行接下来的语句;如果判断条件不成立,则不执行复合语句,继续执行接下来的语句,流程图如图 3.2 所示。

注意：复合语句是由一条或多条单行语句包含在一对大括号中组成的，如果复合语句中只包含一条语句，则可以省略大括号(建议初学者不要省略大括号)。复合语句形式如图 3.3 所示。

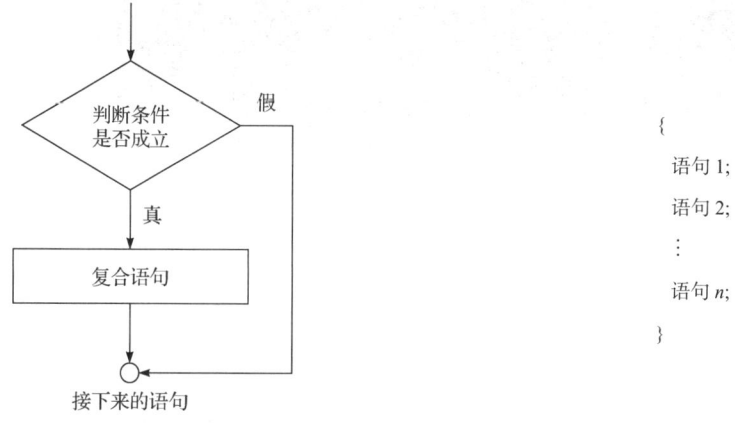

图 3.2　if 语句流程图　　　　　　　　　　图 3.3　复合语句形式

【例 3.2】根据用户的输入，判断汽车行驶距离是否达到了 5000 公里，如果达到了就显示提示信息，要求使用 if 语句判断。

程序如下：

```
1   #include <stdio.h>
2   #define LIMIT 5000.00          //定义符号常量 LIMIT
3   int main( )
4   {
5       float s;
6       printf("请输入汽车行驶距离：");
7       scanf("%f", &s);           //接收用户输入
8       if(s > LIMIT)              //条件判断
9       {
10          printf("汽车行驶距离达到了%.2f 公里\n", LIMIT);
11      }
12      printf("程序结束!\n");
13      return 0;
14  }
```

输入 200 时的运行结果如图 3.4 所示。

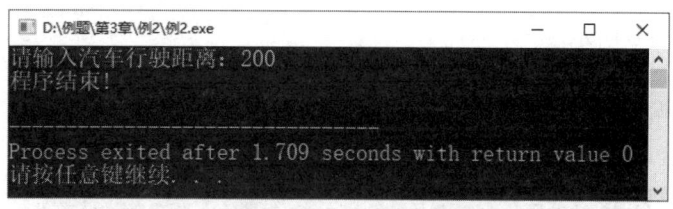

图 3.4　例 3.2 输入 200 时的运行结果

输入 8000 时的运行结果如图 3.5 所示。

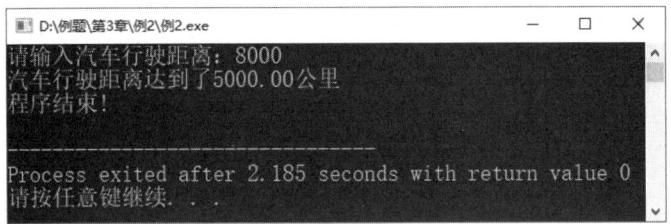

图 3.5 例 3.2 输入 8000 时的运行结果

程序分析：

2   #define LIMIT 5000.00

定义了符号常量 LIMIT，它表示常量 5000.00。

8   if(s>LIMIT)

使用 if 语句判断用户输入变量 s 的值是否大于 5000.00。如果条件成立，则执行代码第 10 行，然后从代码第 12 行继续执行；如果条件不成立，则直接跳至代码第 12 行向下执行。

【例 3.3】任意输入两个整数存储到变量 a 和 b 中，比较它们的大小，要求最终变量 a 中的值不小于变量 b 中的值。

程序如下：

```
1   #include <stdio.h>
2   int main( )
3   {
4       int a, b, t;
5       printf("请输入第一个数: ");
6       scanf("%d", &a);             //输入 a
7       printf("请输入第二个数: ");
8       scanf("%d", &b);             //输入 b
9       printf("排序前: a=%d b=%d\n", a, b);
10      if(a<b)                      //比较，交换 a 和 b
11      {
12          t=a;
13          a=b;
14          b=t;
15      }
16      printf("排序后: a=%d b=%d\n", a, b);
17      return 0;
18  }
```

运行结果如图 3.6 所示。

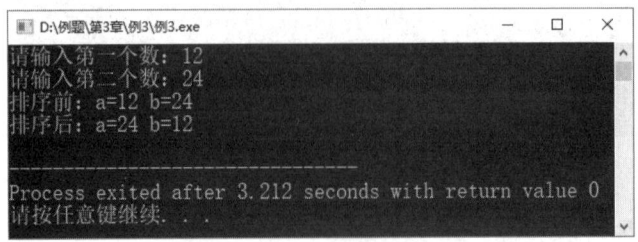

图 3.6 例 3.3 运行结果

程序分析：

```
4   int a, b, t;
```

定义三个整型变量，变量 a 和 b 的作用是存储用户输入值，变量 t 是临时量。

```
10  if(a<b)
```

判断变量 a 和 b 的大小，如果 a<b，就交换 a 和 b 的值，保证 a 的值不小于 b 的值。

```
12  t=a;
13  a=b;
14  b=t;
```

上面三行代码的作用是借助临时量 t，交换变量 a 和 b。这就像有一杯可乐(a)和一杯果汁(b)，再用一个空杯子(t)来交换这两杯饮料。

3.3.2 if-else 语句

if-else 语句的语法格式为：

```
if(判断条件)        //该行语句结尾处没有分号
复合语句 1
else               //该行语句结尾处没有分号，也没有小括号
复合语句 2
```

if-else 语句流程图如图 3.7 所示。

【例 3.4】将用户输入的小写字母转换为大写字母在屏幕上显示，使用 if-else 语句判断用户输入的字符是不是小写字母。

程序如下：

```
1   #include <stdio.h>
2   int main( )
3   {
4       char ch_in, ch_out;
5       printf("请输入一个小写字母: ");
6       ch_in=getchar( );
7       if((ch_in>='a')&&(ch_in<='z'))
8       {
9           ch_out=ch_in-32;
10          printf("%c 对应的大写字母=%c\n", ch_in, ch_out);
11      }
12      else
13      {
14          printf("您所输入的不是小写字母，无法转换！\n");
15      }
16      return 0;
17  }
```

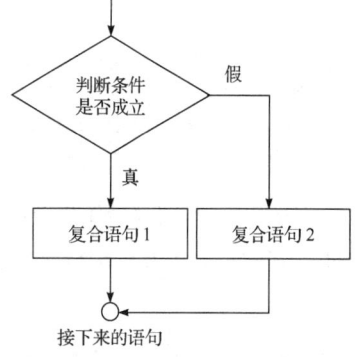

图 3.7 if-else 语句流程图

例 3.4
讲解视频

输入小写字母时的运行结果如图 3.8 所示。

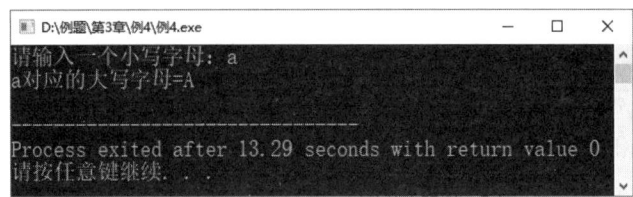

图 3.8　例 3.4 输入小写字母的运行结果

输入问号时的运行结果如图 3.9 所示。

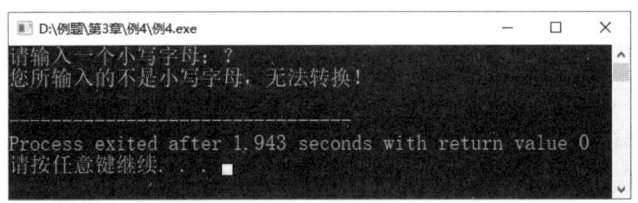

图 3.9　例 3.4 输入问号的运行结果

程序分析：

```
6    ch_in=getchar( );
```

从键盘接收一个字符并存储在变量 ch_in 中。

```
7    if((ch_in>='a')&&(ch_in<='z'))
```

如果条件"(ch_in >= 'a') && (ch_in <= 'z')"成立，说明 ch_in 是小写字母。

```
8    {
9        ch_out=ch_in-32;
10       printf("%c 对应的大写字母=%c\n", ch_in, ch_out);
11   }
```

上面的四行代码构成了 if 条件分支。因为 C 语言中字符类型在计算机内部是按照整数对待的，小写字母和大写字母之间相差 32，第 9 行代码通过算术运算将小写字母转换成大写字母。

```
13   {
14       printf("您所输入的不是小写字母，无法转换！\n");
15   }
```

13～15 行代码构成了 else 分支。因为由单行语句构成的复合语句可以省略大括号，所以上面三行代码可以只保留第 14 行，省略第 13 行和第 15 行(强烈建议大家不要省略大括号，它可以使代码结构更加清晰)。

【例 3.5】水仙花数的判断。水仙花数也称为超完全数字、不变数或自恋数，它是指一个 3 位数，它的每个数位上的数字的 3 次幂之和等于它本身。例如，$1×1×1+5×5×5+3×3×3=153$，因此 153 就是一个水仙花数。输入一个三位整数，判断它是不是一个水仙花数。

程序如下：

```
1    #include <stdio.h>
2    int main( )
```

```
3      {       //定义存放整数及其个、十、百位上的数字的变量
4          int num, num1, num2, num3;
5          printf("请输入一个三位整数：");
6          scanf("%d", &num);
7          if((num>=100)&&(num<1000))//判断是不是三位整数
8          {
9              num3=num/100;              //获取百位数
10             num2=(num%100)/10;         //获取十位数
11             num1=num%10;               //获取个位数
12             if((num3*num3*num3 + num2*num2*num2 + num1*num1*num1) == num)
13             {
14                 printf("%d 是一个水仙花数！\n", num);
15             }
16             else
17             {
18                 printf("%d 不是一个水仙花数！\n", num);
19             }
20         }
21         else
22         {
23             printf("%d 不是水仙花数，水仙花数首先应该是一个三位整数！\n", num);
24         }
25         return 0;
26     }
```

运行结果如图 3.10 所示。

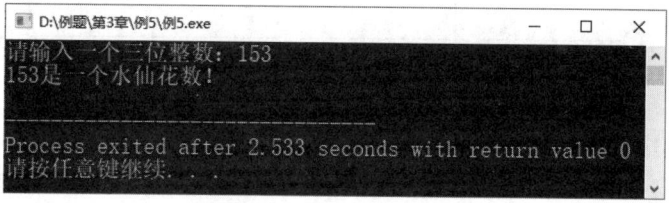

图 3.10 例 3.5 运行结果

程序分析：

9   num3=num/100;

获取整数 num 的百位上的数字。

10   num2=(num%100)/10;

获取整数 num 的十位上的数字，表达式(num%100)的结果是 num 这个数的后两位数，然后再整除 10 之后就得到了 num 的十位上的数字。

11   num1=num%10;

获取整数 num 的个位上的数字。

3.3.3 if-else 链

if-else 链的逻辑流程图如图 3.11 所示，if-else 链的语法格式为：

```
if(判断条件 P1)           //该行语句结尾处没有分号
    复合语句 1
else if(判断条件 P2)
    复合语句 2
…
else if(判断条件 Pn)
    复合语句 n
else                      //该分支可以省略，但是必须作为最后一个分支
    复合语句 n+1
```

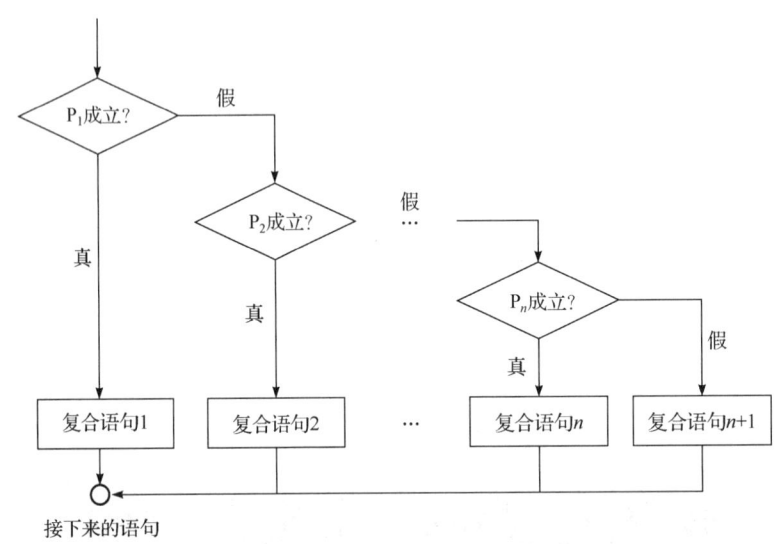

图 3.11 if-else 链的逻辑流程图

注意：在运行 if-else 链时，如果某个数据同时满足多个判断条件，编译器只执行满足要求的第一个分支的复合语句，然后就结束该 if-else 链。

【例 3.6】各地陆续实施了阶梯电价，根据用电量收缴不同的电费，标准参照表 3.3。现在要求根据用户的输入，使用 if-else 链计算应缴电费。

表 3.3 用电量级别

级别	用电量/(kW·h)	电费/(元/(kW·h))
1	小于等于 180	0.56
2	大于 180，但小于等于 230	0.61
3	大于 230，但小于等于 500	0.86
4	大于 500	1.50

程序如下：

```
1   #include <stdio.h>
```

```c
2   int main( )
3   {
4       int num;                    //num 表示用电量
5       double price=0.0;           //price 表示电费
6       printf("请输入用电量:");
7       scanf("%d", &num);
8       if(num<=180)                //使用 if-else 链判断用电级别
9       {
10          printf("用电量是1级,");
11          price=num*0.56;         //计算电费
12      }
13      else if(num<=230)
14      {
15          printf("用电量上升到2级,");
16          price=180*0.56+(num-180)*0.61;
17      }
18      else if(num<=500)
19      {
20          printf("用电量达到3级,");
21          price=180*0.56+50*0.61+(num-230)*0.86;
22      }
23      else
24      {
25          printf("用电量是封顶4级,");
26          price=180*0.5+50*0.61+270*0.86+(num-500)*1.5;
27      }
28      printf("应缴费%.2f元。\n", price);
29      return 0;
30  }
```

输入100时的运行结果如图3.12所示。

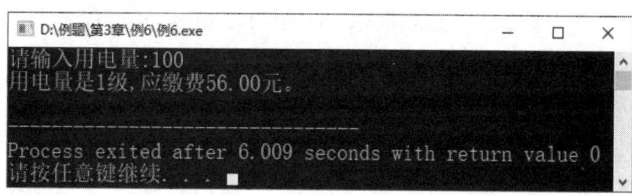

图 3.12　例 3.6 输入 100 时的运行结果

输入200时的运行结果如图3.13所示。

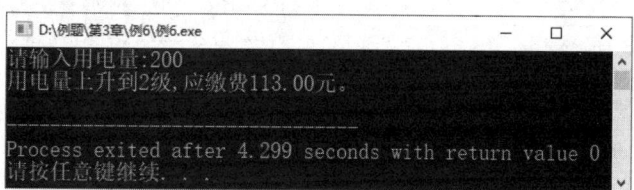

图 3.13　例 3.6 输入 200 时的运行结果

输入 400 时的运行结果如图 3.14 所示。

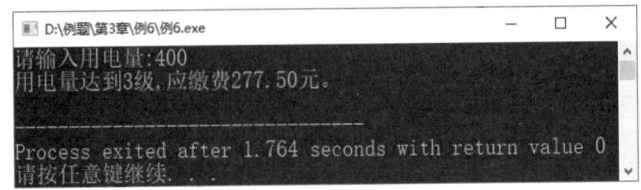

图 3.14 例 3.6 输入 400 时的运行结果

输入 800 时的运行结果如图 3.15 所示。

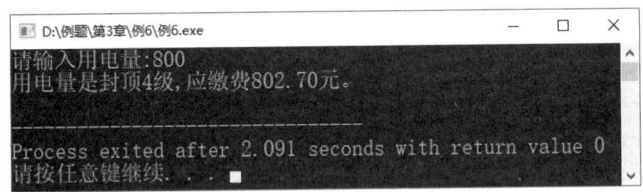

图 3.15 例 3.6 输入 800 时的运行结果

程序分析：

```
8     if(num<=180)
13    else if(num<=230)
18    else if(num<=500)
23    else
```

上面四行代码构成了 if-else 链。当用户输入数值 100 时，代码第 8 行、第 13 行和第 18 行的判断条件都成立，但编译器只执行满足要求的第一个分支，也就是代码第 8 行的判断条件。当用户输入数值 800 时，if-else 链的前三个判断条件都不成立，编译器将执行代码第 23 行的 else 分支。

【例 3.7】任意输入三个整数，将它们按照从小到大的顺序排列后输出。

方法一：将输入的三个整数进行全排列，使用 if-else 链将对应的 6 种情况一一列举，如图 3.16 所示。

程序如下：

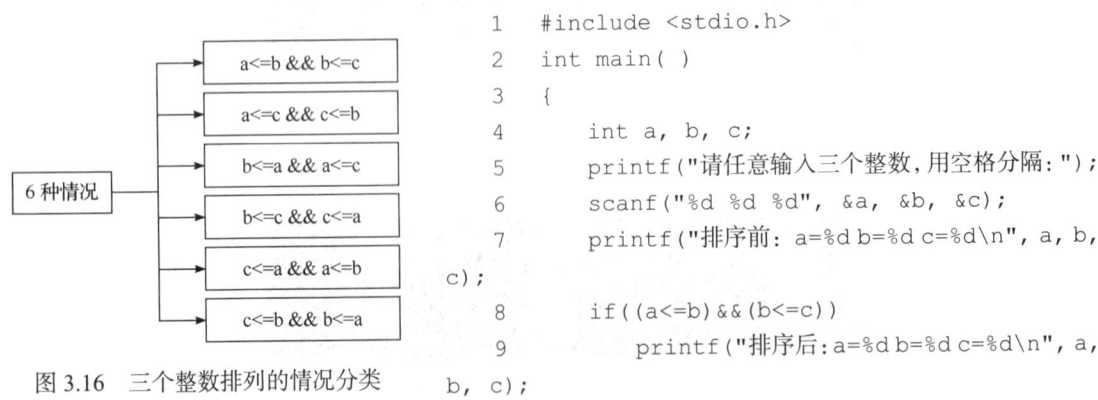

图 3.16 三个整数排列的情况分类

```
1   #include <stdio.h>
2   int main( )
3   {
4       int a, b, c;
5       printf("请任意输入三个整数,用空格分隔:");
6       scanf("%d %d %d", &a, &b, &c);
7       printf("排序前: a=%d b=%d c=%d\n", a, b, c);
8       if((a<=b)&&(b<=c))
9           printf("排序后:a=%d b=%d c=%d\n", a, b, c);
```

```
10      else if((a<=c)&&(c<=b))
11          printf("排序后: a=%d c=%d b=%d\n", a, c, b);
12      else if((b<=a)&&(a<=c))
13          printf("排序后: b=%d a=%d c=%d\n", b, a, c);
14      else if((b<=c)&&(c<=a))
15          printf("排序后: b=%d c=%d a=%d\n", b, c, a);
16      else if((c<=a)&&(a<=b))
17          printf("排序后: c=%d a=%d b=%d\n", c, a, b);
18      else if((c<=b)&&(b<=a))
19          printf("排序后: c=%d b=%d a=%d\n", c, b, a);
20      return 0;
21  }
```

运行结果如图 3.17 所示。

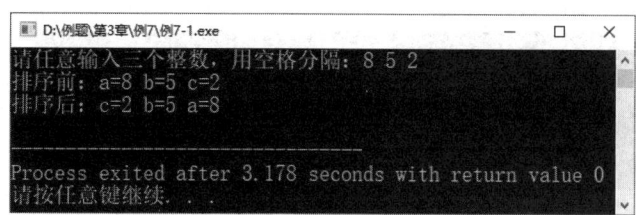

图 3.17 例 3.7 方法一的运行结果

程序分析：方法一使用了 if-else 链把三个整数排列的 6 种情况全部排列，按照大小关系进行输出。

方法二：将输入的三个整数 a、b 和 c 两两交换排序，最终达到整体有序。先对 a 与 b 进行比较和交换操作，保证 a 小于等于 b；然后再对 a 与 c 进行比较和交换操作，保证 a 小于等于 c；最后再对 b 与 c 进行比较和交换操作，保证 b 小于等于 c，最终实现 a、b 和 c 的值从小到大排列。

程序如下：

```
1   #include <stdio.h>
2   int main( )
3   {
4       int a, b, c, t;
5       printf("请任意输入三个整数，用空格分隔: ");
6       scanf("%d %d %d", &a, &b, &c);              //输入三个整数
7       printf("排序前: a=%d b=%d c=%d\n", a, b, c);
8       if(a>b)              //比较 a 和 b 的大小关系，保证 a 小于等于 b
9       {
10          t=a;
11          a=b;
12          b=t;
13      }
14      if(a>c)              //比较 a 和 c 的大小关系，保证 a 小于等于 c
15      {
16          t=a;
```

```
17          a=c;
18          c=t;
19       }
20       if(b>c)              //比较 b 和 c 的大小关系,保证 b 小于等于 c
21       {
22          t=b;
23          b=c;
24          c=t;
25       }
26       printf("排序后: a=%d b=%d c=%d\n", a, b, c);
27       return 0;
28    }
```

运行结果如图 3.18 所示。

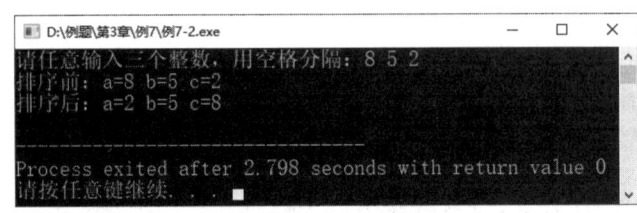

图 3.18 例 3.7 方法二的运行结果

程序分析:

```
8    if(a>b)
```

如果 a>b 成立,则借助临时量 t,交换 a 和 b 的值。保证在执行第 14 行代码时,a 不大于 b。执行第 8 行的 if 语句后,a = 5,b = 8,c = 2。

```
14   if(a>c)
```

如果 a>c 成立,则交换 a 和 c 的值。保证在执行第 20 行代码时,a 不大于 c。又因为 a 不大于 b,所以在执行代码第 20 行时,a 的值是三个数中最小的,而 b 和 c 还需要进一步比较。执行第 14 行的 if 语句后,a = 2,b = 8,c = 5。

```
20   if(b>c)
```

如果 b>c 成立,则交换 b 和 c 的值。保证在执行第 26 行代码时,b 不大于 c。至此,变量 a、b 和 c 的大小关系已经明确:a 最小,b 居中,c 最大。执行第 20 行的 if 语句后,a = 2,b = 5,c = 8。

3.4 switch 语句

switch 语句是一种特殊的选择语句,是一种多分支选择结构,能够实现和 if-else 链一样的效果,和 if-else 链唯一的不同点是 switch 的判断条件必须是整型表达式或字符型。

switch 语句的语法格式为:

```
switch(判断条件)
{
case 常量表达式 1:              //该分支结尾处是冒号":"
    若干语句 1;
    break;
case 常量表达式 2:
    若干语句 2;
    break;
…
case 常量表达式 n:
    若干语句 n;
    break;
default:                        //default 分支可以省略
    若干语句 n+1;
    break;
}
```

注意:

(1) "判断条件"必须是整型表达式或字符型。

(2) "常量表达式"只能由常量组成,不能包含变量,"常量表达式"的值必须互不相同,否则会出现矛盾("常量表达式"的同一个值对应多个执行方案)。

(3) 如果"判断条件"的值等于"常量表达式 i"的值,则执行第 i 个 case 分支之后的语句,如果不存在与"判断条件"相等的常量表达式,则执行 default 后面的语句,default 并不是必需的。

(4) "常量表达式"仅起到语句标号作用,并不在该处进行条件判断。执行 switch 语句时,根据"判断条件"找到匹配的入口标号,就从该标号开始执行,不再进行判断,不会在执行到下一个"case 常量表达式"或 default 处自动跳出 switch 语句。因此,应该在每个 case 分支中,用 break 语句来终止 switch 语句的执行。

(5) 各个 case 和 default 的出现次序不影响执行结果。

(6) 组成每个 case 分支的若干语句不需要使用大括号括起来。

【例 3.8】输入学生百分制成绩,根据表 3.4,输出相应的等级,要求使用 switch 语句实现。

表 3.4 成绩和等级

等级	成绩/分
优秀	大于等于 90
良好	大于等于 80 且小于 90
合格	大于等于 60 且小于 80
不及格	小于 60

程序如下:

```
1   #include <stdio.h>
```

例 3.8
讲解视频

```
2    int main( )
3    {
4        int score;
5        printf("请输入百分制成绩:");
6        scanf("%d", &score);          //输入百分制成绩
7        switch(score/10)              //以整型表达式(score/10)作为判断条件
8        {
9          case 0:                     //0 到 5 属于同一个分支
10         case 1:
11         case 2:
12         case 3:
13         case 4:
14         case 5:
15             printf("%d 不及格\n", score);
16             break;
17         case 6:                     //6 和 7 属于同一个分支
18         case 7:
19             printf("%d 合格\n",score);
20             break;
21         case 8:
22             printf("%d 良好\n",score);
23             break;
24         case 9:                     //9 和 10 属于同一个分支
25         case 10:
26             printf("%d 优秀\n", score);
27             break;
28         default:
29             printf("输入成绩有误! \n");
30         }
31         return 0;
32    }
```

运行结果如图 3.19 和图 3.20 所示。

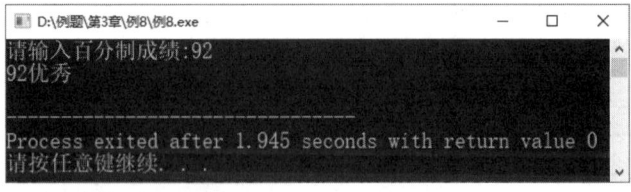

图 3.19　例 3.8 输入 92 时的运行结果

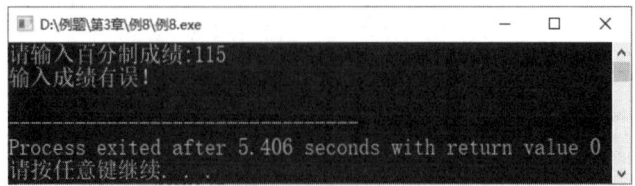

图 3.20　例 3.8 输入 115 时的运行结果

程序分析：

```
7    switch(score/10)
```

使用 score 整除 10 的结果作为 switch 语句的判断条件。如果用户输入的 score 值是 92，score/10 结果为 9，与第 24 行代码的 case 的常量表达式的值相同，则从该分支开始执行。然后，程序会依次执行第 24 行到第 26 行代码，最终在第 27 行代码遇到了 break 语句，程序将跳出 switch 语句，执行接下来的第 31 行代码。

如果用户输入的 score 值是 115，score/10 结果为 11，不存在值与之相同的 case 常量表达式，程序执行 default 之后的第 29 行代码。

【例 3.9】输入年份和月份，判断年份是不是闰年，并输出月份的天数。

使用变量 year 表示年份，闰年只需要满足下面两个条件之一。

条件一：year 是 4 的倍数，但不是 100 的倍数。

条件二：year 是 400 的倍数。

例如，1999 年两个条件都不满足，所以 1999 年不是闰年；1700 年不是 400 的倍数，不满足条件二；1700 是 4 的倍数，但同时也是 100 的倍数，也不满足条件一，所以 1700 年不是闰年；2000 年是 4 的倍数，同时也是 100 的倍数，不满足条件一；但 2000 是 400 的倍数，满足条件二，所以 2000 年是闰年。

程序如下：

```
1    #include <stdio.h>
2    int main( )
3    {   int year, month;
4        int flagyear;                              //判断是不是闰年的标志位，1 代表是，0 代表否
5        printf("请输入年份：");
6        scanf("%d", &year);
7        printf("请输入月份：");
8        scanf("%d", &month);
9        if((year<=0) || !((month>=1) && (month<=12)))    //判断输入是否合法
10       {   printf("输入不合法！\n");   }           //此处是输入不合法时
11       else                                       //此处是输入合法时
12       {   if(((year%4==0) && (year%100!=0)) || (year%400==0))   //判断是不是闰年
13           {   printf("%d是闰年\n", year);
14               flagyear=1;
15           }
16           else                    //此处是非闰年时
17           {   printf("%d是平年\n",year);
18               flagyear=0;
19           }
20           switch(month)           //判断月份
21           {   case 1:             //有 31 天的月份
22               case 3:
23               case 5:
24               case 7:
```

```
25          case 8:
26          case 10:
27          case 12:
28              printf("%d月有31天\n", month);
29              break;
30          case 4:                    //有30天的月份
31          case 6:
32          case 9:
33          case 11:
34              printf("%d月有30天\n", month);
35              break;
36          case 2:                    //2月份
37              if(flagyear==0)        //平年
38              {   printf("2月有28天\n"); }
39              else                   //闰年
40              {   printf("2月有29天\n"); }
41              break;
42          }
43      }
44      return 0;
45  }
```

运行结果如图 3.21 和图 3.22 所示。

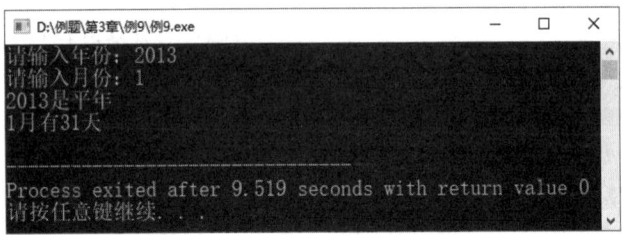

图 3.21　例 3.9 运行结果示例 1

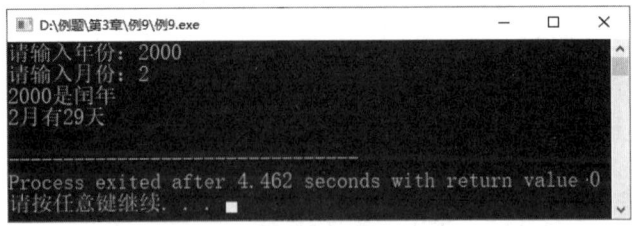

图 3.22　例 3.9 运行结果示例 2

程序分析:

```
9    if((year<=0) || !((month>=1) && (month<=12)))
```

判断用户输入是否合法，当用户输入的年份小于等于 0，或者用户输入的月份不在 1 和 12 之间时，输入不合法。

```
12    if(((year%4==0) && (year%100!=0)) || (year%400==0))
```

该语句为闰年的判断条件。表达式"(year%4==0)&&(year%100!=0)"表示 year 是 4 的倍数，但不是 100 的倍数，表达式"year%400==0"表示 year 是 400 的倍数。

选择结构是可以嵌套使用的，也就是选择之中可以包含选择。第 12 行代码的 if 语句嵌套在第 11 行的 else 语句中；第 20 行代码的 switch 语句嵌套在第 11 行的 else 语句中，第 37 行代码的 if 语句进一步嵌套在第 20 行的 switch 语句中。

```
20    switch(month)
```

该语句中，整型变量 month 作为 switch 语句的判断条件。将判断条件的值与 case 语句的常量表达式的值比较，得出从第几个 case 分支开始执行。程序向下执行到第一个 break 语句时，将跳出 switch 语句，执行接下来的第 44 行代码。

```
37    if(flagyear==0)
```

第 37 行到第 40 行代码是一个 if 语句，借助标志位 flagyear 等于 0 还是 1，判断是不是闰年，从而输出 2 月份的天数。

3.5　选择结构的嵌套

选择结构的嵌套是指在一个选择结构中包括一个或多个选择结构。if 语句和 switch 语句可以任意嵌套 if 语句或 switch 语句。

在 if 语句嵌套 if 语句的结构中，else 语句总是与它前面距离它最近的没有 else 语句配对的 if 语句匹配。下面给出几个等价形式。

等价形式 1 如图 3.23 所示。

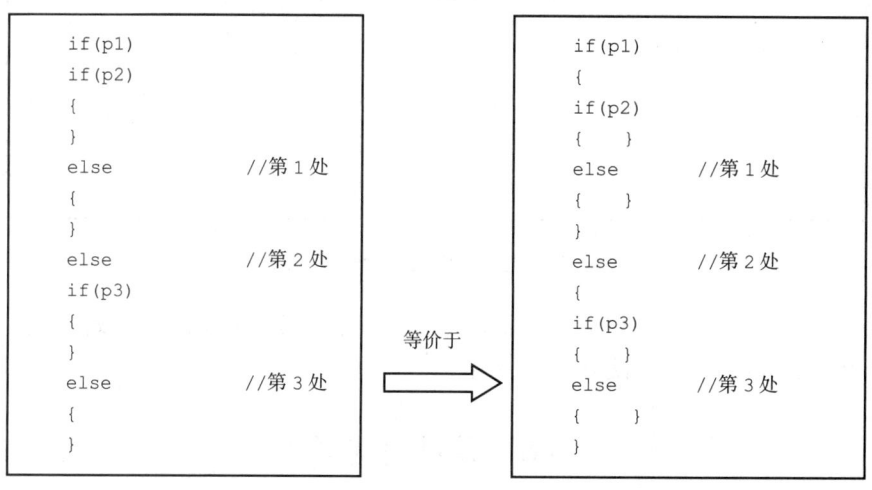

图 3.23　选择结构的嵌套等价形式 1

等价形式 2 如图 3.24 所示。

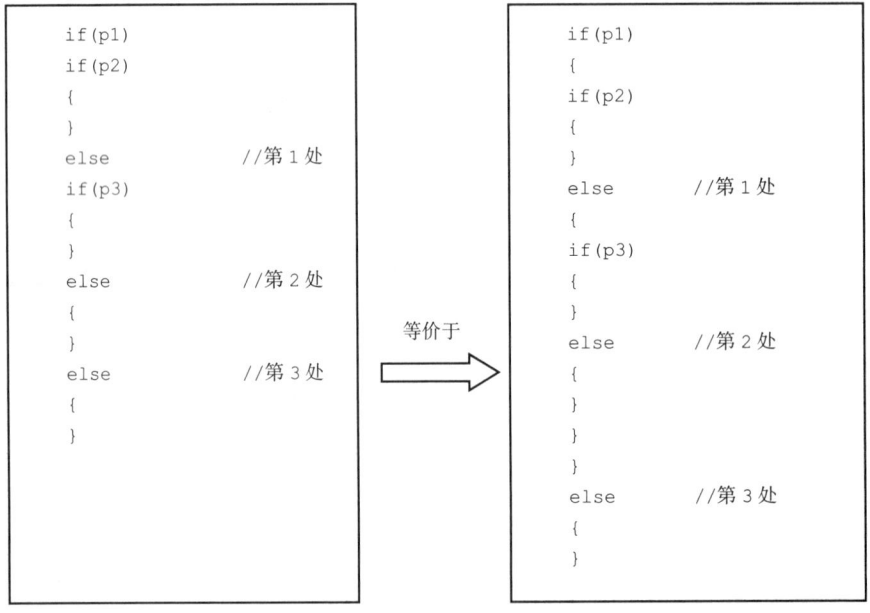

图3.24 选择结构的嵌套等价形式2

等价形式3 如图3.25所示。

图3.25 选择结构的嵌套等价形式3

一般选择嵌套的层数不宜过多,过多的层数会降低代码的可读性,建议嵌套在4层以内。switch语句的嵌套较为容易,此处不再给出。

3.6 条件运算符

C语言的运算符中有一个条件运算符(? :),它的作用和if-else语句一样,一般用于简单的条件判断,运算顺序为从左至右。

条件运算符语法格式为:

判断条件 ? 表达式 1 : 表达式 2;

说明：如果"判断条件"成立，则整个条件表达式的值就是"表达式 1"的值，否则整个条件表达式的值就是"表达式 2"的值。

下面通过求两个数中最大值的代码，说明条件运算符的使用方法。

使用 if-else 语句：

```
if(a > b)
{   max=a;   }
else
{   max=b;   }
```

使用条件运算符：

```
max=a>b ? a:b;
```

很明显，对于简单的判断，使用条件运算符后，代码显得更加简洁、清晰。

【例 3.10】使用条件运算符求 3 个整数的最大值。

程序如下：

```
1    #include <stdio.h>
2    int main( )
3    {
4        int a, b, c;
5        int max;
6        printf("请输入 3 个整数:");
7        scanf("%d %d %d", &a, &b, &c);
8        max=a > b ? (a > c ? a : c) : (b > c ? b : c);      //嵌套使用条件运算符
9        printf("最大值是%d\n", max);
10       return 0;
11   }
```

运行结果如图 3.26 所示

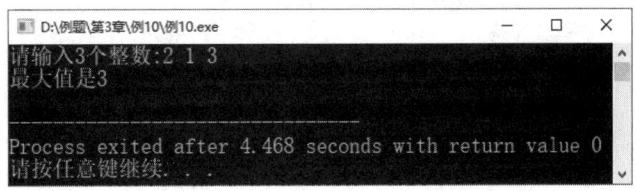

图 3.26 例 3.10 运行结果

程序分析：

8   max=a > b ? (a > c ? a : c) : (b > c ? b : c);

程序首先判断 a>b 是否成立，如果成立则执行外层"?"和":"之间的表达式，如果不成立则执行外层":"和";"之间的表达式。

在输入 a=2、b=1 和 c=3 后，条件 a>b 成立，表达式"a>c?a:c"的值将作为整个条件表达式的值。又因为 a>c 不成立，所以 c 的值就是表达式 "a>c?a:c" 的值。最终，max 的值等于 c 的值，即 3。

3.7 案例：小小计算器 2.0

编写代码，以多级菜单形式完成简单的算术运算、逻辑运算和转换运算，支持用户选择相应的运算功能。另外，增加了对除数为 0 的判断，在进行小写字母转换为大写字母时判断输入的是不是小写字母等排错功能。

【例 3.11】小小计算器 2.0。

程序如下：

例 3.11
讲解视频

```
1   #include <stdio.h>
2   int main( )
3   {
4       int select, num1, num2;
5       double x, y;
6       char ch_in, ch_out;
7       /* 显示小小计算器 2.0 主菜单，代码自行补齐 */
8       printf("请选择:");
9       scanf("%d", &select);
10      if(select==1)                              //选择算术运算
11      {
12          /* 显示算术运算子菜单，代码自行补齐 */
13          printf("请选择:");
14          scanf("%d", &select);
15          if((select>=1) && (select<=4))    //输入有效算术运算菜单选项
16          {   printf("请输入两个数:");
17              scanf("%lf%lf", &x, &y);
18              switch(select)                     //判断所选择的算术运算菜单项
19              {   case 1:                        //加法
20                  /* 加法运算，代码自行补齐 */
21                  case 2:                        //减法
22                  /* 减法运算，代码自行补齐 */
23                  case 3:                        //乘法
24                  /* 乘法运算，代码自行补齐 */
25                  case 4:                        //除法
26                      if(y==0)                   //判断除数是否为 0
27                      {   printf("输入错误，除数不能为零! \n");   }
28                      else
29                      {   printf("%f/%f=%f\n", x, y, x / y);   }
30                      break;
31              }
32          }
33          else
34          {   printf("选择有误!\n");   }
```

```c
35          }
36          else if(select==2)                          //选择逻辑运算
37          {
38              /* 显示逻辑运算子菜单，代码自行补齐 */
39              printf("请选择:");
40              scanf("%d", &select);
41              switch(select)                          //判断所选择的逻辑运算菜单项
42              {   case 1:                             //取反运算
43                      /* 取反运算，代码自行补齐 */
44                  case 2:                             //与运算
45                      /* 与运算，代码自行补齐 */
46                  case 3:                             //或运算
47                      /* 或运算，代码自行补齐 */
48                  default:
49                      printf("选择有误!\n");
50              }
51          }
52          else if(select==3)                          //选择转换运算菜单
53          {
54              /*显示转换运算子菜单，代码自行补齐*/
55              printf("请选择:");
56              scanf("%d", &select);
57              switch(select)
58              {case 1:
59                      printf("请输入一个小写字母:");
60                      getchar( );                     //消除回车对字符输入的影响
61                      ch_in=getchar( );
62                      if((ch_in>='a') && (ch_in<='z'))
63                      {   ch_out=ch_in-32;            //通过算术运算，转换到大写字母
64                          printf("%c 对应的大写字母=%c\n", ch_in, ch_out);
65                      }
66                      else
67                      {   printf("输入错误，输入的不是小写字母! \n");   }
68                      break;
69                  case 2:                             //大写字母转换成小写字母
70                      /* 大写字母转换成小写字母，代码自行补齐 */
71                  default:
72                      printf("选择有误!\n");
73          }
74      }
75      else                                            //选择无效主菜单选项
76      {   printf("选择有误!\n");   }
77      printf("程序结束!\n");
78      return 0;
79  }
```

运行结果如图 3.27 所示。

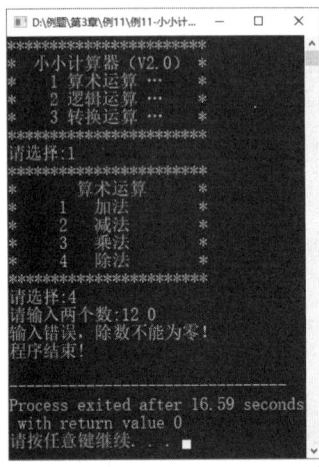 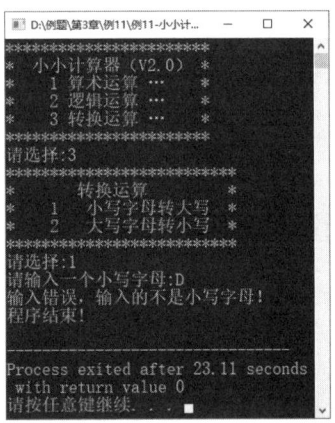

图 3.27　例 3.11 小小计算器 2.0 运行结果

程序分析：程序综合使用了选择结构，选择层级结构清晰。嵌套选择的形式很灵活，可以在 if 语句中嵌套 if 语句或者 switch 语句；也可以在 switch 语句中嵌套 if 语句或者 switch 语句。本例题的嵌套选择的形式如下：

```
    if(select==1)                              //选择算术运算
    {
        if((select>=1) && (select<=4))         //输入有效算术运算菜单选项
        {
            switch(select)                     //执行选择的算术运算
            {
            }
        }
        else                                   //输入无效的算术运算菜单选项
        {
        }
    }
    else if(select==2)                         //选择逻辑运算
    {
        switch(select)                         //执行选择的逻辑运算
        {
        }
    }
    else if(select==3)                         //选择转换运算
    {
        switch(select)                         //执行选择的转换运算
        {
        }
    }
    else                                       //输入无效的主菜单选项
    {
    }
```

2.0 版本的小小计算器比 1.0 版本的功能更加丰富和强大，具有一定的排错功能，也支持执行用户选择的运算功能。不过，细心的读者会发现，2.0 版本仍然存在不足：每次运行程序只能执行一种运算，完成一个运算后，程序就结束退出，不支持用户进行多轮运算。我们将在学习完第 4 章的内容后，解决这个问题。

习　　题

1. 计算下面表达式的值，已知：a=1，b=2，c=4，d=5，e=3。

(1) a!=b　　(2) c%b == d%e　　(3) c%b*a && b%a*c　　(4) a*b*c > 2 || e/b*d<8

2. 计算下面表达式的值，已知：a=3，b=4，c=5。

(1) a+b>c&&b==c　　(2) a||b+c&&a−b　　(3) a<b&&!(a<b)　　(4) !(c>a)&&!a||b

3. 已知 a=1，b=2，c=3，i=4，j=5，k=6，在执行完下面的表达式后，a、b、c 和整个表达式的值分别是多少？

$$(a=i<j)\&\&(b=j<k)\&\&(c=k,j,i)$$

4. 把下面的文字描述转换为代码。

(1) 某人的年龄大于 18 岁。

(2) 字母 x 是小写字母。

(3) 这双鞋的鞋码在 38 和 42 之间。

(4) 公园半价门票对于 12 岁以下的儿童或者 60 岁以上的老人有效。

(5) 输入的数据应该小于 100，并且大于 20，但是不能等于 50 和 30。

5. 根据下面的描述，编写代码。

(1) 输入一个百分制成绩，如果成绩小于 60，输出不及格；否则，输出及格。

(2) 任意输入一个角度值，判断该角度是不是直角。

(3) 输入参会人数，如果人数小于 10 人，选择小会议室开会；如果人数大于 10 人且小于 30 人，选择中会议室开会；否则，选择大会议开会。要求分别使用 if-else 链和 if 嵌套结构完成。

6. 任意输入 3 个数据，判断它们是否可以组成三角形。如果可以组成三角形，计算三角形的面积；否则输出无法组成三角形的结论。假设三角形的三条边分别是 a、b、c，三角形周长的一半为 $s=(a+b+c)/2$，那么三角形的面积为 area $= \sqrt{s(s-a)(s-b)(s-c)}$。

7. 将下面的 if-else 链改写为 switch 语句形式。

```
    if(score=='A')
        printf("优秀!");
else if(score=='B')
        printf("良好!");
else if(score=='C')
        printf("及格.");
else if(score=='D')
        printf("不合格.");
else
        printf("输入有误!");
```

第 4 章　循环控制结构

如果有一个程序要输出一个字符阵列，阵列由 100 行、每行 10 个 "*" 号构成，可以通过重复编写 100 次 "printf("**********\n");" 语句来实现。因为要输出的阵列规律性很强，如果只编写一次 "printf("**********\n");" 语句，能够通过代码自动重复执行 100 次来实现，这样既可以达到相同的效果，又可以显著减少代码的编写量，节省代码编写的时间。

重复执行程序中的部分代码就称为循环，构成循环需要有四个要素。

(1) 循环语句。C 语言提供三种循环语句：while 语句、for 语句、do-while 语句。
(2) 循环条件。循环条件是循环能够重复执行的判断条件。
(3) 循环变量的初始值。循环变量的值是循环条件的判断依据，循环变量赋初值操作应该位于循环结构的开始位置，以保证循环的启动。
(4) 循环变量的循环变化量。循环变量需要不断进行变化，使循环能趋于结束。

在执行循环结构时，按照先判断循环条件，还是先执行循环语句的原则，可以把循环分为前测型循环结构(见图 4.1)和后测型循环结构(见图 4.2)，其中 while 语句和 for 语句属于前测型循环结构，do-while 语句属于后测型循环结构。

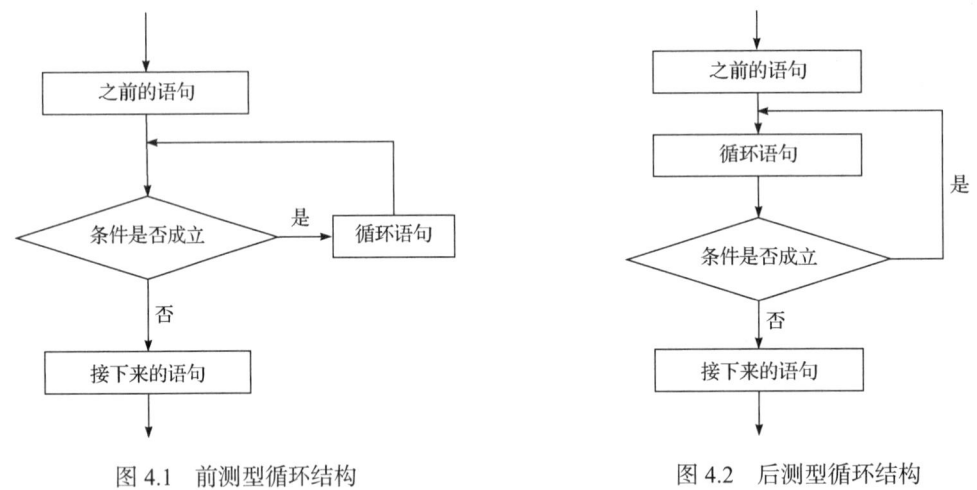

图 4.1　前测型循环结构　　　　　　　　图 4.2　后测型循环结构

4.1　while 语句

while 语句的语法格式为：

```
while(判断条件)          //语句结尾没有分号
{
    循环语句;            //如果是单行语句,可以省略大括号(不建议省略)
}
```

while 语句的含义是如果判断条件成立，则重复执行循环语句，直至判断条件不再成立，循环结束。

【例 4.1】 使用 while 循环求 1+2+3+…+100。

程序如下：

```
1    #include <stdio.h>
2    int main( )
3    {
4        int i;              //循环变量
5        int sum;            //存储累加和
6        i=1;                //循环变量赋初值
7        sum=0;
8        while(i<=100)       //循环判断条件
9        {
10           sum+=i;         //累加
11           i++;            //循环变量不断进行变化，每次增加1，使循环趋于结束
12       }
13       printf("1+2+3+...+100=%d\n", sum);
14       return 0;
15   }
```

运行结果如图 4.3 所示。

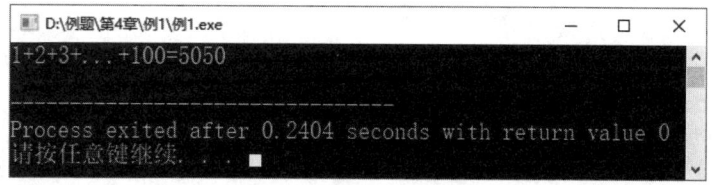

图 4.3　例 4.1 运行结果

程序分析：

6 　i=1;

循环变量赋初值。

8 　while(i<=100)

该行代码表示循环判断条件。如果判断条件(i<=100)成立，将重复执行循环语句，直至判断条件不再成立。

11 　i++;

改变循环变量的值，循环变量的变化量是 1。如果在循环体中忘记了改变循环变量的值，程序将陷入死循环，只能通过强制退出的方法结束应用程序。

7 　sum=0;

累加和变量的初始值，也就是累加的基础。

```
10    sum+=i;
```

程序执行第 8 行代码时：
第 1 次，i=1，条件 i<=100 成立，sum+=1，即 sum=0+1=1；
第 2 次，i=2，条件 i<=100 成立，sum+=2，即 sum=1+2=3；
第 3 次，i=3，条件 i<=100 成立，sum+=3，即 sum=3+3=6；
……
第 100 次，i=100，条件 i<=100 成立，sum+=100，即 sum=4950+100=5050；
第 101 次，i=101，条件 i<=100 不成立，while 循环结束，程序跳至第 13 行代码，此时 sum=5050，i=101。

【例 4.2】使用 while 循环求 1~100 中能够整除 2，但不能整除 3 的所有整数之和。

程序如下：

```
1    #include <stdio.h>
2    int main( )
3    {
4        int i, sum;        //i 为循环变量，sum 用来存放累加和
5        i=1;               //循环变量初始化
6        sum=0;             //累加和初始化
7        while(i<=100)      //循环判断条件
8        {
9            if ((i%2==0) && (i%3!=0)) //把能够整除 2，但不能整除 3 的数累加
10               sum+=i;
11           i++;           //改变循环变量
12       }
13       printf("累加和等于%d\n", sum);
14       return 0;
15   }
```

运行结果如图 4.4 所示。

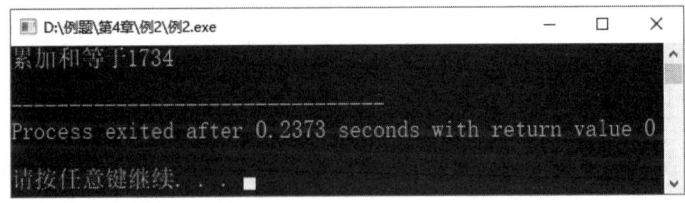

图 4.4　例 4.2 运行结果

程序分析：

```
9     if ((i%2==0) && (i%3!=0))
10        sum+=i;
```

上面两行代码是 if 选择结构。在 while 循环结构中嵌套 if 选择结构是经常使用的做法。

在 if 语句的判断条件中，表达式"i%2==0"表示 i 能够整除 2，表达式"i%3!=0"表示 i 不能够整除 3。经过第 9 行代码的判断，在第 10 行代码把同时满足这两个条件的循环变量 i 进行累加求和。

```
11    i++;
```

此行代码是改变循环变量的值，无论第 9 行代码的 if 判断条件是否成立，第 11 行代码都会执行，循环变量 i 的值经历了 1、2、3…的变化。

初学循环时，大家不要把题目中的循环判断条件和选择判断条件弄混淆。例如，例 4.2 中，如果把 while 循环写成下面的形式对吗？

```
i=1;
while((i%2==0) && (i%3!=0))
{
    sum+=i;
    i++;
}
```

上面的代码似乎是想把满足整除条件的数累加起来，但是却无法实现。因为 while 语句的循环条件决定了只有满足整除要求时才能够使循环继续进行下去，循环过程中，在遇到第 1 个不满足循环条件的 i 值时，while 循环就会结束，即使后面还有满足要求的 i 值，循环也不再执行了。在上面的代码中，当 i 等于 1 时，while 循环条件不成立，循环就结束了，循环变量 i 根本就没有机会继续改变。

正确的做法应该是例 4.2 中那样，在循环中嵌套选择，循环判断条件的作用是控制循环变量在指定范围内变化，选择判断条件的作用是检测循环变量的值，只将其中满足要求的值进行累加。

4.2　for 语句

for 语句的语法格式为：

```
for(表达式1; 表达式2; 表达式3)              //语句结束没有分号
{
    循环语句;
}
```

表达式 1 用于设置循环变量的初始值。在 for 循环执行时，表达式 1 首先执行，并且在整个循环过程中只执行一次。表达式 2 是循环的判断条件。在执行完表达式 1 后，紧接着执行表达式 2，如果判断条件不成立，将跳出 for 循环，执行接下来的代码；如果判断条件成立，将执行循环语句，然后执行表达式 3。在执行完表达式 3 后，再次执行表达式 2，如果判断条件不成立，将跳出 for 循环，执行接下来的代码，如果判断条件成立，将执行循环语句和表达式 3，这样循环执行下去，直至表达式 2 不成立，跳出 for 循环。

需要注意的是，表达式 1、表达式 2 和表达式 3 都可以省略，但它们之间的分号必须保留。例如，要输出 100 行、每行 10 个 "*" 号的字符阵列，for 语句可以有下面的一些写法。

(1) 形式 1(for 循环语句标准用法)。

```
int i;
for(i=1; i<=100; i++)
{
    printf("**********\n");
}
```

(2) 形式 2(与 while 循环用法相同)。

```
int i=1;
for( ; i<=100; )
{
    printf("**********\n");
i++;
}
```

例 4.3
讲解视频

【例 4.3】使用 for 循环完成例 4.2。

程序如下：

```
1    #include <stdio.h>
2    int main( )
3    {
4        int i, sum;  //定义两个整型变量，i 为循环变量，sum 用来存放累加和
5        for(i=1, sum=0; i<=100; i++)     //for 循环语句
6        {
7            if((i%2==0) && (i%3!=0))
8                sum+=i;
9        }
10       printf("累加和等于%d\n", sum);
11       return 0;
12   }
```

运行结果如图 4.5 所示。

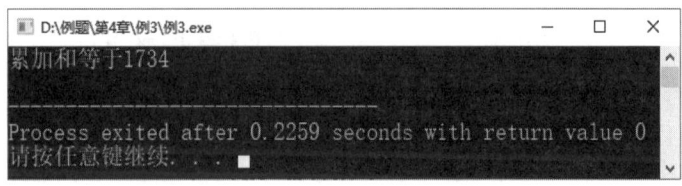

图 4.5　例 4.3 运行结果

程序分析：

5　for(i=1, sum=0; i<=100; i++)

表达式 1 是 "i=1, sum=0"，这是一个逗号表达式，同时完成了循环变量 i 的赋初值与累加和变量的初始化。在执行 for 循环时，表达式 1 首先执行，并且只执行一次。

表达式 2 是 "i<=100"。第 1 次执行表达式 2 时，i 的值等于 1，判断条件 i<=100 成立；

最后一次执行表达式 2 时，i 的值等于 101，判断条件不成立，跳出 for 循环，然后执行第 11 行代码。表达式 2 共执行了 101 次。

表达式 3 是"i++"，它在每次执行完第 7 行和第 8 行代码构成的 if 语句后执行。第 1 次执行表达式 3 前，i 的值等于 1；最后一次执行表达式 3 前，i 的值等于 100。表达式 3 共执行了 100 次。

【例 4.4】 找出所有的水仙花数。

例 4.4
讲解视频

程序如下：

```
1    #include <stdio.h>
2    int main( )
3    {
4        int num, num1, num2, num3;
         //存放三位整数及该数的个、十、百位上的数字
5        for(num=100; num<1000; num++)
6        {
7            num3=num/100;          //获取百位数
8            num2=(num%100)/10;     //获取十位数
9            num1=num%10;           //获取个位数
10           if((num3*num3*num3 + num2*num2*num2 + num1*num1*num1) == num)
11           {
12               printf("%d 是一个水仙花数！\n", num);
13           }
14       }
15       return 0;
16   }
```

运行结果如图 4.6 所示。

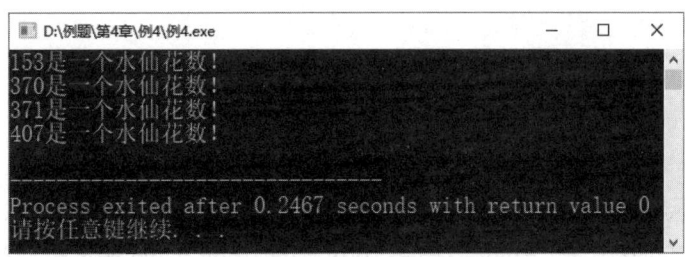

图 4.6　例 4.4 运行结果

程序分析：

```
5    for(num=100; num<1000; num++)
```

表达式 1 是"num=100"，完成对循环变量 num 赋初值。在执行 for 循环时，表达式 1 首先执行，并且只执行一次。

表达式 2 是"num<1000"。第 1 次执行表达式 2 时，num 的值等于 100，判断条件 num<1000 成立；最后一次执行表达式 2 时，num 的值等于 1000，判断条件不成立，跳出 for 循环，然后执行第 15 行代码。

表达式 3 是"num++"，它在每次执行完第 10~13 行代码构成的 if 语句后执行。第 1 次执行表达式 3 前，num 的值等于 1；最后一次执行表达式 3 前，num 的值等于 999。

4.3　do-while 语句

do-while 语句是后测型循环结构，它将在不进行循环判断时先执行一次循环体，然后再执行循环判断，如果判断条件成立，则重复执行循环语句，直至判断条件不成立，循环结束。与 while 循环不同的是，do-while 的循环语句至少会执行一次。它的语法格式如下：

```
do                          //该行语句结尾没有小括号，也没有分号
{
    循环语句;
}while(判断条件);           //该行语句的结尾必须有分号
```

下面分别使用 while 循环和 do-while 循环执行相似的操作，循环结束后，输出变量 i 的值分别是多少？

(1) 使用 while 循环。

```
int i=100;
while(i<=10)
{
    i++;
}
printf("i=%d\n", i);
```

(2) 使用 do-while 循环。

```
int i=100;
do
{
    i++;
} while(i<=10);
printf("i=%d\n", i);
```

分析：当使用 while 循环时，因为 while 循环的判断条件不成立，所以不会执行循环语句，循环变量 i 的值不会改变，输出的 i 值仍是 100；当使用 do-while 循环时，首先执行了一次循环语句"i++"，循环变量 i 的值变成了 101，然后才执行循环条件的判断，循环判断条件不成立，循环结束，所以跳出循环后输出的 i 值是 101。

【例 4.5】使用 do-while 循环完成例 4.2。

程序如下：

```
1    #include <stdio.h>
2    int main( )
3    {
4        int i, sum;        //定义两个整型变量，i 为循环变量，sum 用来存放累加和
5        i=1;               //循环变量初始化
6        sum=0;             //累加和初始化
```

例 4.5
讲解视频

```
7       do
8       {
9            if((i%2==0) && (i%3!=0))    //把能够整除2，但不能整除3的数累加
10               sum+=i;
11           i++;               //改变循环变量
12      }while(i<=100) ;        //循环判断条件
13      printf("累加和等于%d\n", sum);
14      return 0;
15  }
```

运行结果如图 4.7 所示。

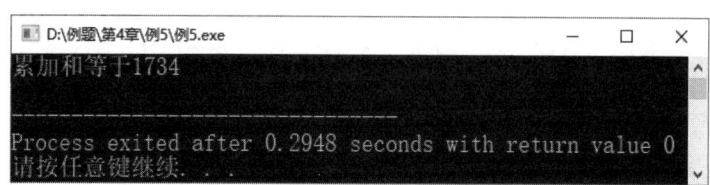

图 4.7　例 4.5 运行结果

程序分析：

```
7       do
8       {
12      }while(i<=100);
```

上面三行代码构成了 do-while 循环结构。如果 i 小于或等于 100，将循环执行第 9～11 行代码；如果 i 大于 100，循环结束，执行接下来的第 13 行代码。

4.4　break 语句和 continue 语句

在循环结构中，break 语句的作用是跳过本次循环中剩余的尚未执行的语句，立即跳出循环；continue 语句的作用是跳过本次循环中剩余的尚未执行的语句，立即执行下一次循环。

1. break 语句

【例 4.6】连续输入非负实数进行累加求平均值，当输入的数据是负数时，结束输入。
程序如下：

```
1   #include <stdio.h>
2   int main( )
3   {
4       int num=0;              //记录输入数据的个数
5       float score=0;          //接收输入的数据
6       float Sum_score=0;      //所输数据的总和
7       float Ave_score=0;      //平均值
8       while(1)                //死循环
9       {
10          printf("请输入非负实数: ");
```

例 4.6
讲解视频

```
11          scanf("%f", &score);
12          if(score<0)
13          {
14              printf("输入结束! \n");
15              break;               //如果输入的数据是负数,则跳出循环
16          }
17          num++;
18          Sum_score+=score;
19      }
20      if(num>0)
21      {
22          Ave_score=Sum_score/num;
23          printf("共输入%d个数据,总和是%.2f,平均值是%.2f\n", num,
24              Sum_score, Ave_score);
25      }
26      else
27      {
28          printf("没有输入非负数据! \n");
29      }
30      return 0;
31  }
```

运行结果如图 4.8 所示。

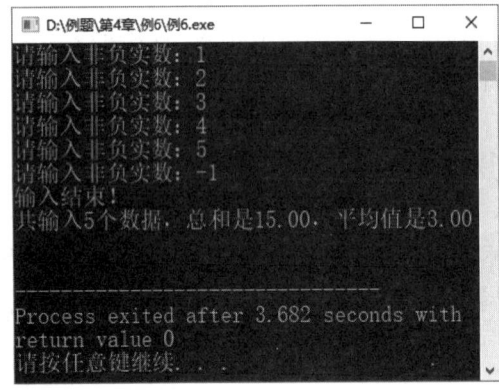
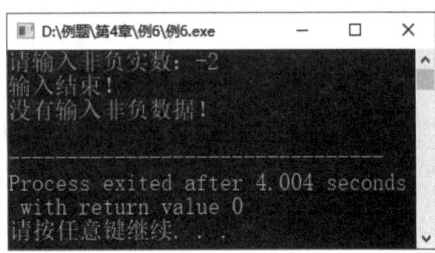

图 4.8 例 4.6 运行结果

程序分析:

8 while(1)

使用常量 1 作为 while 循环的判断条件,表示循环条件总是成立,也就是死循环。

15 break;

如果用户输入的 score 值小于 0,表示输入操作结束。第 12 行代码的 if 判断条件成立,将执行第 15 行代码的 break 语句,程序将不再执行本次循环剩余的尚未执行的第 17 行和第 18 行代码,直接跳出循环,执行第 20 行代码。

```
17      num++;
18      Sum_score+=score;
```

变量 num 用来统计输入数据的个数，变量 Sum_score 用来累加输入数据的和。当用户输入负数时，因为执行 break 语句在先，所以最后输入的负数将不被统计。

```
20   if(num>0)
```

因为有可能输入的第一个数就是负数，因此需要判断输入数据的个数，根据输入数据个数的情况，进行不同的处理。如果个数大于 0，执行第 22 行代码，计算平均值，然后显示结果。如果没有输入有效数据，则执行第 28 行代码，给出相应的提示信息。

2. continue 语句

【例 4.7】连续输入学生百分制成绩，当输入的成绩是负数时，结束输入；如果输入的成绩大于 100(无效成绩)，则重新输入该学生的成绩。输入结束后，在屏幕上输出这些学生成绩的最大值、最小值、平均值和总和。

程序如下：

例 4.7
讲解视频

```
1    #include <stdio.h>
2    int main( )
3    {
4        int num=0;                      //记录输入数据的个数
5        float score, Ave_score=0, Sum_score, Max_score,
         Min_score;
6        printf("请输入学生成绩，以负数结束！\n");
7        scanf("%f", &score);
8        while(score>=0)
9        {
10           if(score>100)      //如果输入的成绩超过上限
11           {   printf("输入有误，请重新输入！\n");
12               scanf("%f", &score);
13               continue;
14           }
15           if(num==0)         //输入的首个有效成绩，将其作为当前最大值和最小值
16           {
17               Max_score=score;
18               Min_score=score;
19           }
20           else               //非首个成绩，与当前最大值、最小值比较确定最值
21           {
22               if (score>Max_score)
23               {   Max_score=score;         }
24               if (score<Min_score)
25               {   Min_score=score;         }
26           }
27           Sum_score=Sum_score+score;    //累加计算成绩总和
28           num++;                         //成绩个数加 1
29           scanf("%f", &score);           //继续输入成绩
```

```
30        }
31        if(num)                                    //根据输入成绩的个数, 给出相应的提示信息
32        {   Ave_score=Sum_score/num;
33            printf("共输入%d个成绩, 最大值为%.2f, 最小值为%.2f, 总和为%.2f,
34            平均值为%.2f\n", num, Max_score, Min_score, Sum_score, Ave_score);
35        }
36        else
37        {
38            printf("没有输入成绩\n");
39        }
40        return 0;
41 }
```

运行结果如图4.9所示。

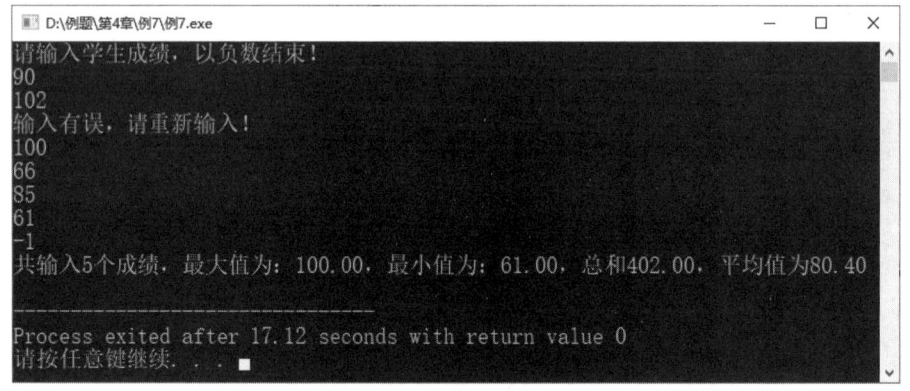

图4.9 例4.7运行结果

程序分析:

```
8   while(score>=0)
```

如果输入的成绩score大于或等于0, 就执行后续循环语句(第10~29行代码)。

```
10  if(score>100)
```

如果输入的成绩超过100(无效成绩), 就执行第11行代码, 输出提示信息, 然后执行第12行代码, 重新输入。然后执行第13行代码(continue;), 跳过本次循环中剩余的尚未执行的语句, 回到第8行代码的地方, 启动下一次循环操作。

```
15  if  (num==0)
16  {
17      Max_score=score;
18      Min_score=score;
19  }
```

如果当前输入的有效成绩是第一个, 就将它视作当前的最大值和最小值。

本程序在求解最大值和最小值时, 采用了"打擂台"的思想: 默认输入的第一个成绩就是擂主(既是最大值, 也是最小值), 对应第15~19行代码, 然后让后续输入的每一个值都和

当前擂主进行比较，只要有比当前最大值更大的或比当前最小值更小的值，就更新，否则保持不变，对应第 22～25 行代码。

```
31      if(num)
```

输入结束后，根据输入成绩的个数，给出相应的提示信息。

【例 4.8】使用 for 语句完成例 4.7，注意和例 4.7 实现的不同之处。
代码如下：

```
1    #include <stdio.h>
2    int main( )
3    {
4        int num=0;              //记录输入数据的个数
5        float score, Ave_score=0, Sum_score, Max_score,
             Min_score;
6        printf("请输入学生成绩，以负数结束！\n");
7        scanf("%f", &score);
8        for(num=0; score>=0; )
9        {
10           if(score>100)       //如果输入的成绩超过上限
11           {
12               printf("输入有误，请重新输入！\n");
13               scanf("%f", &score);
14               continue;
15           }
16           /* 利用打擂台求解最值，代码参考例 4.7 自行补齐 */
17           Sum_score=Sum_score+score;        //累加计算成绩总和
18           num++;                            //成绩个数加 1
19           scanf("%f", &score);              //继续输入成绩
20       }
21       /* 根据输入成绩的个数，给出提示信息，代码参考例 4.7 自行补齐 */
22       return 0;
23   }
```

运行结果如图 4.10 所示。

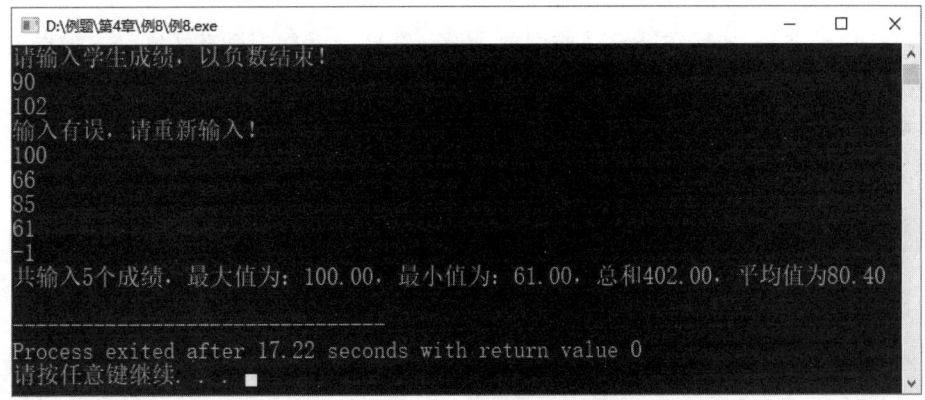

图 4.10 例 4.8 运行结果

程序分析：

```
8    for(num=0; score>=0; )
```

如果输入的成绩 score 大于或等于 0，就执行后续循环语句(第 10～19 行代码)。此处 for 语句中的表达式 1(num=0)的作用是将记录成绩个数的变量初始化为 0。表达式 2(score>=0)为循环判断条件，只有成绩为正数才执行循环体。表达式 3 为空。不能将记录成绩个数的变量 num 自增语句"num++"移到表达式 3 这个位置。如果我们把第 8 行语句写成"for(num=0; score>=0; num++)"，将第 18 行代码删除，运行结果将如图 4.11 所示。

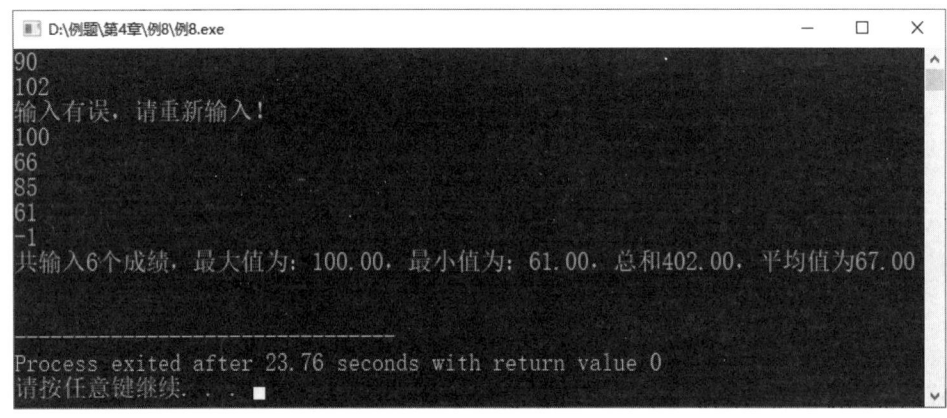

图 4.11　例 4.8 第 8 行 for 循环代码错误写法的运行结果

我们可以发现，程序所记录并显示的有效成绩为 6 个(实际上，有效成绩是 5 个)，平均值计算结果也存在错误。原因在于：当用户输入的数据无效时，执行第 14 行代码"continue;"，跳过本次循环中剩余的尚未执行的语句，回到代码第 8 行 for 语句表达式 3 的地方执行"num++"。例如，num = 2 时，输入无效数据 102，在执行 continue 语句之后，先执行表达式"num++"，num 的值等于 3(将这个无效成绩也计算到有效成绩个数中)，然后执行表达式"score>=0"，循环继续。

4.5　循环的嵌套

和选择嵌套一样，如果在循环结构中包含循环结构，就称为循环的嵌套。如果嵌套是由双循环构成的，本书将把第 1 层循环称为外层循环，第 2 层循环称为内层循环。

【例 4.9】输出九九乘法表，形式如下所示。

```
1*1=1
1*2=2    2*2=4
…
1*8=8              …     8*8=64
1*9=9    2*9=18   …     8*9=72   9*9=81
```

程序如下：

```
1    #include <stdio.h>
```

```
2    int main( )
3    {
4        int i, j;
5        for(i=1; i<=9; i++)         //外层循环控制行的变化
6        {                            //外层循环体开始
7            for(j=1; j<=i; j++)     //内层循环控制列的变化
8            {                        //内层循环体开始
9                printf("%d*%d=%-3d", i, j, i*j);
10           }                        //内层循环体结束
11           printf("\n");
12       }                            //外层循环体结束
13       return 0;
14   }
```

运行结果如图 4.12 所示。

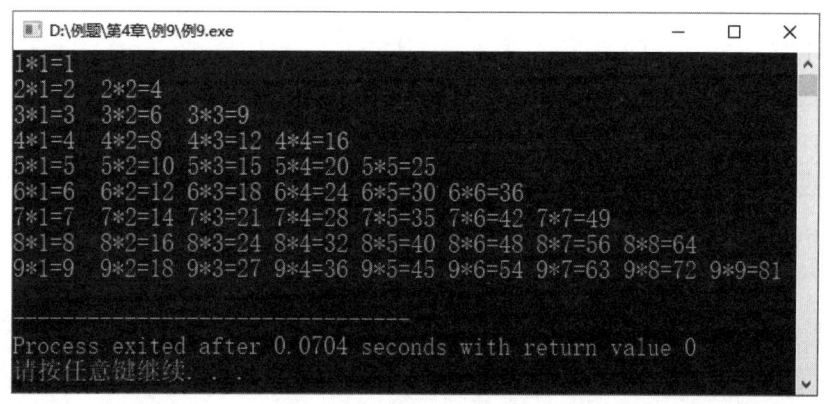

图 4.12　例 4.9 运行结果

程序分析：

5　for(i=1; i<=9; i++)

第 5～12 行代码是外层 for 循环，循环变量是 i。循环变量 i 的初值等于 1，终值等于 9。

7　for(j=1; j<=i; j++)

第 7～10 行代码是内层 for 循环，循环变量是 j。循环变量 j 的初值等于 1，终值不再等于常量，而是取决于外层循环的循环变量 i。

当 i＝1 时，j 的取值范围是[1, 1]，内层循环的循环语句只执行 1 次，对应输出的第 1 行(共 1 列)；

当 i＝2 时，j 的取值范围是[1, 2]，内层循环的循环语句执行 2 次，对应输出的第 2 行(共 2 列)；

……

9　printf("%d*%d=%-3d", i, j, i*j);

格式控制符 "%-3d" 表示输出数据占 3 列,左对齐。

```
11    printf("\n");
```

第 11 行代码属于外层循环的循环语句,它的作用是在内层循环执行结束后输出一个换行符,使输出内容对齐、美观。

【例 4.10】输出 100 以内的所有素数。

素数又称质数,是指在大于 1 的自然数中,除了 1 和此整数自身以外,不能被其他自然数整除的数。100 以内的素数有 2、3、5、7、11、13、17、19、23、29、31、37、41、43、47、53、59、61、67、71、73、79、83、89、97,在 100 内共有 25 个素数。

判断自然数 n 是不是素数,可以判断在范围 $[2, \sqrt{n}]$ 内是否存在能被 n 整除的自然数,如果存在就表示 n 不是素数,否则就说明 n 是素数。

程序如下:

例 4.10
讲解视频

```
1     #include <stdio.h>
2     #include <math.h>
3     int main( )
4     {
5         int i, j, count=0;       //变量 i 和 j 为循环变量,count 用来统计素数的个数
6         int flag;                //判断 i 是不是素数的标志位,1 表示是素数,0 表示不是
                                    素数
7         for(i=2; i<=100; i++)    //循环判断范围
8         {
9             flag=1;              //每判断一个数 i 时,先将 flag 设置为 1,假设它是素数
10            for(j=2; j<=sqrt(i); j++)
11            {
12                if(i%j==0)
13                {
14                    flag=0;      //当 i 不是素数时,将 flag 设为 0,表示它不是素数
15                    break;       //当 i 不是素数时,无须再继续判断,立即跳出循环
16                }
17            }
18            if(flag==1)           //当 i 是素数时
19            {
20                printf("%d\t", i);
21                count++;
22                if(count%5==0)   //5 个素数占一行
23                    putchar('\n');
24            }
25        }
26        return 0;
27    }
```

运行结果如图 4.13 所示。

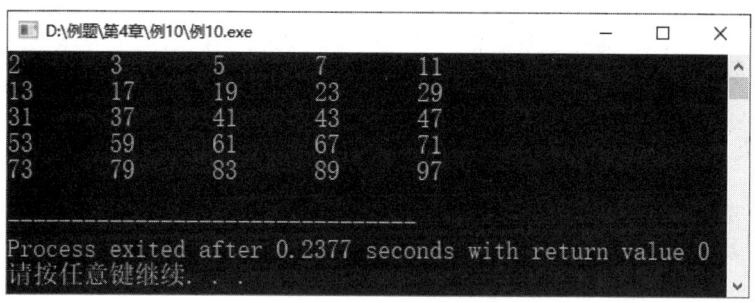

图 4.13　例 4.10 运行结果

程序分析：

9　flag=1;

变量 flag 用来标识变量 i 是不是素数，如果 flag 为 1，表示是素数，如果 flag 为 0，则表示这个数不是素数。在对每一个变量 i 做判断时，需要先将 flag 设置为 1。不要误将第 9 行代码放置在第 7 行代码的上面(不要放在 for 循环外面)，如果这样放置，在遇到第 1 个非素数后，变量 flag 的值将一直是 0，导致后续素数的判断错误。

10　for(j=2; j<=sqrt(i); j++)

内层循环的循环变量 j 的终值由外层循环的循环变量 i 的开方值确定。函数 sqrt 是 C 语言提供的一个数学函数，完成开平方的计算。该函数对应的头文件为 math.h，需要在程序开头写上预编译指令 "#include <math.h>"，将该头文件包含到程序中。

12　if(i%j==0)

该代码表示变量 i 能够被变量 j 整除，这说明变量 i 不是素数，此时先将标识符 flag 的值设置为 0，然后执行 break 语句。因为要证明 i 不是素数，只要在范围[2, $\sqrt{i}$]内存在一个能整除 i 的数就够了。但是要证明 i 是素数，就需要判断范围[2, $\sqrt{i}$]内的所有数，当不存在任何一个能够整除 i 的数时，才能证明 i 是素数。

22　if(count%5==0)

在第 22 行代码中，当 count 的值等于 5、10、15、20…时，关系表达式成立。结合第 23 行代码，它们的作用是每行输出 5 个素数后换行。

4.6　案例：小小计算器 3.0

编写代码，在小小计算器 2.0 的基础上，增加成绩统计功能(从键盘上连续输入多个成绩，直到遇到一个负数为止，统计这些成绩的最大值、最小值、平均值和总和)，并支持用户进行多轮运算，只有在用户选择退出时，计算器才结束运行。

【例 4.11】小小计算器 3.0。

程序如下:

```
1    #include <stdio.h>
2    #include <stdlib.h>
3    int main( )
4    {
5        int select, num1, num2;
6        double x, y;
7        char ch_in, ch_out;
8        int leave1=0;       //控制是否退出计算器,等于1时退出
9        int leave2=0;       //控制是否返回上级菜单,等于1时返回
10       int num3=0;         //记录输入成绩的个数
11       float score, Ave_score=0, Sum_score, Max_score, Min_score;
12       do
13       {
14           /* 显示小小计算器3.0主菜单,代码自行补齐 */
15           printf("请选择:");
16           scanf("%d", &select);
17           switch(select)
18           {
19               case 1:              //算术运算
20                   /* 显示算术运算子菜单,代码自行补齐 */
21                   leave2=0;     //默认不返回上级菜单
22                   do
23                   {
24                       printf("请选择:");
25                       scanf("%d", &select);
26                       if((select>=1) && (select<=4))  //有效算术运算菜单项
27                       {
28                           /* 代码参考3.7节的2.0版本自行补齐 */
29                       }
30                       else if(select==5)       //选择返回上级菜单
31                       {
32                           leave2=1;
33                       }
34                       else
35                       {   printf("选择有误!\n");  }
36                   }while(!leave2);
37                   system("cls");               //调用system函数,进行清屏
38                   break;
39               case 2:                                    //逻辑运算
40                   /* 显示逻辑运算子菜单,代码自行补齐 */
41                   leave2=0;     //默认不返回上级菜单
42                   do
43                   {
```

```
44              printf("请选择:");
45              scanf("%d", &select);
46              switch(select)          //选择逻辑运算菜单项
47              {
48                  case 1:
49                      /* 取反运算源代码参加 3.7 节，自行补齐  */
50                  case 2:
51                      /* 与运算源代码参见 3.7 节，自行补齐  */
52                  case 3:
53                      /* 或运算源代码参见 3.7 节，自行补齐  */
54                  case 4:             //选择返回上级菜单
55                      leave2=1;
56                      break;
57                  default:
58                      printf("选择有误!\n");
59              }
60          }while(!leave2);
61          system("cls");//调用 system 函数，进行清屏
62          break;
63      case 3:             //转换运算
64          /* 代码参考 case 2 逻辑运算以及 3.7 节，自行补全  */
65      case 4:             // 成绩统计
66          /* 代码参考 4.4 节例 4.7，自行补全  */
67      case 5:             //退出计算器
68          leave1=1;
69          break;
70      default:
71          system("cls");
72      }
73  } while(!leave1);
74  printf("程序结束!\n");
75  return 0;
76 }
```

运行结果如图 4.14 所示。

程序分析：

2 #include <stdlib.h>

头文件 stdlib.h 中，包含 system 函数的声明，小小计算器 3.0 版本中，通过调用 system("cls") 来实现清屏功能，使操作界面更加整洁。

37 system("cls");
61 system("cls");

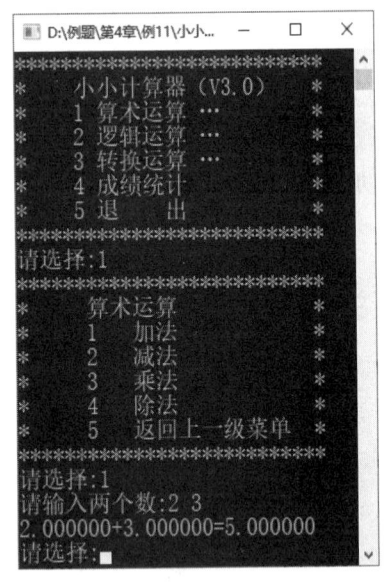

图4.14 例4.11 小小计算器3.0运行结果

调用系统函数system,执行清屏操作,并将光标移到屏幕首行的开始位置。

```
32    leave2=1;
36    }while(!leave2);
68    leave1=1;
73    } while(!leave1);
```

小小计算器3.0版本借助循环结构,实现支持用户进行多轮运算操作。在主菜单下,用户选择退出操作后,程序执行第68行语句"leave1=1;",从而终止循环(73行"} while (!leave1);"),结束计算器的运行。在下级菜单中(以算术运算为例),当用户选择返回上级菜单操作时,执行第32行语句"leave2=1;",终止循环(36行"}while(!leave2);"),结束当前菜单的多轮选择操作,程序执行循环语句后面的语句(37 行"system("cls");")进行清屏操作,然后再执行最外层循环语句(73 行"} while(!leave1);"),回到主菜单。

至此,我们已经实现了一个功能比较完善的小小计算器3.0。读者可以在3.0版本的基础上,添加其他运算功能,进一步丰富计算器的功能。

3.0版本还有进一步改进的空间,大家会发现3.0版本的程序代码中只有一个main函数,所有功能的实现代码全部放在main函数中,导致这个main函数代码太多,使代码的阅读者很难掌握或理解程序的整体逻辑架构,降低程序代码的可读性。我们将在学习完第5章相关内容后,对3.0版本进行改进。

习　　题

1. 计算下面代码的运算结果。

(1)
```
total=0;
for(i=1; i<=10; i++)
    total+=1;
```

(2)
```
total=0;
for(i=10; i<=15; i+=1)
    total+=i;
```

2. 输出10~20的每一个整数,分别使用while语句和for语句,正向和逆向各输出一遍。

3. 编写代码完成下面的功能,分别使用while语句和for语句。

(1) 输出100以内所有3的倍数。

(2) 输出100以内所有3的倍数或者个位是3的数。

4. 根据用户输入的数据 n，输出下面的内容。

原数据   平方值   立方值
1   1   1
2   4   8
3   9   27
…
n   n*n   n*n*n

5. 编程实现所要求的输出功能。程序根据用户所输入的行数，按照下面示例的要求进行输出。例如，用户输入 4，输出内容如下所示：

1
2   3
4   5   6
7   8   9   10
…

第 5 章 函　　数

函数是 C 程序的基本单位，使用函数可以使程序代码功能化、模块化，使代码的结构更加清晰。

5.1　函　数　概　述

5.1.1　函数的原型和定义

1. 函数原型

声明函数的语句称为函数原型。在函数原型中，需要明确函数的返回值类型和函数的参数。声明函数原型的语法为：

返回值类型　函数名称(参数列表);

例如，开方函数 sqrt，它的函数原型如下：

```
double sqrt(double);
```

它的返回值类型是 double 类型，它只有一个参数，参数也是 double 类型。又如，幂级数 pow 函数，它的函数原型如下：

```
double pow(double, double);
```

它的返回值类型是 double 类型，它有两个参数，参数都是 double 类型。C 语言提供了丰富的库函数，用户在使用时只需要包含对应的头文件就可以调用该函数。除了调用库函数外，用户也可以自定义函数。

如果把函数比作一台机器，参数列表就相当于原材料，函数的返回值就相当于成品。库函数是 C 语言制作好的机器，用户只需要使用，不需要再生产机器，使用就是函数调用。自定义函数是用户自己制作的机器，具体制作机器前，明确要制作的机器的名称、原材料和成品，对要制作的机器的说明称为函数原型，对机器的具体制作称为函数定义。

就像机器生产时是否需要使用原材料一样，可以根据参数的个数，将函数分为无参函数和有参函数；就像机器生产后是否有成品，可以根据函数的返回值，将函数分为无返回值函数和有返回值函数。

2. 函数定义

函数原型并不包括函数具体功能的实现，函数功能的具体实现称为函数定义。函数定义的语法为：

```
返回值类型  函数名称(参数列表)            //函数首部
{
    函数体
}
```

例如，声明一个求两个整数累加和的 Sum 函数，函数原型可以写成下面的形式：

```
int Sum(int, int);
```

Sum 函数定义可以写成下面的形式：

```
int Sum(int a, int b)
{
    int s;
    s=a+b;
    return s;
}
```

注意：

(1) 函数原型中的参数列表可以只有参数类型，也可以包括参数名称。函数原型中参数列表的参数名称与函数定义中的参数列表的参数名称可以不相同。例如，Sum 函数的原型可以写成 int Sum(int, int)、int Sum(int a, int b)或者 int Sum(int x, int y)。

(2) 函数定义中的函数首部的结尾没有分号。

(3) 函数定义中的 return 语句称为返回语句，作用是返回函数的计算值，return 语句的语法格式为：

```
return 表达式;
```

或者

```
return (表达式);
```

函数可以有返回值，也可以没有返回值。如果函数没有返回值，函数的返回值类型应写成 void，可以在函数体中省略 return 语句，也可以写成 "return;" 的形式；如果函数有返回值，则只能返回唯一的一个值，return 语句中表达式的类型应和函数的返回值类型一致，如果不一致，return 语句中的表达式类型将隐式转换为函数的返回值类型，例如：

```
int getValue( )
{
    return 1.2+2.0*3;
}
```

return 语句中表达式 "1.2+2.0*3" 的值 "7.2" 是 double 类型，因为 getValue 函数的返回值类型是 int 类型，所以 getValue 函数的返回值是 "7"，是 int 类型。

(4) 一个函数可以在另一个函数定义中声明，但是不能在另一个函数定义中定义。函数声明位置的不同导致其作用域不同，5.2 节将详细讲解作用域的有关内容，这里只列出正确和错误的定义形式。

例如,求最大值函数 Max 和求最小值函数 Min,它们正确的定义形式如下:

```
int Max(int a, int b)
{
    return(a > b ? a : b);
}
int Min(int a, int b)
{
    return a < b ? a : b;
}
```

错误的定义形式如下:

```
int Max(int a, int b)
{
    int Min(int a, int b)              //不允许嵌套定义函数
    {    return a < b ? a : b;    }
    return a > b ? a : b;
}
```

5.1.2 函数调用

函数调用的语法格式为:

函数名称(参数列表);

以 5.1.1 节定义的 Sum 函数为例,调用 Sum 函数可以写成下面的形式:

```
int main( )
{
    int x=1, y=2;
    int s;
    s=Sum(x, y);
    return 0;
}
```

上述代码调用 Sum 函数时,变量 x 和变量 y 是传递给 Sum 函数的参数。5.1.1 节给出的 Sum 函数定义的参数列表 a 和 b 接收到传递过来的值 1 和 2,参数 a 被赋值为 1,参数 b 被赋值为 2。经过求和计算,使用 return 语句把累加和 3 返回,也就是表达式"Sum(x, y)"被返回值"3"取代,所以变量 s 被赋值为 3。

函数调用时,传递给函数的参数称为实参。例如,调用 Sum 函数时传递给函数的变量 x 和 y,它们称为实参;函数定义中参数列表的参数,称为形参。例如,Sum 函数定义中参数列表中的变量 a 和 b,它们称为形参。实参可以改变形参,但形参不会影响实参,这一点非常重要,接下来的例子都会证明这一点。

注意:

(1) 在调用函数时，不要写函数的返回值类型，错误的写法为：

```
s=int Sum(x, y);          //错误
```

(2) 在调用函数时，不要写函数参数的类型，错误的写法为：

```
s=Sum(int x, int y);      //错误
```

(3) 调用库函数前，必须先包含该库函数对应的头文件，否则编译器不会识别库函数。
(4) 调用自定义函数时，可以采用下面两种形式之一。

形式 1：包括函数原型、函数定义和函数调用三部分。函数原型需要出现在函数调用和函数定义之前，函数调用和函数定义的位置不分先后。
例如：

```
int Max(int , int );
int main( )
{
   int x=1, y=2;
   int m;
   m=Max(x, y);
   printf("max=%d\n", m);
   return 0;
}
int Max(int a, int b)
{
   return  a > b ? a : b;
}
```

形式 2：只包括函数定义和函数调用两部分，但函数定义需要出现在函数调用之前。
例如：

```
int Max(int a, int b)
{
   return  a > b ? a : b;
}
int main( )
{
   int x=1, y=2;
   int m;
   m=Max(x, y);
   printf("max=%d\n", m);
   return 0;
}
```

建议在调用自定义函数时，采用形式 1 的方法。因为在函数比较多、相互调用关系比较复杂时，很难保证代码中的所有函数定义都出现在函数调用之前。

【例 5.1】编写 DisplayTri 函数，它的功能是输出一行"*"号，"*"号的个数由函数的参数决定。调用 DisplayTri 函数，输出一个由"*"号构成的三角形。

程序如下：

```
1   #include <stdio.h>
2   void DisplayTri(int);                    //输出一行"*"号
3   int main( )
4   {   int i, n;
5       printf("请输入三角形高度：");
6       scanf("%d", &n);
7       for(i=1; i<=n; i++)                  //循环调用DisplayTri函数
8       {   DisplayTri(i);   }
9       return 0;
10  }
11  void DisplayTri(int n)
12  {   int i;
13      for(i=1; i<=2*n-1; i++)
14          printf("*");
15      printf("\n");
16  }
```

运行结果如图 5.1 所示。

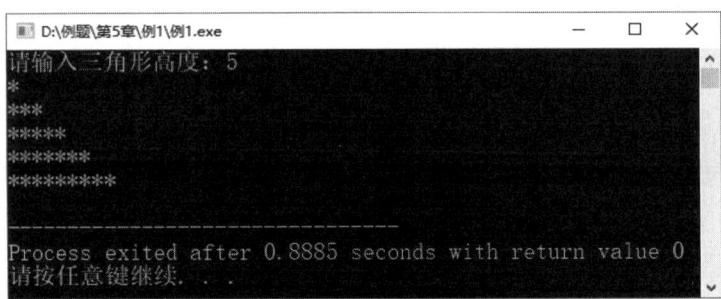

图 5.1　例 5.1 运行结果

代码分析：

```
2   void DisplayTri(int);
```

此行代码声明 DisplayTri 函数。DisplayTri 函数的返回值类型是 void，表示函数无返回值；DisplayTri 函数有一个参数，参数的类型是 int。

```
11  void DisplayTri(int n)
```

第 11～16 行代码是 DisplayTri 函数的定义。DisplayTri 函数的形参是 int 类型变量 n，函数的功能是输出一行"*"符号，"*"的个数由形参 n 的值确定。

```
8   DisplayTri(i);
```

在主函数中调用 DisplayTri 函数，函数调用的总次数由用户的输入确定。每次调用 DisplayTri 函数时，传递的参数值由循环变量 i 确定。因为 DisplayTri 函数无返回值，所以此行代码只是单纯地调用函数，不接收函数的返回值。

【例 5.2】编写 Prime 函数，它的功能是判断传递的参数值是不是素数，并返回判断结果。调用 Prime 函数，统计 1000 以内素数的个数。

程序如下：

```
1    #include <stdio.h>
2    #include <math.h>
3    int Prime(int);
4    int main( )
5    {   int i;
6        int count;
7        for(count=0, i=2; i<=100; i++)
8        {
9            if(Prime(i)==1)      //判断函数的返回值是不是1，即 i 是不是素数
10               {  count++;  }   //统计素数的个数
11       }
12       printf("100 以内共有素数%d 个\n", count);
13       return 0;
14   }
15   int Prime(int n)             //素数判断函数，返回 1 表示是素数，返回 0 表示不是素数
16   {
17       int i;
18       for(i=2; i<=sqrt(n); i++)//素数循环判断范围
19       {
20           if(n%i==0)
21               return 0;        //使用 return 语句结束函数，并返回 0
22       }
23       return 1;                //使用 return 语句结束函数，并返回 1
24   }
```

运行结果如图 5.2 所示。

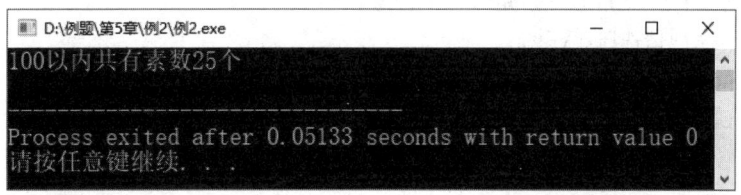

图 5.2　例 5.2 运行结果

代码分析：

```
3    int Prime(int);
```

该行代码表示声明 Prime 函数。Prime 函数返回一个 int 类型的数据；Prime 函数只有一个 int 类型的参数。

```
15    int Prime(int n)
```

第 15～24 行代码是 Prime 函数的定义。Prime 函数的形参是 int 类型的变量 n，函数的功能是判断 n 是不是素数。

```
20        if(n%i==0)
21            return 0;
```

如果 n 不能被 2～sqrt(n)内的所有整数整除，表示 n 是素数，在 Prime 函数的结尾，函数返回 1，结束函数；如果找到了能整除 n 的整数，则表示 n 不是素数。Prime 函数会在遇到第 1 个能整除 n 的整数时返回 0，结束函数。

```
9         if(Prime(i)==1)
```

在主函数中循环调用 Prime 函数。每次调用 Prime 函数时，传递的参数值由循环变量 i 确定，然后使用表达式"Prime(i)"的返回值和常量"1"比较是否相等，如果相等，说明循环变量 i 是素数，变量 count 值加 1，如果不相等，说明 i 不是素数，不做统计。

【例 5.3】编写三个函数，功能分别是计算三角形、矩形、圆形的面积。在主函数中，根据用户的选择分别调用不同函数计算不同形状的面积，并在主函数中将面积输出。

程序如下：

```
1    #include <stdio.h>
2    #include <math.h>
3    #define PI 3.14
4    double Triangle(double a, double b, double c);      //计算三角形面积
5    double Rectangle(double x, double y);               //计算矩形面积
6    double Circle(double r);                            //计算圆形面积
7    int main( )
8    {
9        int select;
10       double x, y, z;
11       double area=0.0;          //存储计算的面积值，为负数时表示输入有误
12       printf("1 三角形\n2 矩形\n3 圆形\n");
13       printf("请选择：\n");
14       scanf("%d", &select);
15       switch(select)            //根据用户的选择，计算不同图形的面积
16       {
17           case 1:
18               printf("请输入三角形的三条边\n");
19               scanf("%lf %lf %lf", &x, &y, &z);
20               area=Triangle(x , y, z);   //传递三条边长，返回面积值
21               break;
```

```c
22          case 2:
23              printf("请输入矩形的两条边\n");
24              scanf("%lf %lf", &x, &y);
25              area=Rectangle(x, y);      //传递两条边长，返回面积值
26              break;
27          case 3:
28              printf("请输入圆的半径\n");
29              scanf("%lf", &x);
30              area=Circle (x);           //传递半径值，返回面积值
31              break;
32          default:
33              area=-1.0;                 //选择有误时，设置面积为负值
34              break;
35      }
36      if(area<0)
37          printf("输入有误!\n");
38      else
39          printf("面积是%.2f\n", area);
40      return 0;
41  }
42  double Triangle(double a, double b, double c)
43  {
44      double area;
45      if(a <= 0 || b <= 0 || c <= 0)     //输入非正值
46      {   area=-1.0;     }
47      else
48      {   if((a+b>c) && (a+c>b) && (b+c>a))   //任意两边之和应大于第三边的长度
49          {   double s;                       //使用海伦公式，计算三角形面积
50              s=(a+b+c)/2;
51              area=sqrt(s*(s-a)*(s-b)*(s-c));
52          }
53          else
54          {   area=-1.0;    }
55      }
56      return area;
57  }
58  double Rectangle(double x, double y)
59  {
60      double area;
61      if((x <= 0) || (y <= 0))           //输入非正值
62      {   area=-1.0;    }
63      else
64      {   area=x*y;    }
```

```
65      return area;
66  }
67  double Circle(double r)
68  {
69      double area;
70      if(r<=0)            //输入非正值
71      {   area=-1.0;   }
72      else
73      {   area=PI*r*r;   }
74      return area;
75  }
```

运行结果如图 5.3 所示。

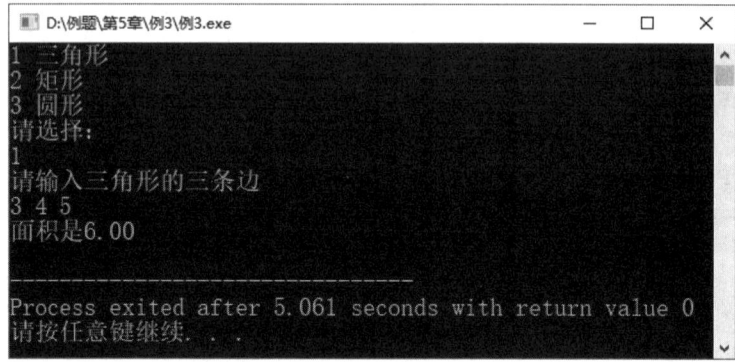

图 5.3　例 5.3 运行结果

代码分析：

```
4   double Triangle(double a, double b, double c);
5   double Rectangle(double x, double y);
6   double Circle(double r);
```

声明三个函数，分别用于计算三角形、矩形和圆形的面积。三个函数的返回值都是 double 类型，参数都是 double 类型，但参数个数不同。

```
15  switch(select)
```

使用 switch 语句根据用户的选择调用不同的函数。这个程序把不同形状的面积求解过程单独定义成不同的函数，不仅能使代码功能模块化，有利于代码的重复使用，还能使程序结构更加清晰。

```
20  area=Triangle(x, y, z);
```

该行代码调用 Triangle 函数，把用户输入的三角形的三条边长作为参数传递给函数，把函数的返回值存储在变量 area 中。如果函数的返回值是"-1.0"，表示输入数据有误；否则 area 的值就为三角形的面积。

有兴趣的读者可以将本例题的功能移植到小小计算器 3.0 中，扩充小小计算器的功能。

5.1.3 递归调用

函数的递归调用是一种特殊的调用形式，它是指函数自己调用自己。分析函数递归调用时应采用层层深入、逐层向上返回的方法。

【例 5.4】使用函数的递归调用方法，把十进制转换为八进制。

将十进制转换为八进制采用的方法是整除求余法，以十进制 100 为例，整除求余法的求解过程如下：100 整除 8，商 12，余 4；12 整除 8，商 1，余 4；1 整除 8，商 0，余 1；当遇到商为 0 时，转换结束。将余数从下到上组合，得到十进制 100 转换为八进制的结果是 144。

程序如下：

```
1   #include <stdio.h>
2   void convert(int);          //转换函数
3   int main( )
4   {
5       int num;
6       printf("请输入一个正整数:");
7       scanf("%d", &num);
8       convert(num);           //调用转换函数
9       printf("\n转换结束! \n");
10      return 0;
11  }
12  void convert(int n)
13  {
14      if(n!=0)
15      {
16          convert(n/8);
17          printf("%d", n%8);
18      }
19  }
```

运行结果如图 5.4 所示。

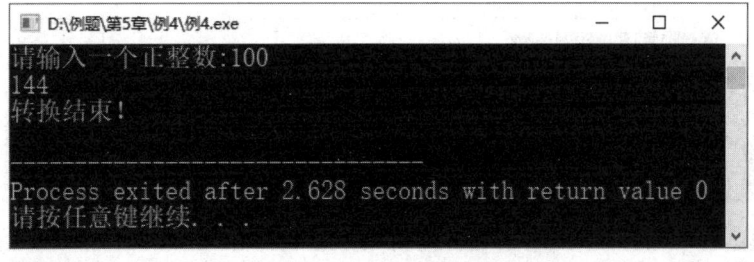

图 5.4 例 5.4 运行结果

调用 covert 函数的详细过程如下。

第 1 次调用：n = 100，n / 8 = 100 / 8 = 12，执行 covert(12)，进入第 2 次调用。
第 2 次调用：n = 12，n / 8 = 12 / 8 = 1，执行 covert(1)，进入第 3 次调用。
第 3 次调用：n = 1，n / 8 = 1 / 8 = 0，执行 covert(0)，进入第 4 次调用。
第 4 次调用：n = 0，if 语句条件"n!=0"不成立，第 4 次调用结束，返回第 3 次调用。
返回第 3 次调用：n = 1，n％8 = 1，输出 1，第 3 次调用结束，返回第 2 次调用。
返回第 2 次调用：n = 12，n％8 = 4，输出 4，第 2 次调用结束，返回第 1 次调用。
返回第 1 次调用：n = 100，n％8 = 4，输出 4，第 1 次调用结束，返回主函数。

根据上面的分析，convert 函数在层层深入时并没有任何输出，而是在逐层向上返回时开始逐个输出结果，最终得出十进制 100 转换为八进制的结果 144。

通常情况下，通过函数递归调用解决的问题，也可以通过循环结构来解决。下面是用循环结构来求解例 5.4 的程序代码。

```
1    #include <stdio.h>
2    #define MAXNumber 20          //存放余数数组的长度
3    int main( )
4    {
5        int num, i, len=0;         //len 用来记录求的余数个数
6        int res[MAXNumber];        //用来存放每次求得的余数
7        printf("请输入一个正整数:");
8        scanf("%d", &num);
9        while(num!=0)
10       {
11           res[len]=num%8;
12           num=num/8;
13           len++;
14       }
15       for(i=len; i>0; i--)
16       {   printf("%d", res[i-1]);     }
17       printf("\n 转换结束! \n");
18       return 0;
19   }
```

运行结果如图 5.5 所示。

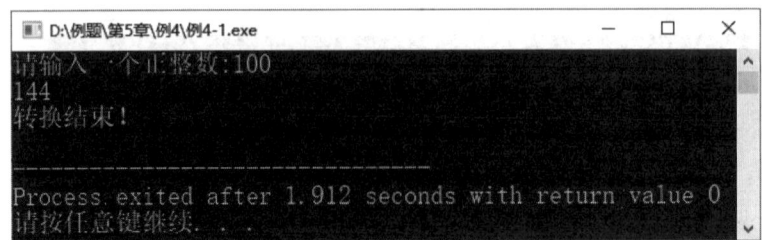

图 5.5　例 5.4 循环结构解决方法的运行结果

代码分析：

```
6    int res[MAXNumber];
```

定义一个整型数组,用来存放转换过程中得到的余数。数组的相关知识将在第 7 章详细介绍。此处,大家只需知道它在该程序中的作用即可。

```
9    while(num!=0)
10   {
11       res[len]=num%8;
12       num=num/8;
13       len++;
14   }
```

第 9～14 行代码这段 while 循环语句的作用是依次求出余数,并将余数存到数组中。

```
15   for(i=len; i>0; i--)
16   {    printf("%d", res[i-1]);    }
```

第 15～16 行代码这段 for 循环语句的作用就是将求得的余数从后向前依次输出。因为在进行数制转换时,先求得的余数在结果中排在后面,最后求得的余数排在最前面,所以在输出最终结果时,需要从后向前进行输出。

【例 5.5】根据以下所示的阶乘公式,使用递归,求阶乘 n! 。

$$n! = \begin{cases} 1, & n = 0 \\ n \times (n-1)!, & n \geq 1 \end{cases}$$

假设 n = 5,求解 5 的阶乘的过程可以是这样的:
5! = 5 × 4!,进而改求 4!;
4! = 4 × 3!,进而改求 3!;
3! = 3 × 2!,进而改求 2!;
2! = 2 × 1!,进而改求 1!;
1! = 1 × 0!,进而改求 0!;
因为 0! = 1,把 1 返回给上一层 1!;
计算出 1! = 1 × 0! = 1 × 1=1,把 1 返回给上一层 2!;
计算出 2! = 2 × 1! = 2 × 1=2,把 2 返回给上一层 3!;
计算出 3! = 3 × 2! = 3 × 2=6,把 6 返回给上一层 4!;
计算出 4! = 4 × 3! = 4 × 6=24,把 24 返回给上一层 5!;
计算出 5! = 5 × 4! = 5 × 24=120,得到最终结论 120。
程序如下:

```
1    #include <stdio.h>
2    int fact(int);              //声明一个求阶乘的函数
3    int main( )
4    {
5        int num, mul;
6        printf("请输入一个 20 以内的非负整数:");
7        scanf("%d", &num);
8        mul=fact(num);
```

```
 9      printf("%d!=%d\n", num, mul);
10      return 0;
11   }
12   int fact(int n)
13   {
14      int f;
15      if(n==0)
16         f=1;
17      else
18         f=n*fact(n-1);
19      return f;
20   }
```

运行结果如图 5.6 所示。

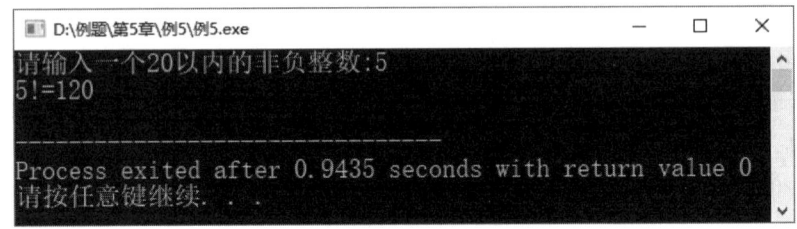

图 5.6 例 5.5 运行结果

调用 fact 函数的详细过程如下：

第 1 次调用：n = 5，执行 f = 5*fact(4)，进入第 2 次调用；
第 2 次调用：n = 4，执行 f = 4*fact(3)，进入第 3 次调用；
第 3 次调用：n = 3，执行 f = 3*fact(2)，进入第 4 次调用；
第 4 次调用：n = 2，执行 f = 2*fact(1)，进入第 5 次调用；
第 5 次调用：n = 1，执行 f = 1*fact(0)，进入第 6 次调用；
第 6 次调用：n = 0，执行 f = 1，return 1，第 6 次调用结束，返回第 5 次调用；
返回第 5 次调用：n = 1，执行 f = 1*1，return 1，第 5 次调用结束，返回第 4 次调用；
返回第 4 次调用：n = 2，执行 f = 2*1 = 2，return 2，第 4 次调用结束，返回第 3 次调用；
返回第 3 次调用：n = 3，执行 f = 3*2 = 6，return 6，第 3 次调用结束，返回第 2 次调用；
返回第 2 次调用：n = 4，执行 f = 4*6=24，return 24，第 2 次调用结束，返回第 1 次调用；
返回第 1 次调用：n = 5，执行 f = 5*24=120，return 120，第 1 次调用结束，返回主函数。

下面是用循环结构来求解例 5.5 的程序代码。

```
#include <stdio.h>
int main( )
{
   int num, mul=1, i;
   printf("请输入一个 20 以内的非负整数:");
   scanf("%d", &num);
   if(num==0)
   {   mul=1;   }
```

```
        else
        {
            for(i=1; i<=num; i++)
            {   mul=mul*i;  }
        }
        printf("%d!=%d\n", num, mul);
        return 0;
}
```

【例 5.6】根据输入的 n 值，求表达式的值：

$$0! + 1! + 2! + 3! + \cdots + n!$$

程序如下：

```
1   #include <stdio.h>
2   int sum(int);              //求阶乘累加和函数
3   int fact(int);             //求阶乘函数
4   int main( )
5   {
6       int num;
7       printf("请输入一个 20 以内的非负整数:");
8       scanf("%d", &num);
9       printf("\b=%d\n", sum(num));
10      return 0;
11  }
12  int sum(int m)
13  {
14      int i;
15      int total=0;           //存储阶乘的累加和
16      for(i=0; i<=m; i++)
17      {
18          int val=fact(i);   //把 i 的阶乘存储在变量 val 中
19          total+=val;
20          printf("%d!+", i);
21      }
22      return total;
23  }
24  int fact(int n)
25  {
26      int f;
27      if(n==0)
28          f=1;
29      else
30          f=n*fact(n-1);
31      return f;
32  }
```

运行结果如图 5.7 所示。

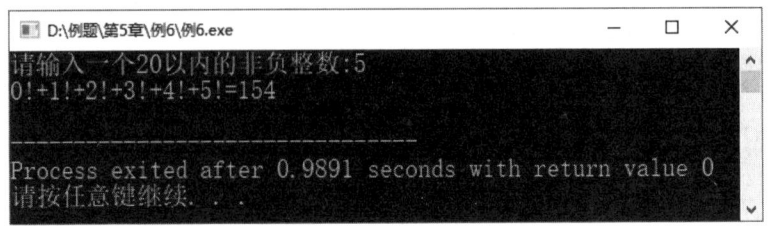

图 5.7 例 5.6 运行结果

代码分析：

```
18    int val=fact(i);
19    total+=val;
```

主函数调用 sum 函数，sum 函数又循环调用 fact 函数，这就是函数的嵌套调用。代码第 18 行对从 0 到 n 的阶乘逐一求解，代码第 19 行把一个个阶乘进行累加，最终把累加和返回给主函数输出。

```
20    printf("%d!+", i);
9     printf("\b=%d\n", sum(num));
```

当输入 5 时，代码第 20 行会依次输出 "0!+"、"1!+"、"2!+"、"3!+"、"4!+" 和 "5!+"。因为在最后一个 "5!+" 后面的 "+" 会影响表达式最终的显示效果，所以代码第 9 行的 printf 函数中使用退格转义符 "\b" 来消除 "5!+" 后面输出的 "+"。

5.2 变量的作用域和存储类别

变量的作用域是指变量能够被编译器识别的有效范围。根据变量作用域的不同，可将变量分为局部变量和全局变量。同样地，根据函数的作用域不同，可以将函数分为局部函数和全局函数。

5.2.1 局部变量

在函数体内部(包括函数定义的参数列表中定义的参数)，或者在复合语句内部定义的变量称为局部变量。函数体内部定义的变量只能在该函数体内部使用，复合语句内部定义的变量只能在该复合语句内部使用。

当函数调用结束或者复合语句执行结束后，在它们内部定义的局部变量会自动被编译器销毁，它们所占据的存储空间被系统收回。

【例 5.7】复合语句中局部变量的作用域。
程序如下：

```
1    #include <stdio.h>
2    int main( )
```

```
 3  {
 4      int i, j;
 5      int sum=0;              //定义函数级的变量 sum
 6      int total=0;            //定义函数级的变量 total
 7      for(i=1; i<=5; i++)
 8      {
 9          int sum=0;          //定义复合语句级的变量 sum
10          for(j=1; j<=i; j++)
11          {
12              sum+=j;
13              total+=j;
14          }
15          printf("i=%d sum=%d\t", i, sum);
16          printf("i=%d total=%d\n", i, total);
17      }
18      printf("\nsum=%d\t\ttotal =%d\n", sum, total);
19      return 0;
20  }
```

运行结果如图 5.8 所示。

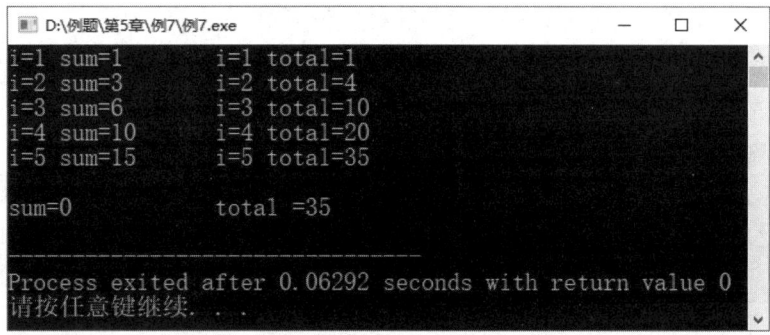

图 5.8 例 5.7 运行结果

代码分析：

```
 6  int total=0;
```

第 6 行代码定义的变量 total 的作用域是从第 6 行到第 20 行，因为代码中只有一个名为 total 的变量，所以程序中使用的所有变量 total 都是同一个变量。

```
13  total+=j;
16  printf("i=%d total=%d\n", i, total);
```

第 13 行代码嵌套在双层 for 循环中，变量 total 的值不断累加，所以代码第 16 行输出 i=1 时，total = 1；输出 i = 2 时，total = 1+(1+2) = 4；输出 i = 3 时，total = 4+(1+2+3) = 10；等等。

```
 5  int sum=0;
 9  int sum=0;
```

第 5 行和第 9 行代码都定义了名称为 sum 的变量，第 5 行定义的变量 sum 的作用域是从第 5 行到 20 行，第 9 行定义的变量 sum 的作用域是从第 9 行到第 17 行。因为作用域不同，所以两个变量都命名为 sum 不违反变量命名要求。

编译器在编译代码时，同名变量采用"就近"原则，也就是在第 9 行到第 17 行代码，使用的变量 sum 是第 9 行定义的变量 sum，除此以外使用的变量 sum 是第 5 行定义的变量 sum。

```
12    sum+=j;
15    printf("i=%d sum=%d\t", i, sum);
```

程序第 1 次执行第 9 行代码时，定义变量 sum 并初始化为 0，然后在内层循环中对其累加求和，并在第 15 行输出 sum 值，i = 1 时，sum = 1。所以在执行完第 17 行代码后，第 1 次在第 9 行代码定义的变量 sum 被系统销毁，存储空间被系统收回。在此过程中，在第 5 行代码定义的变量 sum 不受影响，存储空间一直存在，值从未被修改，一直保持为 0。

程序第 2 次执行第 9 行代码时，再次定义变量 sum 并初始化为 0，然后继续进行累加求和，i = 2 时，sum = 1+2 = 3。在执行完第 17 行代码后，第 2 次在第 9 行代码定义的变量 sum 被系统销毁，存储空间被系统收回。在此过程中，在第 5 行代码定义的变量 sum 仍不受影响，存储空间一直存在，值保持为 0。

```
18    printf("\nsum=%d\t\ttotal =%d\n", sum, total);
```

因为从始至终只有一个名为 total 的变量，所以第 18 行代码输出的 total 的值还是 i = 5 时输出的 total 的值 35，而输出的 sum 是第 5 行代码定义的 sum，值是 0。

【例 5.8】函数中局部变量的作用域。

程序如下：

```
1    #include <stdio.h>
2    void fun(int, int);
3    int main( )
4    {
5        int x=1, y=2;
6        char a='A';
7        double f=12.5;
8        printf("函数调用前: x=%d y=%d a=%c\n", x, y, a);
9        fun(x, y);
10       printf("函数调用后: x=%d y=%d a=%c\n", x, y, a);
11       // f=t;        错误，变量 t 的作用域是 fun 函数内部
12       return 0;
13   }
14   void fun(int x, int y)
15   {   char a='B';
16       double t=2.3;
17       x=10;
18       y=20;
19       printf("函数调用中: x=%d y=%d a=%c\n", x, y, a);
```

```
20         // t=f;        错误，变量 f 的作用域是主函数内部
21     }
```

运行结果如图 5.9 所示。

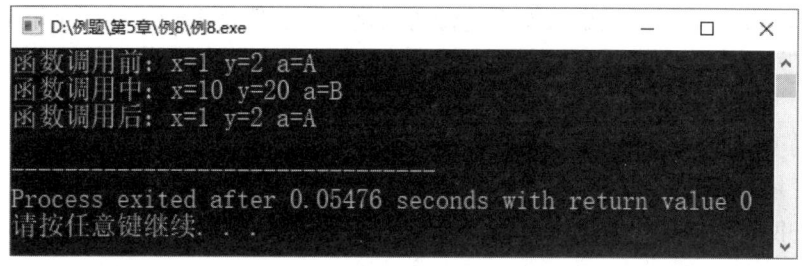

图 5.9 例 5.8 运行结果

代码分析：

```
5   int x=1, y=2;
14  void fun(int x, int y)
```

第 5 行和第 14 行代码都定义了名称为 x 和 y 的整型变量，但它们具有不同的作用域，拥有各自独立的存储空间。第 5 行定义的 x 和 y 只在主函数中有效；第 14 行定义的 x 和 y 只在 fun 函数中有效。

```
6   char a='A';
15  char a='B';
```

同样地，第 6 行和第 15 行代码都定义了名称为 a 的字符变量，但它们有不同的作用域和独立的存储空间。

```
9   fun(x, y);
```

在调用 fun 函数时，编译器才会为 fun 函数的局部变量开辟存储空间(包括形参 x 和 y)，同时将实参 x 和 y 的值传递给形参 x 和 y。当 fun 函数结束调用后，fun 函数中的局部变量所占的存储空间会被系统收回，局部变量被销毁。

```
8   printf("函数调用前: x=%d y=%d a=%c\n", x, y, a);
```

输出主函数中的局部变量 x、y 和 a，所以输出 x=1、y=2 和 a=A。

```
19  printf("函数调用中: x=%d y=%d a=%c\n", x, y, a);
```

输出 fun 函数中的局部变量 x、y 和 a，因为形参 x 和 y 在接收了实参 x 和 y 传递的值后被再次赋值，所以输出 x=10、y=20 和 a=B。

```
10  printf("函数调用后: x=%d y=%d a=%c\n", x, y, a);
```

输出主函数中的局部变量 x、y 和 a，它们不受 fun 函数中同名变量的影响，所以输出 x=1、y=2 和 a=A。

5.2.2 全局变量

在所有函数定义外定义的变量称为全局变量。在一个源文件中,全局变量的作用域是从该变量定义的位置开始,一直到该源文件的结尾。

对于局部变量,如果只是定义而不进行初始化,它的值是未知的;而对于全局变量,只要定义了,它就具有默认值0(整型变量的值是0,字符型变量的值是字符"\0",浮点型变量的值是0.0)。

因为全局变量的作用域会贯通多个函数,破坏了函数的模块化和独立性,所以应尽量减少使用全局变量。

【例5.9】使用全局变量求阶乘,求阶乘公式如下所示:

$$n! = \begin{cases} 1, & n = 0 \\ n \times (n-1)!, & n \geqslant 1 \end{cases}$$

程序如下:

```
1   #include <stdio.h>
2   void fact(int);
3   int mul;                    //定义全局整型变量
4   int main( )
5   {
6       int i;
7       int n;
8       printf("请输入20以内的非负整数: ");
9       scanf("%d", &n);
10      mul=1;                  //对全局变量mul赋值
11      for(i=1; i<=n; i++)     //循环调用fact函数,函数的参数等于循环变量i
12      {
13          fact(i);
14      }
15      printf("%d!=%d\n", n, mul);
16      return 0;
17  }
18  void fact(int j)
19  {
20      if(j==0)
21          mul=1;              //当形参j等于0时,全局变量mul等于1
22      else
23          mul*=j;             //当形参j大于0时,全局变量mul乘以j
24  }
```

运行结果如图5.10所示。

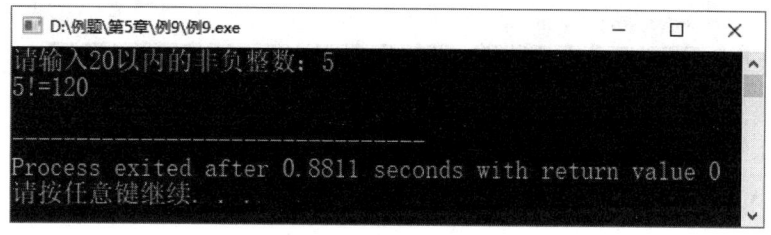

图 5.10　例 5.9 运行结果

代码分析：

3　　int mul;

该行代码定义了全局整型变量 mul，默认的初值等于 0。

10　　mul=1;

编译器在主函数中没有找到名为 mul 的局部变量，进而找到了全局变量 mul，然后对全局变量 mul 进行赋值。

23　　mul*=j;

在 fact 函数中改变全局变量的值。第 1 次调用 fact 函数时，mul=1，j=1，经过运算后 mul=1；第 2 次调用 fact 函数时，mul=1，j=2，经过运算后 mul=2；等等。所以在代码第 15 行输出的 mul 值等于 5!=1*2*3*4*5=120。

变量在使用时会按照"就近"原则，因此会出现局部变量屏蔽全局变量的现象，导致运算结果的异常，这也是应该尽量减少使用全局变量的一个原因。

【例 5.10】局部变量屏蔽全局变量。

程序如下：

```
1   #include <stdio.h>
2   void fun(int, int);
3   int sum;                  //定义全局变量 sum
4   int main( )
5   {
6       int a, b;
7       printf("请输入两个数:");
8       scanf("%d %d", &a, &b);
9       fun(a, b);
10      printf("%d+%d=%d\n", a, b, sum);
11      return 0;
12  }
13  void fun(int a, int b)
14  {
15      int sum;              //定义局部变量 sum
16      sum=a+b;
17  }
```

运行结果如图 5.11 所示。

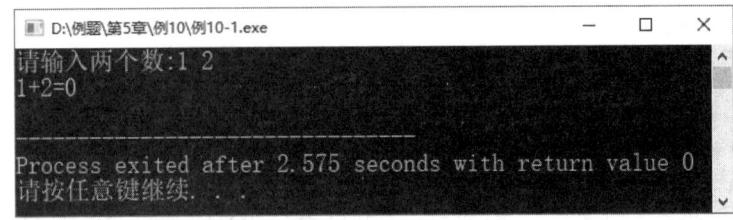

图 5.11　例 5.10 运行结果

代码分析：代码预期结果 3 和实际运行结果 0 不符，原因就是局部变量 sum 屏蔽了全局变量 sum。

```
3    int sum;
```

该行代码定义了全局变量 sum，默认初值等于 0。

```
15   int sum;
16   sum=a+b;
```

第 9 行代码调用 fun 函数时，实参 a 和 b 被赋值为 1 和 2，第 16 行代码把实参 a 和 b 的累加和存储在第 15 行定义的局部变量 sum 中，而不是存储在第 3 行定义的全局变量 sum 中。

```
10   printf("%d+%d=%d\n", a, b, sum);
```

在主函数中输出全局变量 sum 的值。因为全局变量 sum 的值在定义后并没有修改过，所以在第 10 行代码中 sum 的值仍是 0。

在前文中，我们都是把函数的声明放在所有函数定义外，和全局变量一样，可以称这样的函数为全局函数。如果一个函数 F 的声明在另一个函数 A 的定义中，那么这个函数 F 就只能在函数 A 中使用。如果在函数 B 中也想使用函数 F，需要先在函数 B 中声明函数 F，这种在函数体内声明的函数称为局部函数。

使用局部函数改写例 5.10。

```
1    #include <stdio.h>
2    int main( )
3    {
4        int a, b;
5        int fun(int, int);          //在主函数内声明 fun 函数，它的作用域仅限于主函数内
6        printf("请输入两个数:");
7        scanf("%d %d", &a, &b);
8        printf("a+b=%d\n", fun(a, b));
9        return 0;
10   }
11   int fun(int a, int b)
12   {
13       return a+b;
14   }
```

运行结果如图 5.12 所示。

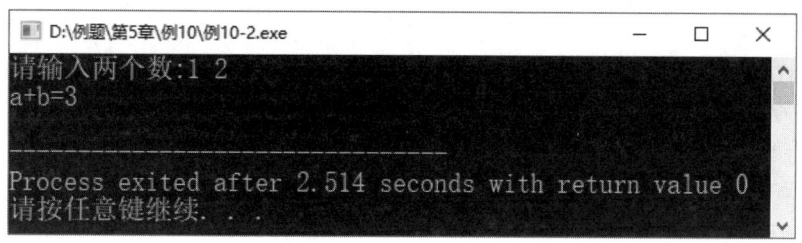

图 5.12 局部函数改写例 5.10 的运行结果

5.2.3 变量的存储类别

C 语言中的变量存储分成四类，分别是 auto、register、static 和 extern。局部变量可以采用 auto、register 和 static 三种存储类，全局变量可以采用 static 和 extern 两种存储类。

1. auto 存储类

auto 存储类是默认的存储类，称为自动类，只能修饰局部变量。定义变量时可以省去 auto 关键字，前文中定义的所有局部变量都是 auto 类变量。

auto 类变量的定义方法为：

```
auto int x;      //等价于 int x;
```

auto 类变量在定义时分配空间，存储空间在其作用域内一直存在，auto 类变量会随着它所属作用域的结束自动释放存储空间，变量也不再存在。

2. register 存储类

register 存储类称为寄存器类，只能修饰局部变量，使用方法和 auto 类一样。因为 register 类变量是存储在寄存器中的，而寄存器编址方式与内存不同，所以不能使用取地址运算符对寄存器变量取地址。

register 类变量的定义方法为：

```
register double d;
```

3. static 存储类

static 存储类称为静态类，既可以修饰局部变量，也可以修饰全局变量。

static 类变量的定义方法为：

```
static int x;
```

1) 静态局部变量

静态局部变量在首次定义时分配存储空间，以后再遇到该定义语句时，编译器将跳过而不再执行，静态局部变量的存储空间在应用程序结束之前将一直存在。静态局部变量在定义后会被自动初始化为 0。

【例 5.11】 静态局部变量的使用。

程序如下：

```
1   #include <stdio.h>
2   void fun(int);
3   int main( )
4   {   int i;
5       for(i=1; i<=5; i++)
6           fun(i);
7       return 0;
8   }
9   void fun(int n)
10  {
11      int i;              //定义自动变量 i
12      static int j;       //定义静态局部变量 j，默认初值为 0
13      static int k=1;     //定义静态局部变量 k 并初始化为 1
14      i=1;
15      j=1;
16      i*=n;
17      j*=n;
18      k*=n;
19      printf("n=%d i=%d j=%d k=%d\n", n, i, j, k);
20  }
```

运行结果如图 5.13 所示。

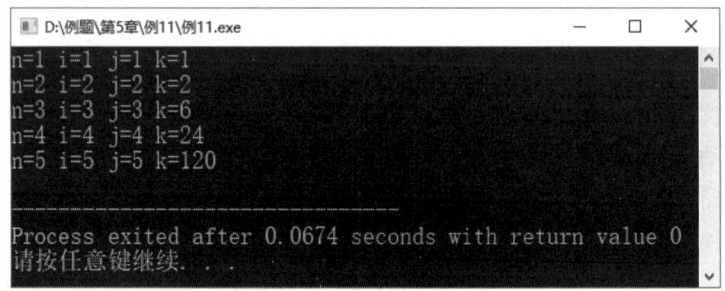

图 5.13 例 5.11 运行结果

代码分析：

```
11  int i;
14  i=1;
16  i*=n;
```

变量 i 在 fun 函数中有效，每次执行定义语句时为变量 i 分配存储空间，执行 "i=1" 赋值语句时将变量 i 赋值为 1，在执行 "i*=n" 语句时将 i 赋值为 i=1*n=n。fun 函数执行结束后，编译器释放变量 i 的存储空间，并销毁变量 i。

```
12    static int j;
15    j=1;
17    j*=n;
```

静态局部变量 j 在 fun 函数中有效，第 1 次执行定义语句时为变量 j 分配存储空间并初始化为 0，以后再遇到该定义语句时不再为变量 j 分配空间和初始化。每次执行 "j=1" 赋值语句时将变量 j 赋值为 1，在执行 "j*=n" 语句时将 j 赋值为 j=1*n=n。变量 j 所占用的存储空间一直保留到程序运行结束才被释放。

```
13    static int k=1;
18    k*=n;
```

静态局部变量 k 在 fun 函数中有效，第 1 次执行定义语句时为变量 k 分配存储空间并初始化为 1，以后再执行该定义语句时不再为变量 k 分配空间和初始化。每次执行 "k*=n" 语句时将 k 赋值为 k=k*n。随着调用 fun 函数时传递的参数的改变，k 值依次为 1、1*2=2、1*2*3=6、1*2*3*4=24、1*2*3*4*5=120。变量 k 所占用的存储空间一直保留到程序运行结束才被释放。

2) 静态全局变量

静态全局变量的定义需要位于所有函数定义之外。我们知道 C 程序可以由多个源文件组成，如果在某个源文件中定义了一个静态全局变量，那么这个静态全局变量就只能在那个定义它的源文件中使用，而不能在其他源文件中使用。

4. extern 存储类

extern 存储类称为外部类，只能修饰全局变量。在一个源文件中定义一个全局变量，如果希望另外一个源文件也能共享使用该全局变量，就需要使用 extern 关键字修饰，表示仅声明该变量而不再定义，全局变量默认都是可以进行外部引用的。同样地，如果希望在一个源文件中调用另一个源文件中声明的全局函数，也需要使用 extern 关键字来修饰。

extern 类变量的声明方法为：

```
extern char c;
```

【例 5.12】外部变量的使用示例。

在 Dev-C++中想实现一个由多个源文件组成的 C 程序，就需要用到 Dev-C++提供的"工程"这个概念。需要先创建并保存一个工程，然后通过添加操作，将这些源文件添加到这个工程中，从而实现多个源文件组成一个 C 程序的目的。

在创建完"例 12"工程并添加"例 12.c"程序文件后，再为该工程添加一个源程序文件，命名为 source.c，如图 5.14 和图 5.15 所示。

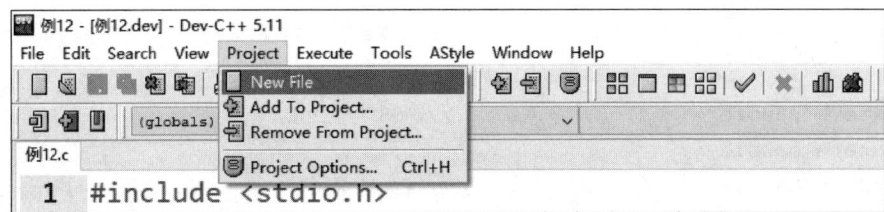

图 5.14 添加文件

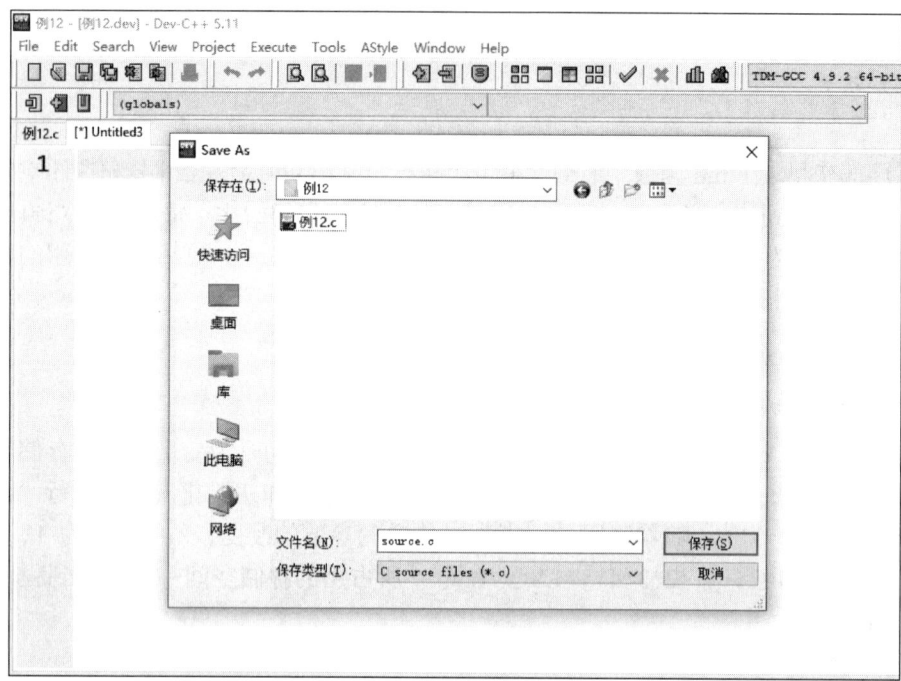

图 5.15 保存文件

例 12.c 程序如下：

```
1   #include <stdio.h>
2   double x;                        //定义全局变量
3   double y;
4   extern double Max( );            //引用外部函数
5   extern double Min( );
6   extern double Sum( );
7   extern double Average( );
8   int main( )
9   {
10      printf("请输入两个数：");
11      scanf("%lf %lf", &x, &y);
12      printf("Max=%.2f\n", Max( ));
13      printf("Min=%.2f\n", Min( ));
14      printf("Sum=%.2f\n", Sum( ));
15      printf("Average=%.2f\n", Average( ));
16      return 0;
17  }
```

source.c 程序如下：

```
1   extern double x;                 //声明外部变量
2   extern double y;
3   double Max( )                    //定义外部函数
4   {   return x > y ? x : y;   }
```

```
5    double Min( )
6    {    return x < y ? x : y;    }
7    double Sum( )
8    {    return (x + y);          }
9    double Average( )
10   {    return (x + y) / 2;      }
```

运行结果如图 5.16 所示。

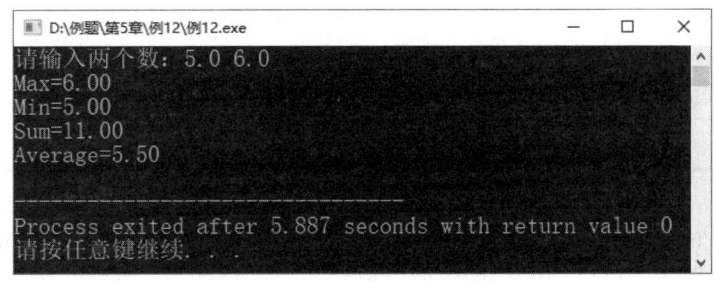

图 5.16 例 5.12 运行结果

下面进行代码分析。

例 12.c 程序中：

```
2    double x;
3    double y;
```

这两行代码定义了全局变量 x 和 y。

source.c 程序中：

```
1    extern double x;
2    extern double y;
```

这两行代码声明了 extern 类变量，引用例 12.c 程序中定义的全局变量 x 和 y。

例 12.c 程序中：

```
4    extern double Max( );
5    extern double Min( );
6    extern double Sum( );
7    extern double Average( );
```

这几行代码使用 extern 关键字引用了在 source.c 程序中定义的四个函数。

5.3 C 语言常用库函数

5.3.1 数学库函数

在编写代码的过程中，有时需要使用复杂的数据计算，如求平方根、求绝对值、求幂级数等。C 语言提供了标准的数学库函数，方便进行程序开发，常见的数学库函数如表 5.1 所示。

表 5.1　常用的数学库函数

函数	说明	举例	返回值
sqrt(x)	x 的平方根，x 和返回值都是 double 类型	sqrt(16.0)	4.000000
pow(x,y)	x 的 y 次幂(x^y)，x、y 和返回值都是 double 类型	pow(2.0,3.0) pow(81.0,5)	8.000000 9.000000
exp(x)	e 的 x 次幂(e^x)，x 和返回值都是 double 类型	exp(-3.2)	0.040762
abs(x)	x 的绝对值，x 和返回值都是 int 类型	abs(-2)	2
fabs(x)	x 的绝对值，x 和返回值都是 double 类型	fabs(-3.5)	3.500000
log(x)	x 的自然对数($\log_e x$)，x 和返回值都是 double 类型	log(18.697)	2.928363
log10(x)	x 的对数($\log_{10} x$)，x 和返回值都是 double 类型	log10(18.697)	1.271772

要使用标准数学库函数，需要包含数学头文件 math.h，即#include <math.h>。

【例 5.13】使用数学库函数的应用代码示例。

程序如下：

```
1   #include <stdio.h>
2   #include <math.h>              //包含数学头文件
3   int main( )
4   {
5       double result;
6       printf("6.456的平方根是%f\n", sqrt(6.456));      //求平方根
7       printf("7.6的3次幂是%f\n", pow(7.6, 3));         //求幂级数
8       result=fabs(-8.24);                              //求绝对值
9       printf("-8.24的绝对值是%f\n", result);
10      return 0;
11  }
```

运行结果如图 5.17 所示。

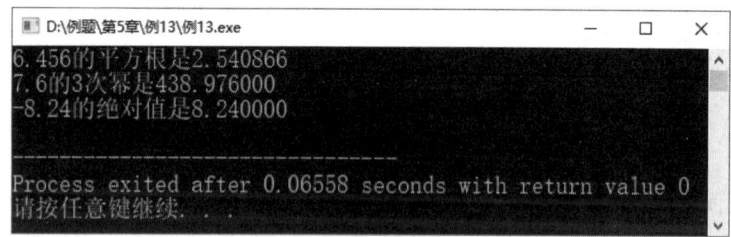

图 5.17　例 5.13 运行结果

程序分析：

6　printf("6.456的平方根是%f\n", sqrt(6.456));

调用 sqrt 函数求平方根，函数返回值类型是 double 类型。

7　printf("7.6的3次幂是%f\n", pow(7.6, 3));

调用 pow 函数求幂级数，即 7.6 的 3 次方，函数返回值类型是 double 类型。

```
8   result=fabs(-8.24);
```

调用 fabs 函数求浮点数绝对值。

有时候，需要使用某个数学函数的输出作为另一个数学函数的输入，该如何书写代码呢？下面给出一个稍复杂公式的函数调用语句。

数学公式：

$$\sqrt{|x|^y}$$

表达式：

```
sqrt(pow(fabs(x), y))
```

5.3.2 时间函数

C 语言库函数中提供了一些与时间相关的函数，包含在头文件<time.h>中，包括常用的 time、clock、localtime、ctime、asctime 等函数，下面主要介绍其中的 time 函数。

time 函数的功能是获取当前的系统时间，函数原型为 time_t time(time_t *seconds)。函数的返回值是 time_t 类型，是一个自纪元(1970 年 1 月 1 日 00:00:00 UTC(世界标准时间))以来的秒数，表示当前时间。如果函数执行成功，它返回一个从纪元开始到当前时刻秒数的整数值；如果出错，则返回(time_t)(-1)。参数 seconds 是一个指向 time_t 类型的指针，用于存储返回的时间值。如果 seconds 不是空指针，那么函数将返回的时间值也存储在 seconds 所指向的位置。

time 函数在 C 语言中是一个非常基础且重要的时间处理函数，它提供了获取当前系统时间的能力，这对于需要时间戳的应用来说非常有用。例如，在随机数生成中，可以使用 time 函数来获取当前时间，并将其转换为时间戳，然后将该时间戳转换为随机数生成的种子，以确保每次程序运行时生成的随机数序列都是不同的。此外，time 函数还可以与其他时间处理函数(如 localtime 和 asctime 等)结合使用，以将时间戳转换为更易于阅读的形式，如年、月、日等。

需要注意的是，time_t 数据类型的具体实现可能因运行的硬件平台的差异而有所不同，但在大多数情况下，它可以视为 long int 类型。此外，标准 C 语言并没有对 time_t 的具体实现做出规定，因此在实际应用中需要考虑平台兼容性。

【例 5.14】时间函数的应用代码示例。

程序如下：

```
1   #include <stdio.h>
2   #include <time.h>                    //包含时间头文件
3   int main( )
4   {
5       time_t tmt;
6       struct tm* ptm;
7       tmt=time(NULL);                  //获取当前日历时间(从纪元至今的秒数)
8       ptm=localtime(&tmt);             //将日历时间转换为当地时间
9       printf("%ld\n", tmt);            //以整数显示日历时间(秒数)
```

```
10      printf("%s\n", asctime(ptm));    //以字符串显示当地时间
11      return 0;
12  }
```

运行结果如图 5.18 所示。

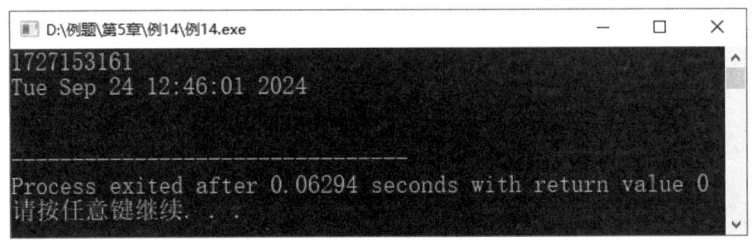

图 5.18 例 5.14 运行结果

5.3.3 随机函数

在很多应用场景中都需要使用随机数，如博彩类游戏。在许多解决商业和科学问题的过程中，经常会使用概率统计学的取样技术，这些统计学模型都要求产生随机数。但是在实践中，找到真正的随机数字是比较困难的，因为计算机只能在一个限定的范围内和有限的精度下处理数字。

C 语言标准库函数提供了随机数函数，即 rand 函数。rand 函数能产生随机非负整数，随机数的范围为 0 到 int 类型数据的上限值。生成一个范围为 0 到 int 类型上限值的随机数的代码如下：

```
int n;
n=rand( );
```

由于 rand 函数生成的随机数范围太大，如何限定生成随机数的范围呢？下面通过几个具体的例子说明 rand 函数的用法。

(1) 生成一个范围为 1~10 的随机整数，代码如下：

```
int n;
n=1+rand( )%10;
```

分析：根据取模运算的特点，表达式"rand( )%10"产生的随机数范围为 0~9，然后在 1 的基础上加范围为 0~9 的随机数，变量 n 的范围就变成了 1~10。

(2) 随机生成一个大写字母，代码如下：

```
char c;
c=65+rand( )%26;
```

分析：根据 ASCII 码表可知，大写字母 A 的 ASCII 码是 65。表达式"rand( )%26"产生的随机数范围是 0~25，然后在 65 的基础上加范围为 0~25 的随机数，字符变量 c 的范围就是字母 A 到字母 Z。

(3) 生成一个范围为 0~1 的随机小数(保留小数点后两位)，代码如下：

```
int n;
```

```
float f;
n=rand( )%101;
f=n/100.0;
```

分析：表达式"rand( )%101"产生的随机数范围是 0～100，表达式"n/100.0"将 n 缩小为原来的 1/100，变量 f 的范围是 0.00～1.00，而且变量 f 保留了小数点后两位。由于运算符"/"具有整除的特点，所以不要将表达式"n/100.0"误写成"n/100"，否则变量 f 的小数位将都是 0。

C 语言标准库函数中有一个播种函数，即 srand 函数。srand 函数可以产生随机数种子。在不使用 srand 函数时，rand 函数会以 1 作为默认的种子，生成伪随机数序列。伪随机数序列是指程序每次运行总是生成相同的随机数序列。只有改变随机数种子才能生成真正意义上的随机数序列，使程序运行生成的随机数序列不再相同。

要使用 rand 函数和 srand 函数，需要包含头文件 stdlib.h。

调用 srand 函数时，通常使用系统时间作为 srand 函数的参数，程序将根据系统时间自动产生随机数种子。time 函数可以获取系统时间，使用 time 函数需要包含头文件 time.h，代码如下：

```
srand((unsigned int) time(NULL));
```

【例 5.15】猜数游戏。要求生成一个 50～80 的随机整数，最后统计猜中该数所使用的次数。
程序如下：

```
1   #include <stdio.h>
2   #include <stdlib.h>
3   #include <time.h>
4   int main( )
5   {
6       int num, n;
7       int count=0;
8       srand((unsigned int) time(NULL));      //以系统时间为参数，生成随机数种子
9       num=50+rand( )%31;                     //生成范围为 50～80 的随机整数
10      printf("随机数已产生，范围 50 到 80，猜！\n");
11      while(1)                               //死循环
12      {
13          scanf("%d", &n);
14          count++;                           //统计输入次数
15          if(num<n)                          //判断输入值和随机数的大小关系
16              printf("猜高了！\n");
17          else if(num>n)
18              printf("猜低了！\n");
19          else
20          {
21              printf("猜中了！\n");
22              break;
23          }
```

```
24      }
25      printf("共猜%d次\n", count);
26      return 0;
27   }
```

运行结果如图 5.19 所示。

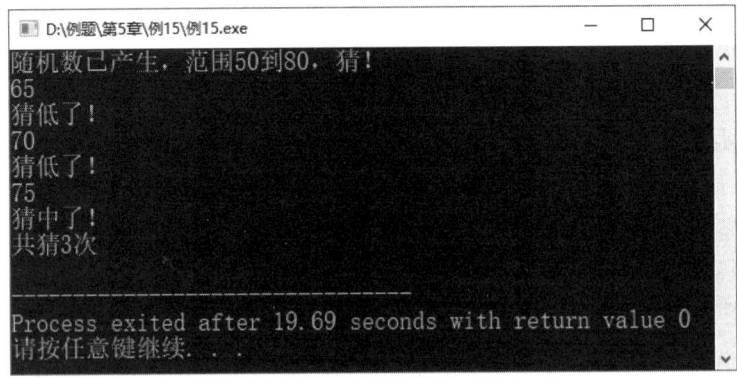

图 5.19 例 5.15 运行结果

程序分析：

```
2    #include <stdlib.h>
```

头文件 stdlib.h 包含 rand 函数和 srand 函数的声明。

```
3    #include <time.h>
```

头文件 time.h 包含 time 函数的声明。

```
8    srand((unsigned int) time(NULL));
```

调用 time 函数获取系统时间，并以系统时间作为 srand 函数的参数生成随机数的种子。

```
9    num=50+rand( )%31;
```

要生成范围为 50~80 的随机整数，可以先得到一个范围为 0~30 的随机整数，然后在此基础上加 50，使随机整数的范围达到要求。表达式"rand( )%31"可以生成范围为 0~30 的随机整数。

5.4 案例：小小计算器 4.0

小小计算器 4.0 即在小小计算器 3.0 的基础上，将一些功能代码封装成函数，使程序结构更加清晰、简洁。

【例 5.16】小小计算器 4.0。

受篇幅限制，本节仅给出小小计算器 4.0 的主要程序架构示例，完整代码可以扫描前言中的二维码查看。

程序如下：

```
1    #include <stdio.h>
2    #include <stdlib.h>
3    int Display_menu(int menu_id)    //显示菜单，接收菜单选项函数
4    {   int select;
5        switch(menu_id)
6        {
7            case 0:
8                /* 显示小小计算器4.0主菜单，代码自行补齐 */
9            case 1:
10               /* 显示算术运算子菜单，代码自行补齐 */
11           case 2:
12               /* 显示逻辑运算子菜单，代码自行补齐 */
13           case 3:
14               /* 显示转换运算子菜单，代码自行补齐 */
15       }
16       printf("请选择:");
17       scanf("%d", &select);
18       return select;                    //返回菜单选项
19   }
20   void Arithmetic_Fun( )                //定义算术运算函数
21   {   int  leave2=0, select;
22       double x, y;                      //声明算术运算用到的两个变量
23       select=Display_menu(1);           //显示算术运算子菜单
24       do
25       {
26           if((select>=1)&&(select<=4))  //算术运算，代码参见4.6节
27           {       }
28           else if(select==5)            //选择返回上级菜单
29           {       }
30           else
31           {       }
32           if (select!=5)     //如果不返回上一级菜单，继续下一轮操作选择
33           {
34               printf("请选择:");
35               scanf("%d", &select);
36           }
37       }while(!leave2);
38   }
39   void logic_Fun( )                     //定义逻辑运算函数
40   {   int  leave2=0, select;
41       int num1, num2;                   //声明逻辑运算用到的两个变量
42       select=Display_menu(2);           //显示逻辑运算子菜单
43       do
44       {
```

```c
45              /* 具体逻辑运算的代码参见4.6节，自行补齐   */
46          }while(!leave2);
47  }
48  void change_Fun( )              //定义转换运算函数
49  {   int  leave2=0, select;
50      char ch_in;
51      select=Display_menu(3);     //显示转换运算子菜单
52      do
53      {
54              /* 具体转换运算的代码参见4.6节，自行补齐   */
55          }while(!leave2);
56  }
57  void score_count( )     //定义成绩统计函数
58  {   int num3=0;             //记录输入成绩的个数
59      float score, Ave_score=0, Sum_score=0, Max_score, Min_score;
60      printf("请输入成绩，以负数结束!\n");
61      scanf("%f", &score);
62      /* 具体成绩统计的代码参见4.6节，自行补齐   */
63  }
64  int main( )
65  {
66      int select;
67      int leave1=0;   //声明一个整型变量，控制是否退出计算器，等于1时退出
68      do
69      {
70          select=Display_menu(0);      //显示主菜单，并进行菜单项选择操作
71          switch(select)
72          {
73              case 1:                 //算术运算
74                  Arithmetic_Fun( );  //调用算术运算函数
75                  system("cls");      //从子菜单返回，清屏
76                  break;
77              case 2:                 //逻辑运算
78                  logic_Fun( );       //调用逻辑运算函数
79                  system("cls");      //从子菜单返回，清屏
80                  break;
81              case 3:                 //转换运算
82                  change_Fun( );      //调用转换运算函数
83                  system("cls");      //从子菜单返回，清屏
84                  break;
85              case 4:                 //成绩统计
86                  score_count( );     //调用成绩统计函数
87                  break;
88              case 5:                 //退出计算器
89                  leave1=1;
90                  break;
```

```
91                default:
92                    system("cls");        //清屏
93            }
94        } while(!leave1);
95    printf("程序结束!\n");
96    return 0;
97 }
```

代码分析：小小计算器 4.0 在小小计算器 3.0 的基础上，将部分代码抽取封装成函数，使整个程序代码结构更加简洁、清晰，大大提高了程序代码的可读性。

3   int Display_menu(int menu_id)

将小小计算器 3.0 中的菜单显示功能抽取出来，定义成一个函数，这个函数有一个整型参数 menu_id，根据这个参数的实际值来确定在屏幕上显示哪个菜单(0——显示主菜单，1——显示算术运算菜单，2——显示逻辑运算菜单，3——显示转换运算菜单)，函数返回一个整型值，代表用户从键盘上输入的具体菜单选项。

20   void Arithmetic_Fun( )

将小小计算器 3.0 中的算术运算这部分内容抽取出来，定义成一个无参函数。这个函数首先会调用 Display_menu 函数，显示算术运算子菜单，然后根据选择的功能选项，进行相应的算术运算。

39   void logic_Fun( )

将小小计算器 3.0 中的逻辑运算这部分内容抽取出来，定义成一个无参函数。

48   void change_Fun( )

将小小计算器 3.0 中的转换运算这部分内容抽取出来，定义成一个无参函数。

57   void score_count( )

将小小计算器 3.0 中的成绩统计这部分内容抽取出来，定义成一个无参函数。

在完成这些函数定义之后，读者重点比较一下小小计算器 4.0 和小小计算器 3.0 的 main 函数之间的差别。可以发现小小计算器 4.0 的 main 函数大大"瘦身"了，程序的逻辑结构非常清晰，一目了然。

习　　题

1. 举例说明函数声明和函数定义的区别。
2. 举例说明局部变量和全局变量的异同。
3. 举例说明指针的含义。
4. 指出下面两段代码的不同点。

(1)
```
int fun( )
{
    static int sum=1;
    printf("sum=%d",sum);
    sum+=2;
}
```

(2)
```
int fun( )
{
    static int sum;
    printf("sum=%d",sum);
    sum+=2;
}
```

5. 编写两个函数，功能是分别计算长方体的表面积和体积，参数都是长方体的长、宽、高，返回值分别是长方体的表面积和体积。

6. 编写代码实现下面的功能。

(1) 编写函数 fun1 计算阶乘。

(2) 利用函数 fun1，编写函数 fun2 计算下面的表达式：

$$\frac{m!}{n!(m-n)!}$$

7. 编写代码实现下面的功能。

(1) 编写函数 fun1，计算 2×2 的行列式的值：

$$\begin{vmatrix} a_{11} & a_{12} \\ a_{21} & a_{22} \end{vmatrix} = a_{11}a_{22} - a_{21}a_{12}$$

(2) 利用函数 fun1，编写函数 fun2，计算下面 3×3 的行列式的值：

$$\begin{vmatrix} a_{11} & a_{12} & a_{13} \\ a_{21} & a_{22} & a_{23} \\ a_{31} & a_{32} & a_{33} \end{vmatrix} = a_{11}\begin{vmatrix} a_{22} & a_{23} \\ a_{32} & a_{33} \end{vmatrix} - a_{21}\begin{vmatrix} a_{12} & a_{13} \\ a_{32} & a_{33} \end{vmatrix} + a_{31}\begin{vmatrix} a_{12} & a_{13} \\ a_{22} & a_{23} \end{vmatrix}$$

第三部分 进 阶 篇

第 6 章 指 针

指针是 C 语言中广泛使用的一种数据类型，也是 C 语言的一个重要特色。它提供了一种比较直观的方式对地址进行操作。灵活地使用指针，可以有效地表示各种复杂的数据结构，使程序更加简洁、紧凑和高效。

6.1 存储地址与指针

内存空间的基本单位是字节，每字节都有自己唯一的地址，字节地址是连续的、互不重复的地址编码，可用十进制或十六进制编码形式表示。存储地址也称为内存地址，指的是内存单元的地址，严格来讲是内存单元首字节(第一字节)的地址。通过存储地址可以找到内存单元，或者形象地讲，存储地址像一个指针一样指向内存单元，因此也可以把存储地址称为指针，指针其实就是存储地址或内存地址。

创建变量时，计算机会给变量分配一个包含若干字节的内存单元，用来存放该变量的内容，这个内存单元就是变量的存储空间，其大小(字节数)由该变量的数据类型决定，例如，字符型变量的内存单元为 1 字节、整型变量的内存单元为 4 字节等。

变量的存储地址指的是变量内存单元首字节的地址，也称为变量的内存地址，或简称变量地址。通过变量的存储地址可以找到变量的内存单元。

变量的取值指的是变量的内存单元中存放的数据，也称为变量的数值，或简称变量值。变量值可以是整数、字符、浮点数或其他数据类型，和变量的数据类型保持一致，由变量的数据类型来决定。

变量的读写访问(简称变量访问)指的是对变量内存单元的读取和写入操作。变量读取指的是把变量内存单元中存放的变量值读取出来，变量写入(也称为变量赋值)指的是把一个符合变量数据类型的数据作为变量值存放到变量的内存单元中。

变量一般有直接访问和间接访问两种方式。变量的直接访问指的是通过变量名直接访问变量内存单元，对变量内存单元进行读取或写入操作，本章之前的变量访问方式都是直接访问。变量的间接访问指的是通过指针(或地址)访问变量内存单元，对变量内存单元进行读取或写入操作，从本章开始，本书会逐步介绍如何通过指针对变量进行间接访问。

【例 6.1】存储地址与指针的应用代码示例。

程序如下：

```
1    #include <stdio.h>
2    int main( )
3    {
```

```
4    int a;                                          //定义一个整型变量
5    printf("变量a的内存大小为%d字节\n", sizeof(a));//获取变量的内存大小
6    printf("变量a的内存地址为%d\n", &a);            //a的内存地址(十进制)
7    printf("变量a的内存地址为%x\n", &a);            //a的内存地址(十六进制)
8    printf("变量a的内存地址为%X\n", &a);            //a的内存地址(十六进制)
9    printf("变量a的内存地址为%#x\n", &a);           //a的内存地址(十六进制)
10   printf("变量a的内存地址为%#X\n", &a);           //a的内存地址(十六进制)
11   a=1;                                            //通过变量名进行写入操作
12   printf("变量a的值为%d\n", a);                   //通过变量名进行读取操作
13   *(&a)=2;                                        //通过指针(地址)进行写入操作
14   printf("变量a的值为%d\n", *(&a));               //通过指针(地址)进行读取操作
15   return 0;
16   };
```

运行结果如图 6.1 所示。

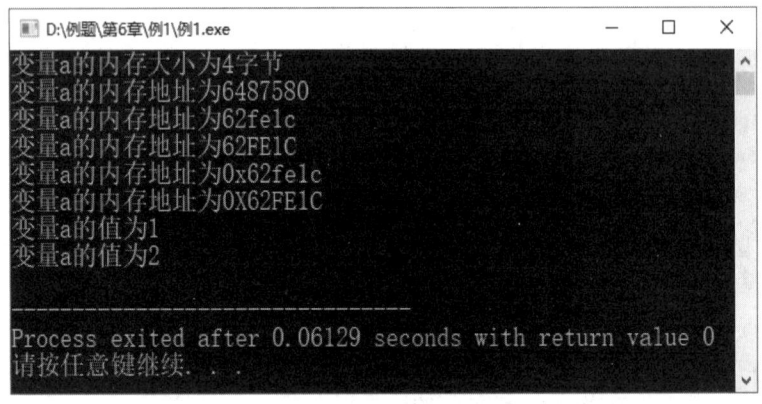

图 6.1 例 6.1 运行结果

代码分析：

```
4  int a;
```

该行代码定义了一个整型变量 a，此时会在内存中为变量 a 分配 4 字节的内存单元。

```
5  printf("变量a的内存大小为%d字节\n", sizeof(a));
```

该行代码显示了变量的内存大小，其中 sizeof 为类型长度运算符，是一种特殊的以函数形式表示的运算符，用于获取变量或数据类型的内存单元的大小，以字节为单位。

```
6   printf("变量a的内存地址为%d\n", &a);
7   printf("变量a的内存地址为%x\n", &a);
8   printf("变量a的内存地址为%X\n", &a);
9   printf("变量a的内存地址为%#x\n", &a);
10  printf("变量a的内存地址为%#X\n", &a);
```

这 5 行代码用不同的形式来显示变量的内存地址，其中"&"在此处为取地址运算符，用于获取变量的内存地址。5 个不同的格式控制符用来控制内存地址的不同显示形式，其中"%d"表示以十进制形式显示，"%x"表示以小写十六进制形式显示，"%X"表示以大写十

六进制形式显示，"%#x"表示以带前缀"0x"的小写十六进制形式显示，"%#X"表示以带前缀"0X"的大写十六进制形式显示。

```
11    a=1;
```

通过变量名对变量 a 的内存单元进行写入操作，把整数 1 写入变量 a 的内存单元中，或者说把变量 a 赋值为 1，该语句执行结束后，变量 a 的内存单元中存放的数据为整数 1。

```
12    printf("变量a的值为%d\n", a);
```

通过变量名对变量 a 的内存单元进行读取操作，把变量 a 的内存单元中存放的数据(此时为整数 1)读取出来，通过格式控制符"%d"以十进制形式显示。

```
13    *(&a)=2;
```

通过指针(地址)对变量 a 的内存单元进行写入操作,把整数 2 写入变量 a 的内存单元中，或者说把变量 a 赋值为 2，该语句执行结束后，变量 a 的内存单元中存放的数据为整数 2。"&"为取地址运算符，"&a"表示变量 a 的内存地址，"*"为指针引用运算符，"*(&a)"表示引用指针(此处为 a 的内存地址)所指内存单元(此处为 a 的内存单元)的内容(此处为 a 的数值)。

```
14    printf("变量a的值为%d\n", *(&a));
```

通过指针(地址)对变量 a 的内存单元进行读取操作，把变量 a 的内存单元中存放的数据(此时为整数 2)读取出来，通过格式控制符"%d"以十进制形式显示。"*(&a)"的含义同上。

6.2 指针变量

6.2.1 指针变量的定义

本节引入一个重要的运算符，即指针运算符"*"，也称为间接运算符，当然运算符"*"也是我们熟知的乘法运算符。这就像运算符"−"一样，"−"既可以作为求负运算符，又可以作为减法运算符，这里的"*"的角色是指针运算符。

指针运算符"*"用来定义指针变量，指针变量(简称指针)是一种特殊的变量，它存储的内容只能是内存地址，如存储另一个变量的地址。

定义指针变量的语法格式为：

指针所指向数据类型 *指针变量的名称；

以下面的例子来说明指针变量的含义和用法。

```
int num=1;
int *p;
p=&num;
```

上述代码定义了指针变量 p，指针变量 p 存储的是变量 num 的地址(即&num)。我们可以把指针变量 p 存储变量 num 的地址，形象地称为指针变量 p 指向变量 num，如图 6.2 所示。

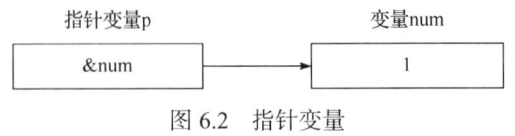

图 6.2 指针变量

注意：

(1) 可以在定义指针变量的同时进行初始化，形式如下：

int *p=#

(2) 不能使用常量给指针变量赋值。假设变量 num 的地址是 1234002，即使这样，也不能写成 p=1234002。

(3) 指针变量无论指向什么样的数据类型，在同一系统中都占用相同大小的空间。例如，在 32 位机器上占 4 字节(32 位)，在 64 位机器上占 8 字节(64 位)。

(4) 指针变量的类型必须和它所指向的数据类型一样。下面的形式是错误的：

float f;
int *p=&f;   //错误

(5) 指针变量指的是"p"，而不是"*p"。定义指针变量时的"int *"表示它是一个指向整型变量的指针。

(6) 在明确指针变量 p 指向变量 num 后，表达式"*p"就是指针变量 p 所指向的那个变量，即 num。例如：

*p=2;   //等价于 num=2;

因为指针运算符"*"的优先级高居第 2 位，远高于排在倒数第 2 位的赋值运算符，所以表达式"*p"先组成一个整体，表示指针 p 所指向的变量，即 num，自然对表达式"*p"赋值就是对变量 num 赋值。

(7) 分析表达式"*p+=1"、"*p++"和"(*p)++"的不同，假设指针变量 p 指向变量 num，且 num=1。

① *p+=1;

因为指针运算符"*"的优先级高于赋值运算符"+="，所以"*p"作为一个整体参与计算。经过运算，表达式"*p"的值等于 2，即变量 num 的值等于 2。因为改变的是指针 p 所指向的变量的值，而不是指针 p 自身的值，所以指针变量 p 的值不变，仍然是变量 num 的地址。

② *p++;

指针运算符"*"和自增运算符"++"优先级相同，运算顺序是从右至左的。上面的代码将先计算表达式"p++"，又因为使用的是自增的后置运算，所以表达式"p++"的值仍是指针变量 p 的值，即变量 num 的地址，所以上面整个表达式的值等于"*p"的值，即等于 1。

在获取到整个表达式的值之后，指针变量 p 自身的值加 1，指针变量 p 存储的不再是变量 num 的地址，也就是指针 p 的指向发生了变化，p 将后移一个单位，指向 num 后面的那个整数地址。

③ (*p)++;

代码中的小括号改变了运算符的运算顺序，使"*p"作为一个整体参与计算。又因为使用的是自增的后置运算，所以表达式"*p"的值(即变量 num 的值)作为整个表达式的值，即等于 1。在获取到整个表达式的值之后，"*p"的值(即变量 num 的值)加 1，所以 num 的值等于 2，但是指针变量 p 自身的值没有发生变化，仍然指向变量 num。

【例 6.2】指针变量的应用代码示例。

程序如下：

```
1   #include <stdio.h>
2   int main( )
3   {
4       int num=1;
5       int *p;
6       p=&num;
7       printf("num=%d\t&num=%d\n", num, &num);
8       printf("*p=%d\tp=%d\n", *p, p);
9       printf("&p=%d\n", &p);
10      num=2;
11      printf("num=%d\t&num=%d\n", num, &num);
12      printf("*p=%d\tp=%d\n", *p, p);
13      printf("&p=%d\n", &p);
14      return 0;
15  }
```

运行结果如图 6.3 所示。

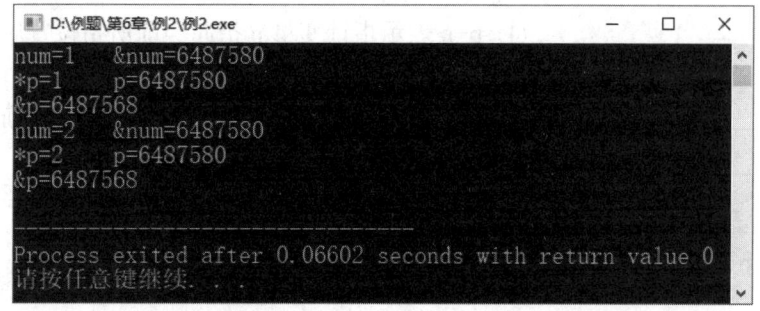

图 6.3 例 6.2 运行结果

代码分析：

5   int *p;

该行代码定义了指针变量 p。

```
6   p=&num;
```

该行代码对指针变量 p 赋值,指针变量 p 存储变量 num 的地址,即指针变量 p 指向变量 num。

```
7   printf("num=%d\t&num=%d\n", num, &num);
8   printf("*p=%d\tp=%d\n", *p, p);
```

指针变量 p 存储的是变量 num 的地址,所以 p 的值与表达式"&num"的值相同。表达式"*p"表示 p 所指向的变量的值,所以"*p"的值与变量 num 的值相同。

```
9   printf("&p=%d\n", &p);
```

该行代码输出指针变量 p 自身的地址。

```
10  num=2;
```

在执行该行代码后,因为变量 num 的地址没有变化,只是改变了它存储的值,而且指针变量 p 仍指向变量 num,所以 p 与"&num"的值仍然相同并且没有变化,表达式"*p"的值仍与变量 num 的值相同,等于 2。

6.2.2 指针的运算

指针变量可以进行算术运算和关系运算。

1. 指针变量的算术运算

当一个指针变量指向一串连续的存储单元时,可以对指针变量进行加/减一个整数的运算,也可以对指向同一个连续存储单元的两个指针变量进行相减运算。除此之外,不能对指针变量进行任何其他的算术运算。

例如,在内存中开辟四个连续的、存放 int 类型数据的存储单元,并将 1、2、3、4 这四个整数存放在这些存储单元中。再假设指向整型的指针变量 p 指向了相应的存储单元,如图 6.4 所示。

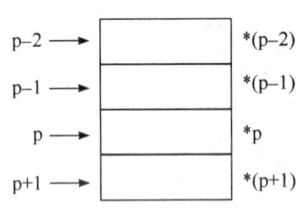

图 6.4 指针变量 p 的算术运算

(1) p+n 表示指针变量 p 指向当前所指位置后面第 n 个数据的地址。

(2) p-n 表示指针变量 p 指向当前所指位置前面第 n 个数据的地址。

(3) p++ 或 p-- 表示 p 指向当前所指位置下一个或前一个数据的地址。

假设执行下面的语句(q 和 p 是指向相同数据类型的指针变量):

```
q=p+2;
```

该语句的执行效果就是使 q 指向 p+2 的存储单元,即 q 里面存放的是 p+2 的地址。

要特别注意:在对指针进行算术运算时,数字"1"不再代表十进制整数"1",而是指一个存储单元长度。至于 1 个长度占多少存储单元,取决于指针变量所指向的数据类型。

2. 指针变量的关系运算

指针变量之间也可以进行关系运算，指针间的关系运算指的是基本数据类型相同并且都指向同一连续存储单元的不同指针变量之间进行的"=="">""<""!="运算。两个指向同一种数据类型的指针变量，如果它们的值相等，就表示这两个指针变量指向同一个地址。

假设 q 和 p 是指向相同数据类型的指针变量，则有：
(1) 如果 p == q 成立，则说明这两个指针指向同一个地址。
(2) 如果 p < q 成立，则说明指针 p 所指向的数据在 q 所指向的数据之前。
(3) 如果 p > q 成立，则说明指针 p 所指向的数据在 q 所指向的数据之后。

6.3 指针与函数

6.3.1 指针变量作为函数参数

函数调用时，实参可以改变形参，但是形参不会影响实参。下面的例子将详细说明这一点。

【例 6.3】使用函数传值的方式，交换两个数。
程序如下：

```
1   #include <stdio.h>
2   void swap(int, int);
3   int main( )
4   {
5       int x, y;
6       printf("请输入两个整数：");
7       scanf("%d %d", &x, &y);
8       printf("调用 swap 函数前：x = %d, y = %d\n", x, y);
9       swap(x, y);
10      printf("调用 swap 函数后：x = %d, y = %d\n", x, y);
11      return 0;
12  }
13  void swap(int a, int b)
14  {
15      int t;
16      printf("执行 swap 函数前：a = %d, b = %d\n", a, b);
17      t=a;
18      a=b;
19      b=t;
20      printf("执行 swap 函数后：a = %d, b = %d\n", a, b);
21  }
```

例 6.3
讲解视频

运行结果如图 6.5 所示。

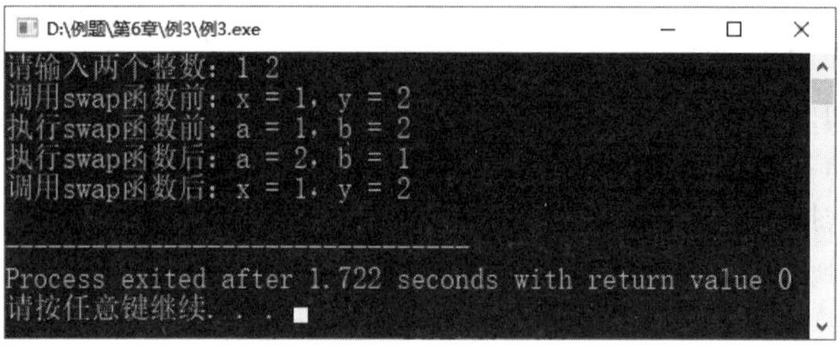

图 6.5 例 6.3 运行结果

代码分析：由运行结果可知，调用 swap 函数前后，实参 x 和 y 的值并没有交换；执行 swap 函数内的交换操作之前和之后，形参 a 和 b 的值发生了交换。之所以产生这样的结果，是因为实参 x、y 和形参 a、b 各自占据独立的存储空间。图 6.6～图 6.10 详细分析了 swap 函数以传值方式进行交换操作的过程。

(1) 调用 swap 函数前，变量 x 和变量 y 如图 6.6 所示。

图 6.6 调用 swap 函数前变量 x 和变量 y 的情况

(2) 调用 swap 函数时，变量 a 和变量 b 的状态如图 6.7 所示。

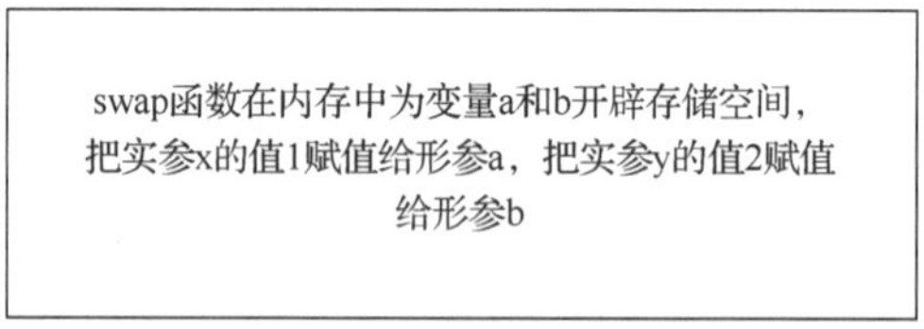

图 6.7 调用 swap 函数时变量 a 和变量 b 的情况

(3) 执行 swap 函数内的交换操作前，变量 x、y、a 和 b 的情况如图 6.8 所示。

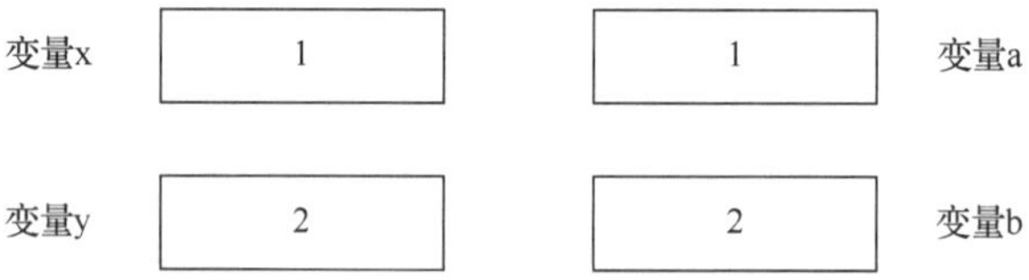

图 6.8 swap 函数执行交换操作之前变量 x、y、a、b 的情况

(4) 执行 swap 函数内的交换操作后，变量 x、y、a 和 b 的情况如图 6.9 所示。

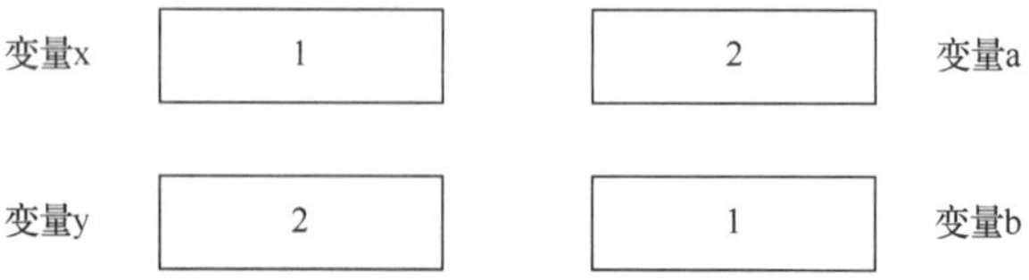

图 6.9 swap 函数执行交换操作之后变量 x、y、a、b 的情况

(5) 调用 swap 函数后，变量 x 和变量 y 如图 6.10 所示。

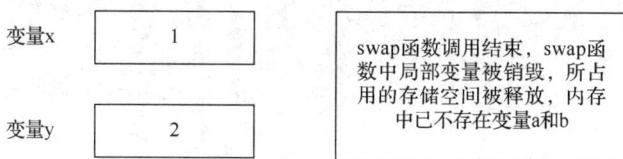

图 6.10 调用 swap 函数之后变量 x 和变量 y 的情况

因为 return 语句只能返回唯一的一个值，如何实现在调用 swap 函数后，交换实参 x 和 y 的值呢？因为实参和形参各自占据独立的存储空间，所以如果希望在调用 swap 函数后交换实参 x 和 y 的值，只能在 swap 函数体中借助形参 a 和 b，直接交换实参 x 和 y 的值。此时就需要借助将指针变量作为函数参数的方式来实现。

【例 6.4】使用函数传地址的方式，交换两个数。

程序如下：

```
1    #include <stdio.h>
2    void swap(int *, int *);        //函数 swap 的参数是指针类型
3    int main( )
4    {
5        int x,y;
6        printf("请输入两个整数: ");
7        scanf("%d %d", &x, &y);
8        printf("调用 swap 函数前: x = %d, y = %d\n", x, y);
9        swap(&x, &y);
10       printf("调用 swap 函数后: x = %d, y = %d\n", x, y);
11       return 0;
12   }
13   void swap(int *pa, int *pb)
14   {
15       int t;
16       printf("执行 swap 函数前: *pa = %d, *pb = %d\n", *pa, *pb);
17       printf("执行 swap 函数前: pa = %d, pb = %d\n", pa, pb);
18       t=*pa;
19       *pa=*pb;
20       *pb=t;
21       printf("执行 swap 函数后: *pa = %d, *pb = %d\n", *pa, *pb);
22       printf("执行 swap 函数后: pa = %d, pb = %d\n", pa, pb);
23   }
```

例 6.4
讲解视频

运行结果如图 6.11 所示

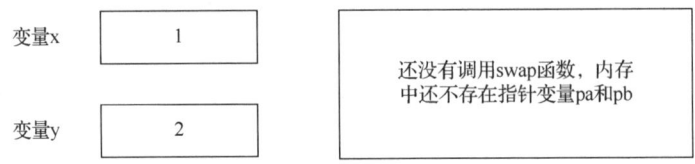

图 6.11 例 6.4 运行结果

代码分析：由结果可知，调用 swap 函数前后，实参 x 和 y 的值发生了交换；执行 swap 函数中交换操作的前后，"*pa"和"*pb"的值也发生了交换，但是 pa 和 pb 的值没有变化。

```
18  t=*pa;
19  *pa=*pb;
20  *pb=t;
```

上面三行代码交换的并不是形参 pa 和 pb，而是表达式"*pa"和"*pb"，根据指针和变量的关系，上面的代码就是借助形参 pa 和 pb，直接交换了实参 x 和 y 的值，形参 pa 和 pb 中的值没有变化。图 6.12～图 6.16 详细分析了例 6.4 的实参与形参进行地址传递，完成交换的过程。

(1) 调用 swap 函数前，变量 x 和变量 y 的情况如图 6.12 所示。

图 6.12 调用 swap 函数之前变量 x 和变量 y 的情况

(2) 调用 swap 函数时，实参和形参的数据传递情况如图 6.13 所示。

图 6.13 调用 swap 函数时的实参和形参的数据传递情况

(3) 执行 swap 函数中的交换操作之前，变量 x 和变量 y 的情况如图 6.14 所示。

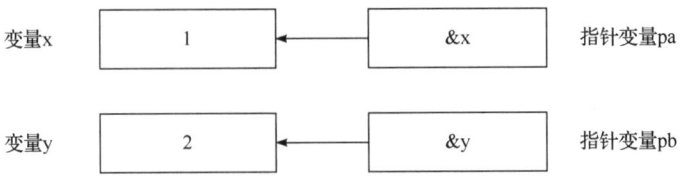

图 6.14 执行 swap 函数中交换操作前的变量 x 和变量 y 的情况

(4) 执行 swap 函数中的交换操作后，变量 x 和变量 y 的情况如图 6.15 所示。

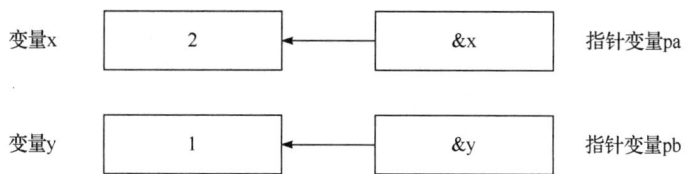

图 6.15 swap 函数中交换操作完成后的变量 x 和变量 y 的情况

(5) 调用 swap 函数后，变量 x 和变量 y 的情况如图 6.16 所示。

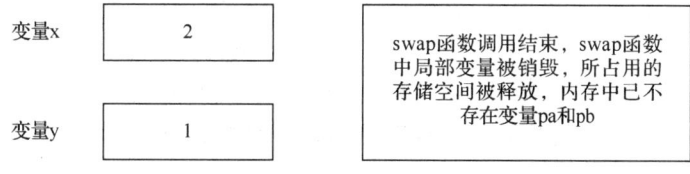

图 6.16 调用 swap 函数后变量 x 和变量 y 的情况

将例题中的 swap 函数修改成下面的两种错误的形式，再进行分析。

错误形式 1：

```
1    void swap(int *pa, int *pb)
2    {
3        int *t;
4        t=pa;
5        pa=pb;
6        pb=t;
7    }
```

分析：程序可以正确地编译和执行。在 swap 函数中，变量 pa、pb 和 t 都是指针变量。参与交换的是形参 pa 和 pb，不再是"*pa"和"*pb"，所以实参 x 和 y 不会发生交换。

执行 swap 函数中的交换操作前，变量 x 和变量 y 的情况如图 6.17 所示。

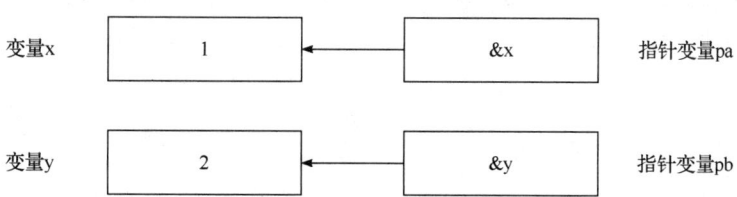

图 6.17 错误形式 1 交换操作之前变量 x 和变量 y 的情况

执行 swap 函数中的交换操作后，变量 x 和变量 y 的情况如图 6.18 所示。

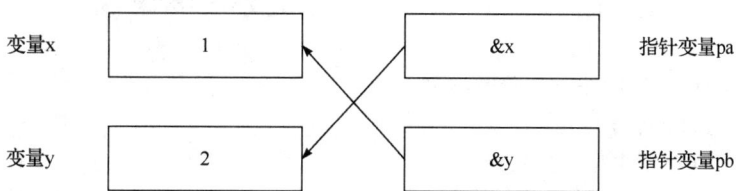

图 6.18 错误形式 1 交换操作之后变量 x 和变量 y 的情况

错误形式 2：

```
1   void swap(int *pa, int *pb)
2   {
3       int *t;
4       *t=*pa;
5       *pa=*pb;
6       *pb=*t;
7   }
```

分析：程序可以通过编译，但不能正确执行。swap 函数的意图是通过交换"*pa"和"*pb"，从而实现交换实参 x 和 y。但是指针变量 t 在定义后并没有进行初始化，也就是指针变量 t 中存储的值是未知的，那么"*t"极有可能表示内存中一个不存在的空间。所以在执行"*t=*pa"运算时，试图把实参 x 的值存储在不存在的空间，将导致程序运行出错。图 6.19 是错误形式 2 的运行结果。

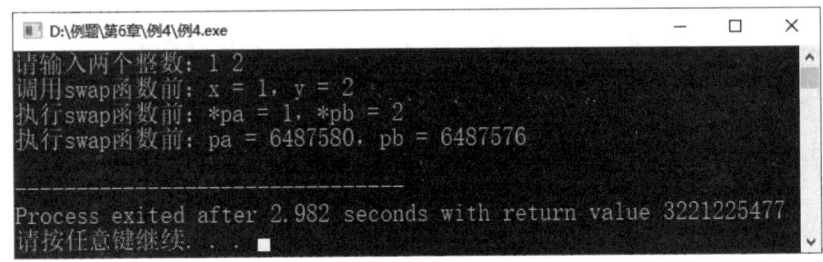

图 6.19　例 6.4 错误形式 2 的运行结果

6.3.2　返回指针的函数

函数也可以返回指针类型。定义返回指针的函数的语法格式为：

数据类型　*　函数名(参数列表)；

【例 6.5】编写函数 lookfor，功能是在字符串中查找字符，如果能找到，函数返回字符的地址，如果找不到，函数返回 0。

程序如下：

例 6.5
讲解视频

```
1   #include <stdio.h>
2   #define N 100
3   char *lookfor(char *, char);            //返回字符指针类型
4   int main( )
5   {
6       char array[N];                      //定义一个字符数组
7       char *position, c;
8       printf("请输入一个字符串:\n");
9       gets(array);
10      printf("请输入一个字符:\n");
11      c=getchar( );
```

```
12      position=lookfor(array, c);    //调用函数lookfor,把返回值存储在指针变量中
13      if(position!=0)
14      {
15          printf("%c的内存地址是%d\n", c, position);
16          printf("%c在数组中的偏移量是%d\n", c, position-array);
17      }
18      else
19      {
20          printf("%c不存在\n", c);
21      }
22      return 0;
23  }
24  char *lookfor(char *p, char ch)
25  {
26      while(*p!='\0')
27      {
28          if(*p==ch)
29              return p;
30          p++;
31      }
32      return 0;
33  }
```

运行结果如图 6.20 所示。

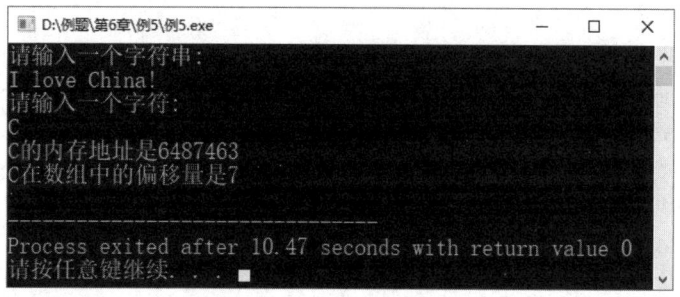

图 6.20 例 6.5 运行结果

代码分析：

```
3   char *lookfor(char *, char);
7   char *position, c;
```

lookfor 函数的返回值是指向字符类型的指针，和指针变量 position 类型一致。

```
6   char array[N];
```

该行代码定义了一个字符数组，用来存储输入的字符串。有关数组和字符串的内容将在第 7 章和第 8 章详细讲解。

```
12  position=lookfor(array, c);
```

该行代码调用 lookfor 函数,把返回值存储在指针变量 position 中。

```
15    printf("%c的内存地址是%d\n", c, position);
16    printf("%c在数组中的偏移量是%d\n", c, position-array);
```

指针 position 的值表示字符"c"的地址,数组名 array 的值是字符串首字符的地址,二者的差值表示字符"c"相对字符串首字符的偏移量。

6.3.3 指向函数的指针

函数在程序编译时会被分配一个入口地址,可以定义一个存储函数的入口地址的指针,使用该指针间接地访问一个函数,这样的指针可以称为函数指针。

可以通过改变该函数指针的值,使该指针指向其他函数,进而访问该函数。使用指向函数的指针,丰富了访问函数的手段,也增强了访问函数的灵活性。需要注意的是,函数指针所指向的函数都应该具有相同的返回值类型和参数列表。

定义函数指针的语法格式为:

指针所指向的函数的返回值类型 (*函数指针的名称) (指针所指向的函数的参数列表);

注意:定义语句中"* 函数指针的名称"必须使用小括号括起来。

【例 6.6】函数指针的应用代码示例。

程序如下:

例 6.6
讲解视频

```
1     #include <stdio.h>
2     int max(int, int);
3     int min(int, int);
4     int main( )
5     {
6         int (*p)(int, int);              //定义一个指向函数的指针
7         int a, b, c;
8         printf("请输入两个整型数据:");
9         scanf("%d %d", &a, &b);
10        p=max;                           //指针指向 max 函数
11        c=(*p)(a, b);                    //调用 max 函数
12        printf("max(%d, %d) = %d\n", a, b, c);
13        p=min;                           //指针指向 min 函数
14        c=(*p)(a, b);                    //调用 min 函数
15        printf("min(%d, %d) = %d\n", a, b ,c);
16        return 0;
17    }
18    int max(int x, int y)
19    {
20        return x > y ? x : y;
21    }
22    int min(int x, int y)
23    {
24        return x < y ? x : y;
25    }
```

运行结果如图 6.21 所示。

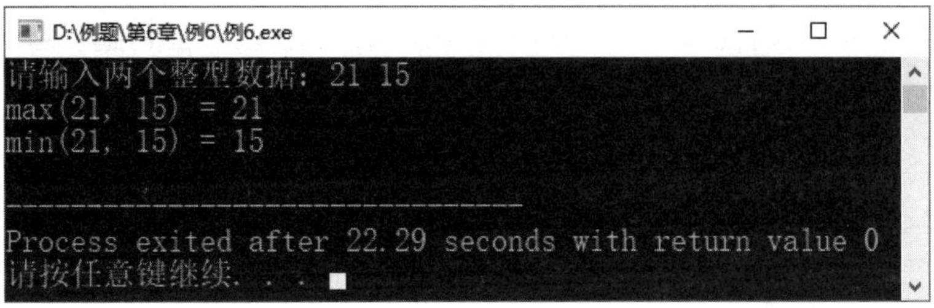

图 6.21　例 6.6 运行结果

代码分析：

```
6    int (*p)(int, int);
```

第 6 行代码定义了一个指向函数的指针 p，要求函数指针 p 具有和 max 函数、min 函数相同的返回值类型和参数列表。

```
10    p=max;
```

函数指针 p 指向 max 函数。

```
11    c=(*p)(a, b);
```

使用函数指针实现调用 max 函数的目的。

习　题

1. 简述变量和变量的指针有什么异同。
2. 写出下面程序的输出结果。

```
#include <stdio.h>
int main( )
{   int a, b=20, *t;
    t=&b;
    a=*t+10;
    printf("a=%d, b=%d\n", a, b);
    return 0;
}
```

3. 将下列程序补写完整。输入一个长方形的长度和宽度(均为整数)，若输入的长度和宽度都为正整数，则输出长方形的面积和周长，否则输出 "Invalid input."。

```
#include <stdio.h>
//此处添加 calculation 的函数定义
int main( )
{
    int length=0, width=0, area=0, perimeter=0;
```

```
        printf("Input the length and width of a rectangle: ");
        scanf("%d %d", &length, &width);
        int success=calculation(length, width, &area, &perimeter);
        if( success==1 )
        {   printf("area=%d, perimeter=%d\n", area, perimeter);   }
        else
        {   printf("Invalid input.\n"); }
        return 0;
}
```

4. 将下列程序补写完整，实现三个整数的升序排序功能。

```
#include <stdio.h>
//此处添加 sort 的函数定义
int main( )
{   int a, b, c;
    printf("Input 3 integers: ");
    scanf("%d %d %d", &a, &b, &c);
    printf("Before sorting: %d %d %d\n", a, b, c);
    sort(&a, &b, &c);
    printf("After sorting: %d %d %d\n", a, b, c);
    return 0;
}
```

5. 编写一个程序，定义一个整型、一个字符型和一个单精度浮点型的指针，并初始化。要求：
(1) 显示各个指针所指变量的值和地址。
(2) 显示各指针变量的值和其自身地址。

第 7 章 数 组

到目前为止，我们所使用的变量都有一个共同的特点，即每个变量只能存储一个数据项。如果要存储和输出 1000 个学生的成绩，就要定义 1000 个整型变量，假设这些变量被命名为 num1、num2、num3、…、num1000，然后输出所有变量的值。虽然变量的名称很有规律，但仍然无法直接通过循环语句来批量访问它们，只能使用 printf 函数逐一访问，这样的重复操作将耗费大量的时间和精力。

为了解决这个问题，C 语言提供了一种复合数据类型——数组。数组是可以把具有相同类型的若干变量按照有序的形式组织起来的集合。

表 7.1 中，"序号"列由整型数据组成，可以使用整型数组来存储；"成绩"列由浮点型数据组成，可以使用浮点型数组来存储；"代码"列由字符型数据组成，可以使用字符型数组来存储。

表 7.1 数据表

序号	成绩	代码
5	60.5	e
3	71.2	b
1	80	c
4	90.5	d
2	100	a

7.1 一维数组

7.1.1 一维数组的定义

一维数组定义的语法格式为：

数据类型 数组名[常量表达式];

这里，"数据类型"指定了数组中元素的基本数据类型(如 int、float 等)，"数组名"是为这个数组指定的名称，而"常量表达式"必须是一个在编译时就能确定其值的整数，用于指定数组的大小。

以表 7.1 所示的数据表的"序号"列为对象，定义数组 code，形式如下所示：

```
int code[5];
```

或者

```
#define NUMBER 5
```

```
int code[NUMBER];
```

上面两种形式的作用相同,定义了一个名称为 code 的整型数组。code 数组包括 5 个整型变量,称它们为数组元素,这 5 个数组元素分别是 code[0]、code[1]、code[2]、code[3]和 code[4]。C 语言中数组元素的下标从 0 开始。

以 code[2]为例,中括号中的数字 2 称为数组下标,code[2]是 code 数组中下标为 2 的元素。code 数组中数组元素和值的关系如表 7.2 所示。

表 7.2 数组元素和值的关系

数组元素	值
code[0]	5
code[1]	3
code[2]	1
code[3]	4
code[4]	2

数组在内存中占据连续的存储区域。假设数组元素 code[0]的存储地址是 1234,那么数组元素和存储地址的关系如图 7.1 所示。

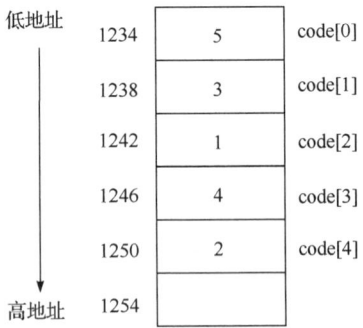

图 7.1 数组元素和存储地址的关系

在定义数组时,中括号中的值表示数组中数组元素的个数,而且必须是常量表达式;在使用数组元素时,数组元素的下标总是从 0 开始的。

(1) 定义一个能存储 5 个字符的字符型数组,可以写成下面的形式:

```
char name[2+3];          //正确,中括号中的值可以是常量表达式
```

(2) 定义一个能存储 500 个 double 类型数据的浮点型数组,可以写成下面的形式:

```
#define MAX 100
double score[5*MAX];     //正确
```

(3) 定义数组时,中括号中的值必须是常量表达式,而且值必须大于等于 1。

```
int num=20;
float array[num];        //错误,定义数组时,中括号中必须是常量表达式
float array[0];          //错误,定义数组时,中括号中的值必须大于 1
```

(4) 定义和使用数组时必须使用中括号"[ ]"。

```
int grade(10);              //错误，混淆了数组定义和函数声明的语法
```

(5) 定义一个能存储 50 个整型数据的数组。

```
int arr[49];                //错误
```

分析：定义时，中括号中的 49 表示数组只能容纳 49 个元素，数组元素的下标范围为 0～48，没有足够的空间存储 50 个数据。

(6) 使用数组元素。

```
int code[5];
code[0]=1;                  //正确，将 code[0]元素赋值为 1
int num=2;
code[num]=2;                //正确
```

分析：使用数组元素时，中括号中的值可以是常量，也可以是变量，code[num]等价于 code[2] = 2。

```
code[0]=code[0]+12;         //正确
num=code[0]+code[num];      //正确，等价于 num=1+2
code[5]=5;                  //错误，下标出界，数组元素的下标范围为 0～4
```

【例 7.1】一维数组的定义。

程序如下：

```
1   #include <stdio.h>
2   #define NUMBER 5
3   int main( )
4   {
5       int i;
6       int code[NUMBER];           //定义整型数组
7       int sum=0;
8       printf("请输入 5 个正整数\n");
9       for(i=0; i<5; i++)
10      {   printf("第%d个: ", i+1);
11          scanf("%d", &code[i]);          //数组元素初始化
12      }
13      printf("输入的整数是：\n");
14      for(i=0; i<5; i++)
15      {   printf("%d\t",code[i]);
16          sum+=code[i];                   //累加数组元素
17      }
18      printf("\n 累加和是%d\n", sum);
19      return 0;
20  }
```

例 7.1
讲解视频

运行结果如图 7.2 所示。

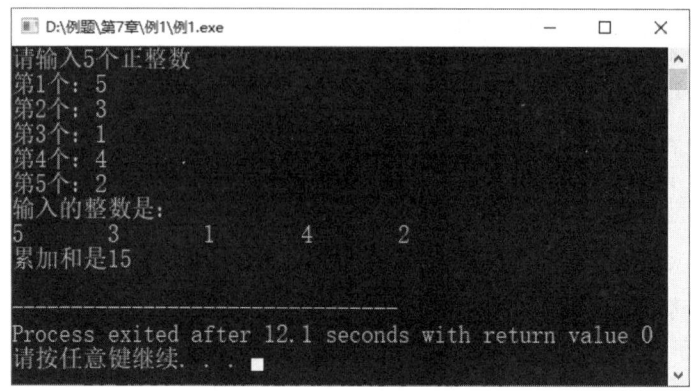

图 7.2 例 7.1 运行结果

代码分析：

6 int code[NUMBER];

该行代码定义了包含 5 个 int 类型元素的数组 code。

9 for(i=0; i<5; i++)
11 scanf("%d", &code[i]);

程序使用循环变量 i 作为 code 数组的下标，因为 code 数组元素的下标范围为 0~4，所以循环变量 i 的范围也是 0~4。

格式化输入函数 scanf 的第二部分参数是地址列表，表达式"&code[i]"表示数组元素"code[i]"的地址。

7.1.2 一维数组的地址

数组在内存中占据一块连续的存储区域，仍以 int 类型的 code 数组为例，因为每个 int 元素占用 4 字节，code 数组占据了内存中以元素 code[0]的地址为起始地址的连续 20 字节。那么，如果知道了数组元素 code[0]的地址，code 数组中其他元素的地址分别是多少呢？

根据数组元素和存储地址的关系，code[1]的地址等于在 code[0]地址的基础上增加 4 字节，code[2]的地址等于在 code[1]地址的基础上再增加 4 字节，也就是在 code[0]地址的基础上增加 8 字节，以此类推。

要获取某个变量 x 的地址，可以使用取地址运算符，通过表达式"&x"来获取。同样地，要获取某个数组元素如 code[0]的地址，可以通过表达式"&code[0]"来获取，因为中括号"[ ]"的优先级高于取地址运算符"&"，所以 code[0]将作为一个整体首先被解析。

因为 code[0]元素是数组的第 1 个元素，所以它的地址"&code[0]"就是整个 code 数组的起始地址。为了能让用户更方便地获取一维数组 code 的起始地址，编译器在定义 code 数组并为其分配存储空间时，就已经在内存中自动创建了一个存储空间，用来存储这个数组的起始地址，用户可以通过使用一维数组的数组名 code 来访问该地址值。因此，直接使用数组名 code 就可以代表数组的起始地址，而无须显式地使用"&code[0]"。

【例 7.2】 一维数组地址的应用代码示例。

程序如下：

```
1   #include <stdio.h>
2   int main( )
3   {
4       int code[5];                                    //定义整型数组
5       int i;
6       printf("数组元素的值：\n");
7       for(i=0; i<5; i++)
8       {
9          code[i]=i+1;                                 //数组元素初始化
10         printf("code[%d] = %d ", i, code[i]);
11      }
12      printf("\n");
13      printf("数组元素的地址：\n");
14      for(i=0; i<5; i++)
15      {
16         printf("&code[%d] = %d\n", i, &code[i]);  //输出数组元素的地址
17      }
18      printf("数组名 code 的值：\n");
19      printf("code = %d\n", code);                    //输出数组名
20      return 0;
21  }
```

运行结果如图 7.3 所示。

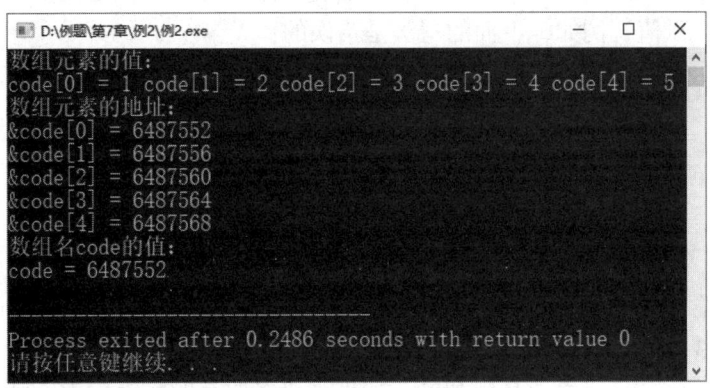

图 7.3　例 7.2 运行结果

代码分析：

9　code[i]=i+1;

设置数组元素的值等于该元素下标加 1。

16　printf("&code[%d] = %d\n", i, &code[i]);

表达式"&code[i]"表示数组元素 code[i] 的地址。

```
19    printf("code = %d\n",code);
```

一维数组的数组名 code 表示该数组的起始地址，与表达式 "&code[0]" 的值相同。

7.1.3 一维数组的初始化

code 数组不同形式的初始化的含义如下。

(1) 形式 1：

```
int code[5]={5, 3, 1, 4, 2};
```

code 数组包含 5 个整型元素，初始化后，code[0]=5、code[1]=3、code[2]=1、code[3]=4 和 code[4]=2。如果大括号内元素太多，可以在大括号内键入回车符，例如：

```
char name[10]={'h', 'e', 'l', 'l', 'o',
               'w', 'o', 'r', 'l', 'd'};
```

(2) 形式 2：

```
int code[ ]={5, 3, 1, 4, 2};
```

当中括号中省略数组元素个数时，数组元素个数由大括号中数据的个数来确定。code 数组包含 5 个整型元素，初始化后，code[0]=5、code[1]=3、code[2]=1、code[3]=4 和 code[4]=2。

如果在定义数组时，采用省略中括号中元素个数的方式，那么就必须在定义时对数组进行初始化，下面的写法是错误的：

```
int code[ ];              //错误
```

在定义数组时，无论是否对数组进行了初始化，之后都不能再对数组进行整体赋值，只能对数组元素单个赋值，例如，下面的写法是错误的：

```
int code[5];
code={5, 3, 1, 4, 2};     //错误
```

(3) 形式 3：

```
int code[5]={5, 3};
```

code 数组包含 5 个整型元素，但大括号内只有两个数据，初始化后，code[0]=5、code[1]=3、code[2]=0、code[3]=0 和 code[4]=0。

数组没有初始化时，元素值是未知的，如果需要将所有的数组元素值都初始化为 0，下面的写法比较简洁：

```
int code[5]={0};    //等价于 int code[5]={0, 0, 0, 0, 0};
```

和静态局部变量一样，静态数组只定义而不初始化，所有数组元素值默认都是 0，例如：

```
static int code[5];
```

使用上面的定义方式，静态数组 code 中的 5 个数组元素初值都为 0。

【例 7.3】 一维数组的初始化。

程序如下：

```
1   #include <stdio.h>
2   int main( )
3   {
4       int i;
5       int num;
6       char name[ ]={'h', 'e', 'l', 'l', 'o', ' ', 'w', 'o', 'r',
            'l', 'd', '!'};                    //定义并初始化数组
7       num=sizeof(name)/sizeof(char);    //测量数组中元素的个数
8       printf("顺序: ");
9       for(i=0; i<num; i++)
10      {  printf("%c", name[i]);    }
11      printf("\n逆序: ");
12      for(i=num-1; i>=0; i--)
13      {  printf("%c", name[i]);    }
14      printf("\n");
15      return 0;
16  }
```

运行结果如图 7.4 所示。

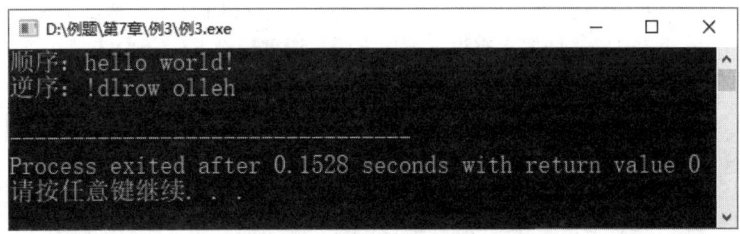

图 7.4　例 7.3 运行结果

代码分析：

`6   char name[ ]={'h', 'e', 'l', 'l', 'o', ' ','w', 'o', 'r', 'l', 'd', '!'};`

该行代码定义字符数组 name 并初始化。

`7   num=sizeof(name)/sizeof(char);`

该行代码计算 name 数组中元素的个数。当数组元素较多时，通过人工计数的方式来获知元素的个数显然不是好的方法。运算符 sizeof 可以测量编译器为任何数据类型或变量提供的存储空间的大小。表达式"sizeof(char)"的值为 1，即 char 类型在内存中占 1 字节，表达式"sizeof(name)"的值是 12，即 name 数组中所有数组元素在内存中占用的字节之和。它们的商就表示数组 name 中可以容纳字符的个数。

`12   for(i=num-1; i>=0; i--)`

name 数组的第 1 个元素的下标是 0，最后一个元素的下标是 num-1。循环变量 i 从大到

小逆序访问 name 数组的所有元素。

7.1.4 一维数组的使用

【**例 7.4**】从键盘上输入一批范围在[0, 100]的成绩，存入数组中，以负数作为输入结束标记，然后以一行 6 个数据显示输入的有效成绩，并求出这批成绩的总分、平均分、最大值、最小值和最值对应的下标。

程序如下：

例 7.4
讲解视频

```
1     #include <stdio.h>
2     #define Max_size 100    //符号常量，代表存放成绩的数组的最大容量
3     int main( )
4     {
5         int i=0, j=0, score_num=0;
6         float Sum_score=0, Ave_score=0;      //总分，平均分
7         float Max_score=0, Min_score=0;      //最大值，最小值
8         int maxpos, minpos;                  //最值对应的数组下标
9         float arr_score[Max_size], score;    //存放成绩的数组，存储输入的临时变量
10        printf("请输入成绩，以负数结束！\n");
11        scanf("%f", &score);
12        while(score>=0)                      //如果输入的是正数，进行后续处理
13        {
14            if(score>100)                    //超出约定的成绩上界
15            {   printf("输入有误，超出上限，请重新输入！\n");
16                scanf("%f", &score);
17                continue;                    //跳过本次循环，回到循环开始的地方，执
                                                 行下一次循环
18            }
19            arr_score[score_num]=score;
20            score_num ++;
21            scanf("%f", &score);
22        }
23        if(score_num>0)                      //如果存在有效成绩，则求解总分等
24        {
25            printf("本次共输入%d 个有效成绩，具体如下：\n", score_num);
26            for(i=0; i<score_num; i++)
27            {   printf("%.2f\t", arr_score[i]);
28                j ++;
29                if((j % 6)==0)               //一行显示 6 个，够 6 个换行
30                {   printf("\n");
31                    j=0;
32                }
33            }
34            printf("\n");
35            Max_score=arr_score[0];          //将第 1 个数据作为当前的最大值和最小值
36            Min_score=arr_score[0];
```

```
37              maxpos=0;
38              minpos=0;
39              Sum_score=Sum_score + arr_score[0];
40              for(i=1; i<score_num; i++)    //采用打擂台的思想求最值
41              {   if(arr_score[i]>Max_score)
42                  {   Max_score=arr_score[i];
43                      maxpos=i;
44                  }
45                  if(arr_score[i]<Min_score)
46                  {   Min_score=arr_score[i];
47                      minpos=i;
48                  }
49                  Sum_score=Sum_score + arr_score[i];
50              }
51              Ave_score=Sum_score/score_num;
52              printf("其中: \n", score_num);
53              printf("总分为%.2f, 平均分为%.2f, ", Sum_score, Ave_score);
54              printf("最大值是%.2f, 下标是%d, ", Max_score, maxpos);
55              printf("最小值是%.2f, 下标是%d\n", Min_score, minpos);
56          }
57          else
58          {
59              printf("本次没有输入有效的成绩! \n");
60          }
61          return 0;
62      }
```

运行结果如图 7.5 所示。

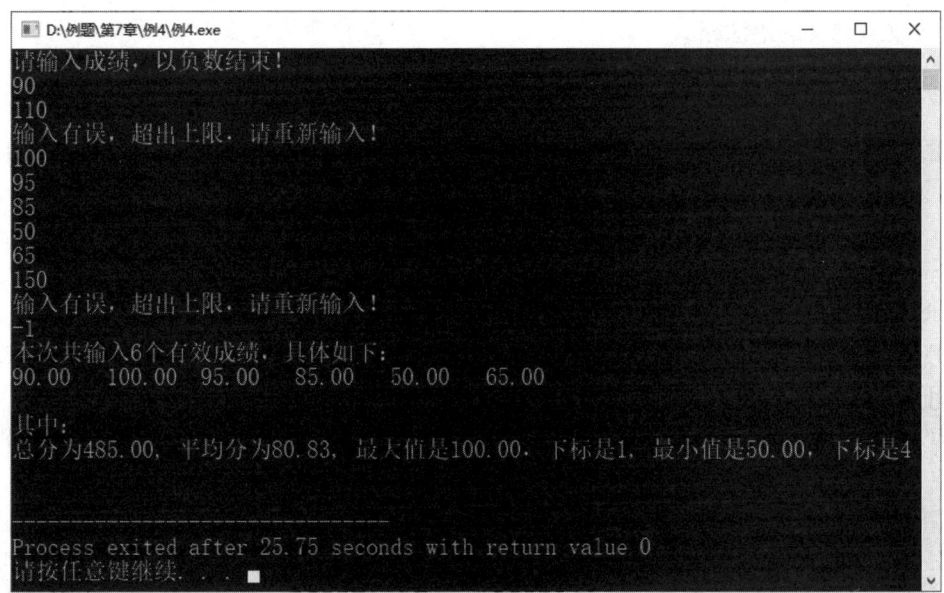

图 7.5 例 7.4 运行结果

代码分析：

```
2   #define Max_size 100
```

该行代码定义了符号常量 Max_size，代表存放成绩的数组的最大容量。

```
14   if(score>100)           //超出约定的成绩上界
15   {    printf("输入有误，超出上限，请重新输入！\n");
16        scanf("%f", &score);
17        continue;          //跳过本次循环，回到循环开始的地方，执行下一次循环
18   }
```

该 if 语句的作用是：如果输入的成绩值超过 100，输出提示信息并再次进行输入，执行 continue 语句，直接跳过当前循环的剩余部分(即 19～21 行代码)，回到 12 行开始下一轮的循环处理。

```
29   if((j%6)==0)
30   {    printf("\n");
31        j=0;
32   }
```

变量 j 记录了当前一行输出数据的个数，如果达到 6 个就换行显示，同时 j 恢复为 0。

本程序采用了 4.6 节实现的小小计算器 3.0 中的成绩统计方法，求解出存储在数组中的有效成绩的最大值、最小值、总分和平均分。

7.2 多维数组

7.2.1 二维数组的定义

二维数组定义的语法格式为：

数据类型 数组名[常量表达式1][常量表达式2];

"常量表达式 1"表示第一维下标的长度，"常量表达式 2"表示第二维下标的长度。

定义一个 3 行 4 列的二维整型数组如下所示：

```
int grade[3][4];
```

该 grade 数组包括 12 个整型元素，具体数组元素为 grade[0][0]、grade[0][1]、grade[0][2]、grade[0][3]、grade[1][0]、grade[1][1]、grade[1][2]、grade[1][3]、grade[2][0]、grade[2][1]、grade[2][2]、grade[2][3]。

假设数组元素 grade[0][0]的存储地址是 1234，那么数组元素和存储地址的关系如图 7.6 所示。

二维数组 grade 在内存中是以行序为主序存储的，也就是先存储行下标为 0 的第 1 行的 4 个元素，再存储行下标为 1 的第 2 行的 4 个元素，以此类推。每行元素在存储时，先存储列下标为 0 的第 1 列元素，然后存储列下标为 1 的第 2 列元素，最后存储列下标为 3 的第 4 列元素。

定义一个能存储 5 行 10 列，共 50 个整型数据的数组，下面的定义形式是错误的。

```
int arr[5][9];              //错误
```

分析：二维数组 arr 可以存储 5 行 9 列数据，即 45 个数据，没有足够的空间存储 50 个数据。

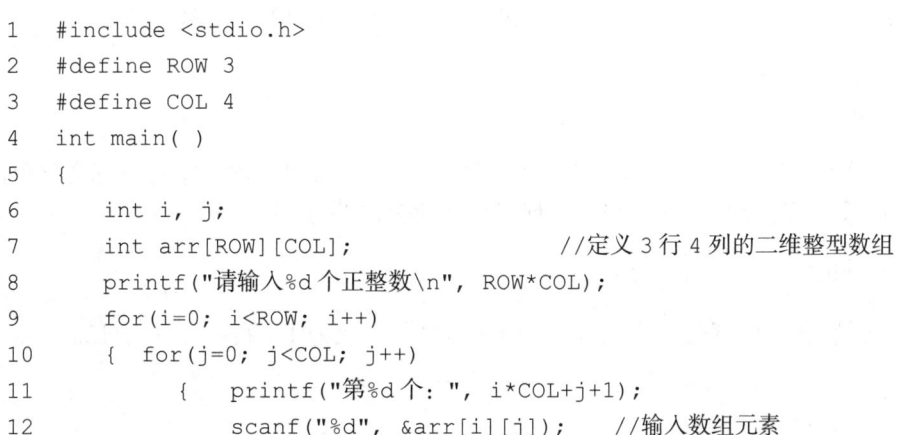

图 7.6　数组元素和存储地址的关系

如果已经正确定义一个能存储 5 行 10 列个整型数据的数组 int arr[5][10]，下面的使用形式是错误的。

```
arr[5][10]=45;              //错误
```

在使用二维数组 arr 的元素时，它的行下标范围为 0~4，列下标范围为 0~9，元素 arr[5][10] 根本不存在。arr 的元素分别是：arr[0][0]，arr[0][1]，…，arr[0][8]，arr[0][9]，arr[1][0]，arr[1][1]，…，arr[4][8]，arr[4][9]。

【例 7.5】二维数组的定义。

程序如下：

```
1   #include <stdio.h>
2   #define ROW 3
3   #define COL 4
4   int main( )
5   {
6       int i, j;
7       int arr[ROW][COL];              //定义3行4列的二维整型数组
8       printf("请输入%d个正整数\n", ROW*COL);
9       for(i=0; i<ROW; i++)
10      {   for(j=0; j<COL; j++)
11          {   printf("第%d个: ", i*COL+j+1);
12              scanf("%d", &arr[i][j]);     //输入数组元素
```

例 7.5
讲解视频

```
13              }
14          }
15          printf("输入的整数是：\n");
16          for(i=0; i<ROW; i++)
17          {   for(j=0; j<COL; j++)
18              {   printf("%d\t", arr[i][j]);   }      //输出数组元素
19              printf("\n");
20          }
21          return 0;
22      }
```

运行结果如图7.7所示。

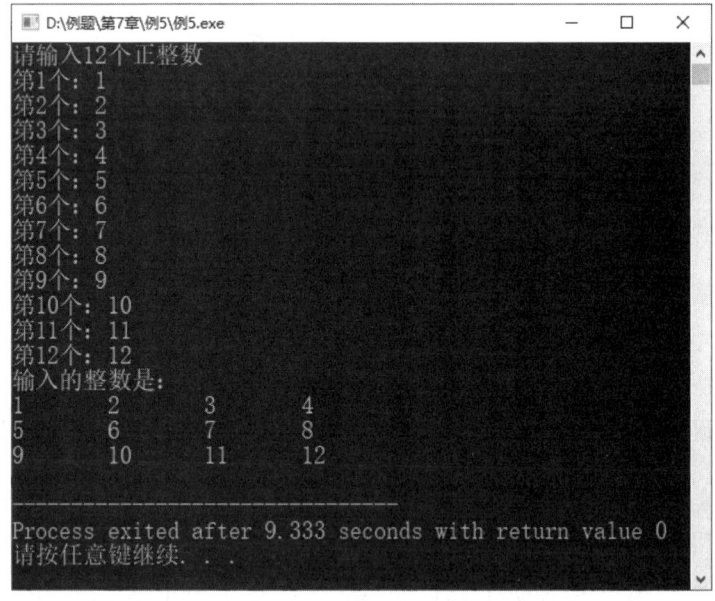

图7.7 例7.5运行结果

代码分析：

```
7   int arr[ROW][COL];
```

该行代码定义了二维整型数组arr，数组包括3行4列，共12个元素。

```
9   for(i=0; i<ROW; i++)
10  for(j=0; j<COL; j++)
```

使用双for循环控制arr数组元素，外层for循环用i控制行下标变化，行下标变化范围为0～2；内层for循环用j控制列下标变化，列下标变化范围为0～3。

```
11  printf("第%d个：", i*COL+j+1);
```

根据循环变量i和j的变化，表达式"i*COL+j+1"依次为1、2、…、11、12。

7.2.2 二维数组的地址和初始化

二维数组在内存中同样占据一块连续的存储区域，仍以 int 类型的 arr 数组为例，它占据了内存中以元素 arr[0][0]的地址为起始地址的连续 48 字节。

可以通过表达式"&arr[0][0]"来获取 arr[0][0]元素的地址。C 语言中以行序为主序的存储方式决定了 arr[0][1]的地址等于 arr[0][0]的地址加 4；arr[1][0]元素的地址等于 arr[0][0]元素的地址加 16；arr[2][0]元素的地址等于 arr[0][0]元素的地址加 32；arr[2][3]元素的地址等于 arr[2][0]元素的地址加 12，也就是 arr[0][0]元素的地址加 44。

定义二维数组并初始化的形式如下。

(1) 形式 1：

```
int grade[3][4]={{1, 2, 3, 4}, {5, 6, 7, 8}, {9, 10, 11, 12}};
```

也可以省略内层大括号，形式如下：

```
int grade[3][4]={1, 2, 3, 4, 5, 6, 7, 8, 9, 10, 11, 12};
```

(2) 形式 2：

```
int grade [ ][4]={{1, 2, 3, 4}, {5, 6, 7, 8}, {9, 10, 11, 12}};
```

或者

```
int grade [ ][4]={1, 2, 3, 4, 5, 6, 7, 8, 9, 10, 11, 12};
```

在对包括二维数组在内的多维数组进行初始化时，可以省略距离数组名称最近的第 1 维的维度值，编译器会根据赋值符号右侧集合中的元素个数统计出第 1 维的维度值。但是要注意，对于多维数组，即使数组的维数很多，在初始化时最多也只能省略第 1 维的维度值，其他维度的值必须保留。

(3) 形式 3：

```
int grade[3][4]={{1, 2, 3}, {5, 6}, {9}};
```

或者

```
int grade[ ][4]={{1, 2, 3}, {5, 6}, {9}};
```

数组 grade 有 12 个元素，未被赋值的数组元素值为 0，如下：grade[0][0] = 1、grade[0][1] = 2、grade[0][2] = 3、grade[0][3] = 0、grade[1][0] = 5、grade[1][1] = 6、grade[1][2] = 0、grade[1][3] = 0、grade[2][0] = 9、grade[2][1] = 0、grade[2][2] = 0、grade[2][3] = 0。

在初始化时，如果省略赋值符号右侧集合的内层大括号，含义与省略前就不同了，如下面的形式：

```
int grade[ ][4]={1, 2, 3, 5, 6, 9};
```

因为省略了 grade 数组第 1 维的维度值，所以编译器将根据右侧集合中元素的个数确定第 1 维的维度值。右侧集合中共有 6 个数值，而 grade 数组明确指出每行有 4 个元素，所以编译器将为 grade 数组分配 2 行 4 列共 8 个存储空间，元素值初始化如下：grade[0][0] = 1、grade[0][1] = 2、 grade[0][2] = 3、grade[0][3] = 5、grade[1][0] = 6、grade[1][1] = 9、grade[1][2] = 0、grade[1][3] = 0。

如果要将二维数组所有元素值初始化为 0，下面的写法比较简洁：

```
int grade[3][4]={0};
```

7.2.3 二维数组的使用

【**例 7.6**】求由 4 行 4 列构成的二维数组主对角线元素值之和。

程序如下：

```
1   #include <stdio.h>
2   #define N 4
3   int main( )
4   {       //定义并初始化二维数组
5       int array[N][N]={{1, 2, 3, 4}, {5, 6, 7, 8},{9, 10, 11, 12}, {13, 14, 15, 16}};
6       int i, j;
7       int sum=0;                          //统计累加和
8       printf("原矩阵：\n");
9       for(i=0; i<N; i++)                  //双循环控制数组元素
10      {
11          for(j=0; j<N; j++)
12          {
13              if(i==j)                    //主对角线元素行号与列号相同
14              {
15                  sum+=array[i][j];
16              }
17              printf("%d\t", array[i][j]);
18          }
19          printf("\n");
20      }
21      printf("对角线和等于%d\n", sum);
22      return 0;
23  }
```

运行结果如图 7.8 所示。

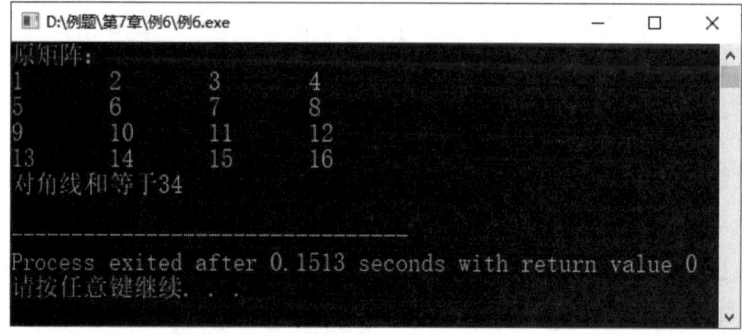

图 7.8 例 7.6 运行结果

代码分析:

```
9      for(i=0; i<N; i++)
11         for(j=0; j<N; j++)
```

使用双 for 循环控制 array 数组元素,外层 for 循环控制行号变化,行号变化范围为 0～3;内层 for 循环控制列号变化,列号变化范围也是 0～3。

```
15         sum+=array[i][j];
```

利用主对角线元素的行号与列号相等的条件,对满足"i==j"条件的数组元素累加求和。

【例 7.7】已知数组 array 是一个 4 行 4 列的数组,在不额外定义其他数组的前提下,将数组 array 转置。转置就是将 array[i][j]和 array[j][i]相互交换。

程序如下:

```
1   #include <stdio.h>
2   #define N 4
3   int main( )
4   {
5       int i, j, temp;
6       int array[N][N]={{1, 2, 3, 4}, {5, 6, 7, 8},{9, 10, 11, 12}, {13, 14, 15, 16}};
7       printf("原矩阵:\n");
8       for(i=0; i<N; i++)
9       {
10          for(j=0; j<N; j++)
11          {
12              printf("%d\t", array[i][j]);
13          }
14          printf("\n");
15      }
16      for(i=0; i<N; i++)
17      {
18          for(j=i; j<N; j++)
19          {
20              temp=array[i][j];
21              array[i][j]=array[j][i];
22              array[j][i]=temp;
23          }
24      }
25      printf("转置矩阵:\n");
26      for(i=0; i<N; i++)
27      {   for(j=0; j<N; j++)
28          {
29              printf("%d\t", array[i][j]);
30          }
31          printf("\n");
```

```
32      }
33      return 0;
34  }
```

运行结果如图 7.9 所示。

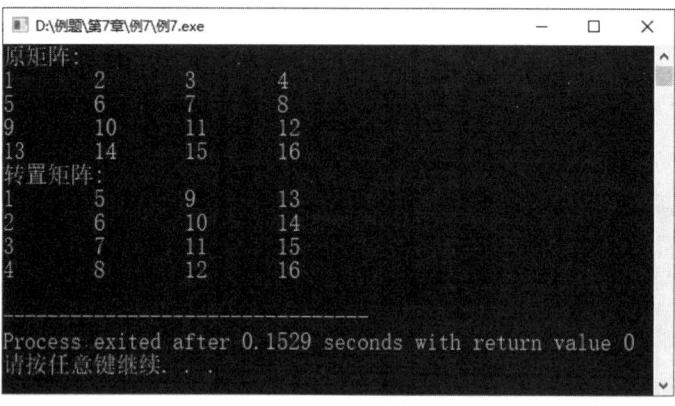

图 7.9　例 7.7 运行结果

代码分析：

```
16      for(i=0; i<N; i++)
18          for(j=i; j<N; j++)
```

二维数组转置是指数组元素行列互换。第 16 行代码中，循环变量 i 控制数组行号，第 18 行代码中，循环变量 j 控制数组列号，j 的范围为 i～N−1，表示只访问数组的右上三角部分。

```
20      temp=array[i][j];
21      array[i][j]=array[j][i];
22      array[j][i]=temp;
```

上面三行代码完成 array[i][j] 和 array[j][i] 的交换操作，从而实现行列互换。

【例 7.8】求二维数组的最大值、最小值及最值所在下标。

例 7.8
讲解视频

程序如下：

```
1   #include <stdio.h>
2   #include <stdlib.h>
3   #include <time.h>
4   #define N 4
5   int main( )
6   {
7       int i, j;
8       int array[N][N];
9       int max, maxrow=0, maxcol=0;
10      int min, minrow=0, mincol=0;
11      srand((unsigned) time(NULL));
12      for(i=0; i<N; i++)
13      {   for(j=0; j<N; j++)
```

```
14                  {   array[i][j]=1+rand( )%100;
15                      printf("%d\t", array[i][j]);
16                  }
17              printf("\n");
18          }
19      max=array[0][0];
20      min=array[0][0];
21      for(i=0; i<N; i++)
22          {   for(j=0; j<N; j++)
23              {   if(max<array[i][j])
24                  {   max=array[i][j];
25                      maxrow=i;
26                      maxcol=j;
27                  }
28                  if(min>array[i][j])
29                  {   min=array[i][j];
30                      minrow=i;
31                      mincol=j;
32                  }
33              }
34          }
35      printf("最大值是array[%d][%d]=%d\n", maxrow, maxcol, max);
36      printf("最小值是array[%d][%d]=%d\n", minrow, mincol, min);
37      return 0;
38  }
```

运行结果如图 7.10 所示。

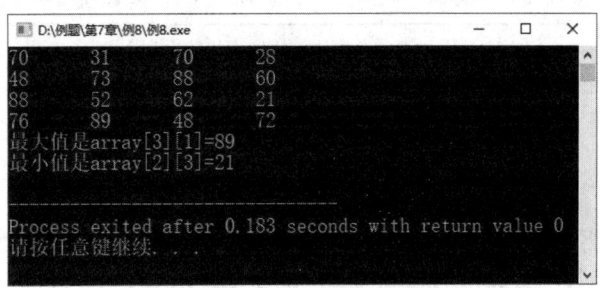

图 7.10　例 7.8 运行结果

代码分析：

`11　srand((unsigned) time(NULL));`

该行代码调用 time 函数获取系统时间，并以系统时间作为 srand 函数的参数生成随机数的种子。

`14　array[i][j]=1+rand( )%100;`

该行代码生成范围为 1～100 的随机数。

```
19    max=array[0][0];
20    min=array[0][0];
```

本例题采用"打擂台"的思想求最值。第 19 行和第 20 行代码的作用是给最大值和最小值赋初值,以便它们参与接下来的比较运算。事实上,任取 array 数组元素赋给 max 和 min 当初值,都不影响 max 和 min 最终的计算结果。

7.2.4 多维数组基础

在 C 语言中可以定义更大维度的数组以满足程序设计的需要。

为了更好地理解多维数组,我们把数组比作书:一维数组就像书中的一行文字;二维数组就像书中的一页文字,包括多行文字;三维数组就像一本书,包括多页文字;四维数组就像书架中的一层,包括一层的书;五维数组就像一个书架,包括书架的多层;六维数组就像图书馆,包括多个书架……

定义一个三维数组:

```
int point[2][3][4];
```

三维数组 point 共有 $2 \times 3 \times 4 = 24$ 个数组元素,在内存中,point 数组的 24 个元素地址从低到高的存储顺序如图 7.11 所示。

| point[0][0][0] → point[0][0][1] → point[0][0][2] → point[0][0][3] → |
| point[0][1][0] → point[0][1][1] → point[0][1][2] → point[0][1][3] → |
| point[0][2][0] → point[0][2][1] → point[0][2][2] → point[0][2][3] → |
| point[1][0][0] → point[1][0][1] → point[1][0][2] → point[1][0][3] → |
| point[1][1][0] → point[1][1][1] → point[1][1][2] → point[1][1][3] → |
| point[1][2][0] → point[1][2][1] → point[1][2][2] → point[1][2][3] |

图 7.11 三维数组的存储形式

7.3 数组作为函数的参数

如何把数组元素作为参数传递给函数呢?又如何把数组作为参数传递给函数呢?

把数组元素作为函数的参数传递和传递一般的变量在语法上是相同的。把数组作为函数的参数传递时,实参数组和形参数组将指向内存中同一块存储空间,改变形参数组元素的值就是改变实参数组元素的值。因此,在函数内部对形参数组所做的任何修改都会反映到实参数组上。

【例 7.9】数组作为函数参数的应用代码示例。

程序如下:

```
1    #include <stdio.h>
2    #define N 10
3    void changevalue(int);                //修改数组元素
4    void changearray(int[ ], int);        //修改数组,第 1 个参数是整型数组类型
5    void show(int[ ], int);               //输出数组元素
```

```
6   int main( )
7   {
8       int arr[N];
9       int i;
10      for(i=0; i<N; i++)
11      {   arr[i]=i+1;   }
12      printf("初始值：\n");
13      show(arr, N);
14      for(i=0; i<N; i++)
15      {   changevalue(arr[i]);   }       //循环修改数组元素
16      printf("调用changevalue函数后：\n");
17      show(arr, N);
18      changearray(arr, N);                //整体修改数组
19      printf("调用changearray函数后：\n");
20      show(arr, N);
21      return 0;
22  }
23  void changevalue(int value)
24  {   value*=10;   }
25  void changearray(int array[ ], int num)
26  {   int i;
27      for(i=0; i<num; i++)
28          array[i]*=10;
29  }
30  void show(int array[ ], int num)
31  {   int i;
32      for(i=0; i<num; i++)
33          printf("%d  ", array[i]);
34      printf("\n");
35  }
```

运行结果如图 7.12 所示。

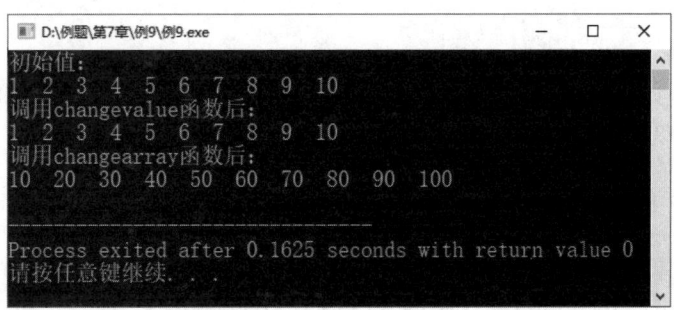

图 7.12 例 7.9 运行结果

代码分析：

```
3   void changevalue(int);
15  changevalue(arr[i]);
```

声明 changevalue 函数，它有一个整型参数。调用 changevalue 函数时，以数组元素 arr[i] 作为其参数逐一传递。因为函数调用时形参不会影响实参，所以 changevalue 函数调用前后实参 arr 数组元素值没有发生变化。

```
4    void changearray(int[ ], int);
18   changearray(arr, N);
```

声明 changearray 函数，它有两个参数，第一个参数是一个整型数组，第二个参数是一个整数，用来表示数组中元素的个数。

需要注意的是，第 18 行代码调用 changearray 函数时，因为第一个参数是整型数组类型，所以传递的应该是一维数组的数组名 arr。

下面的函数调用写法是错误的：

```
changearray(arr[10], N);          //错误
```

把第一个参数写成 arr[10]，表示传递的是数组元素，也就是 int 类型的变量，而不是整个数组。这时编译器会报错，因为声明的 changearray 函数第一个参数类型是"int [ ]"，表示整型数组，所以会产生函数调用时传递的参数类型和函数声明、定义时数据类型不一致的错误。另外，主函数中定义的数组 arr 只包括 10 个元素，数组元素的下标范围为 0~9，使用的 arr[10] 本身就已经出错了，因为数组 arr 的下标范围是 0~9。

```
5    void show(int[ ], int);
13   show(arr, N);
```

show 函数的功能是输出数组，show 函数定义了一次却调用了多次，体现出了函数的优点：提高代码重复使用率、减少代码的编写量、提高代码的正确率。

【例 7.10】生成一个包含 9 个元素的一维数组，将数字 1~9 随机摆放其中，要求 9 个数字不重复出现。

例 7.10
讲解视频

程序如下：

```
1    #include <stdio.h>
2    #include <stdlib.h>
3    #include <time.h>
4    #define N 9
5    int test(int, int[ ], int);   //判断随机数是否存在于数组中，不存在返回1，存在返回0
6    void show(int [ ], int);
7    int main( )
8    {
9        int arr[N];
10       int i;
11       srand((unsigned) time(NULL));      //随机数播种
12       i=0;
13       while(i<N)                          //控制输出 9 个数
14       {
15           int temp;
16           temp=1+rand( )%N;              //产生范围为 1~9 的随机数
```

```
17          if(test(temp, arr, i)==1)    //测试该随机数是否已存在于数组1到i范围内
18          {
19              arr[i]=temp;
20              i++;
21          }
22      }
23      show(arr, N);
24      return 0;
25  }
26  int test(int value, int array[ ], int num)
27  {
28      int i;
29      for(i=0; i<num; i++)
30      {
31          if(value==array[i])
32              return 0;
33      }
34      return 1;     //程序执行到此处说明数组元素中没有和value相等的元素
35  }
36  void show(int array[ ], int num)
37  {
38      int i;
39      for(i=0; i<num; i++)
40          printf("%d  ", array[i]);
41      printf("\n");
42  }
```

运行结果如图 7.13 所示。

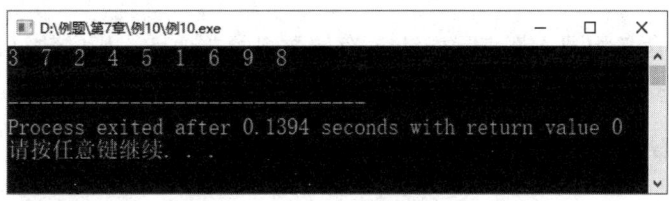

图 7.13 例 7.10 运行结果

代码分析：

```
11  srand((unsigned) time(NULL));
16  temp=1+rand( )%N;
```

使用播种函数和随机函数产生一组范围为 1～9 的随机整数。

```
17  if(test(temp, arr, i)==1)
```

test 函数的功能是判断传递的第一个参数 temp 是否已经存在于数组中，test 函数的第二个参数是整型数组，调用时应传递数组名，第三个参数的作用是限制用来和 temp 比较的数组

元素的个数。

如果本次循环生成的随机数 temp 已经存在，则 test 函数返回 0，重新生成一个随机数再进行比较判断，直至生成一个不存在的随机数，test 函数返回 1，继续生成下一个随机数。

7.4 数组和指针

7.4.1 一维数组和指针

定义一个含有 5 个元素的整型数组：

```
int array[5];
```

编译器将在内存中为数组元素 array[0]、array[1]、array[2]、array[3]和 array[4]分配存储空间，如图 7.14 所示。C 语言中，数组名是按照一个常量来对待的，它指向(对应)该数组的首地址(起始地址)，数组名的值不能改变，不能像指针那样进行递增或递减操作。

array[0]	array[1]	array[2]	array[3]	array[4]
4字节	4字节	4字节	4字节	4字节

图 7.14　一维数组的存储形式

使用取地址运算符获取数组元素首个元素 array[0]的地址，即&array[0]，它表示数组的首地址。所以，表达式"&array[0]"的值和数组名"array"的值相同，都可以用来表示数组 array 的首地址。

定义一个指向整型变量的指针：

```
int *p;
```

下面两种写法含义相同，都表示指针 p 存储数组的首地址，指向数组的首元素，而且写法 2 更为常见。

写法 1：p=&array[0];
写法 2：p=array;

因为数组在内存中占据连续的存储空间，数组首元素的地址就是这块连续存储空间的入口地址，这样大家就不难理解数组元素的下标为什么总是从 0 开始，0 就表示数组的首元素相对这块存储空间的偏移量是 0。而且随着数组元素下标的增大，数组元素的地址也在增大。数组元素的下标每增加 1，实际内存地址就正向偏移 4 字节。对 array 数组来说，&array[1]等于&array[0]+4，&array[2]等于&array[0]+8，&array[i]等于&array[0]+4*i。

指针具有这样的特点：指针变量加(减)n，就是指针变量存储的地址值加(减)n 倍的指针变量所指向数据类型所占的字节数。

例如，指针 p 是指向 int 类型变量的指针，int 类型数据占据 4 字节，假如指针 p 的值是 1234002，那么 p+1 的值就是 1234006，p+2 的值就是 1234010，以此类推。

仍以刚才定义整型指针 p 为例，指针 p 指向了数组 array 的首元素 array[0]，表达式 p+1

的值等于指针变量 p 的值加上指针 p 所指向的数据类型(int 类型)的字节数(4 字节)，所以表达式 p+1 的值等于数组元素 array[1]的地址，也就是说，p+1 指向数组元素 array[1]。

【例 7.11】 一维数组和指针的应用代码示例。

程序如下：

例 7.11
讲解视频

```
1    #include <stdio.h>
2    #define N 5
3    int main( )
4    {
5        int i;
6        int array[]={11, 4, 23, 9, 18};
7        int *p=array;                        //定义指针 p 并指向数组首元素
8        printf("使用数组名和下标访问数组元素:\n");
9        for(i=0; i<N; i++)
10       {   printf("%d\t", array[i]);   }
11       printf("\n 使用数组名和偏移量访问数组元素:\n");
12       for(i=0; i<N; i++)
13       {   printf("%d\t", *(array+i));}
14       printf("\n 使用指针和偏移量访问数组元素:\n");
15       for(i=0; i<N; i++)
16       {   printf("%d\t", *(p+i));}
17       printf("\n 使用指针和下标访问数组元素:\n");
18       for(i=0; i<N; i++)
19       {   printf("%d\t", p[i]);   }
20       printf("\n 使用指针访问数组元素:\n");
21       for(i=0; i<N; i++)
22       {
23           printf("%d\t", *p);
24           p++;
25       }
26       printf("\n");
27       return 0;
28   }
```

运行结果如图 7.15 所示。

代码分析：

```
13  printf("%d\t", *(array+i));
```

一维数组的数组名存储的是该数组的首地址。在首地址的基础上改变偏移量，分别表示数组 array 中每个元素的地址，然后再使用指针运算符获取该地址中的数值。

需要注意的是，数组名 array 的值是不能改变的。

```
7   int *p=array;
16  printf("%d\t", *(p+i));
```

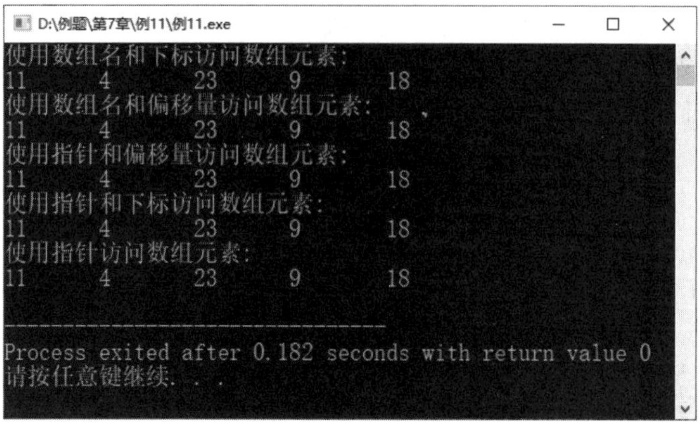

图 7.15 例 7.11 运行结果

定义指针 p 指向数组的首元素，不改变指针变量 p 自身的值，只是在指针 p 的值的基础上改变偏移量，用 p+i 分别指向数组中的每个元素，然后再获取数组元素的值。

```
19    printf("%d\t", p[i]);
```

第 19 行代码的形式和第 16 行代码的形式的作用完全一样。

```
23    printf("%d\t", *p);
24    p++;
```

第 23 行代码输出的是指针 p 所指向的变量的值，第 24 行代码的作用是改变指针变量 p 的指向，指针 p 指向内存中正向偏移一个存储单元(4 字节)后的地址空间。在结束执行第 21 行代码的 for 循环后，指针 p 的值不再等于数组名 array 的值，而是等于 array+5，即指针 p 指向数组元素 array[4]下一个存储空间。

7.4.2 二维数组和指针

定义并初始化一个整型二维数组 array，形式如下：

$$int\ array[2][3]=\{1, 2, 3, 4, 5, 6\};$$

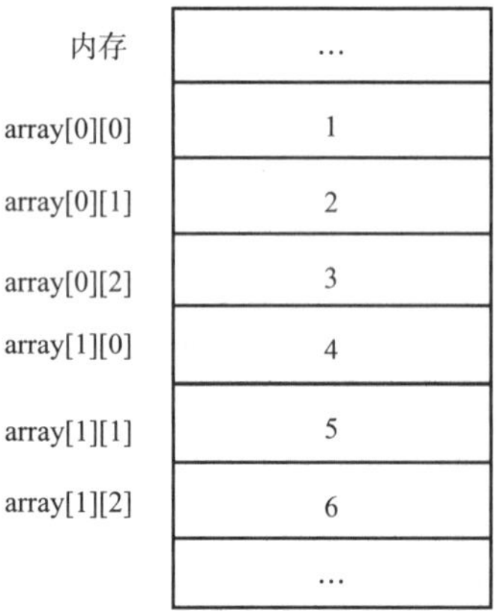

C 语言中，数组以行序为主序进行存储。数组 array 包含 6 个数组元素，它们在内存中的存储形式如图 7.16 所示。

编译器在创建二维数组 array 时，会为这 6 个数组元素分配对应的存储空间。另外，二维数组 array 可以看成包含 array[0]、array[1]两个元素的一维数组，而 array[0]、array[1]本身又是包含 3 个元素的一维数组的数组名。C 语言将 array、array[0]和 array[1]这三个数组名按照常量对待，它们的值都是不可改变的。

下面来分析二维数组 array 中的各地址的含义。

array[0]表示数组元素 array[0][0]的地址，我们知道数组元素 array[0][0]的地址可以写成&array[0][0]，所以 array[0] 等价于 &array[0][0]，它们都表示数组元素

图 7.16 二维数组的存储形式

内存	...
array[0][0]	1
array[0][1]	2
array[0][2]	3
array[1][0]	4
array[1][1]	5
array[1][2]	6
	...

array[0][0]的地址，也就是行下标为 0 的那一行的首元素地址。

array[1]表示数组元素 array[1][0]的地址，数组元素 array[1][0]的地址可以写成&array[1][0]，所以 array[1]等价于&array[1][0]，都表示数组元素 array[1][0]的地址，也就是行下标为 1 的那一行的首元素地址。

array[1]相对于 array[0]的偏移量为二维数组中一行元素所占的存储空间。

那么，数组元素 array[1][2]的地址可以怎么写呢？

写法 1：可以使用取地址运算符直接获取数组元素 array[1][2]的地址，写成&array[1][2]。

写法 2：可以借助 array[1]，以及数组元素 array[1][2]相对于 array[1][0]的偏移量，写成 array[1]+2。

二维数组的数组名 array 的含义又是什么呢？

二维数组的数组名 array 表示 array[0]的地址，因为 array[0]的地址可以写成&array[0]，所以 array 等价于&array[0]，都表示 array[0]的地址。array+1 表示 array[1]的地址，等价于&array[1]。显然，array 与 array[0]、array[1]的关系和一维数组的数组名与数组元素的关系相同。

array、array[0]、array[1]和数组元素的地址关系如图 7.17 所示。

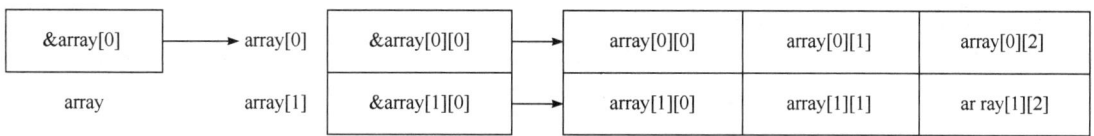

图 7.17　array、array[0]、array[1]和数组元素的地址关系

根据上面的分析，建立表 7.3 和表 7.4。

表 7.3　使用 array 表示数组元素

指针形式	下标形式	元素值
*(*array)	array[0][0]	1
*(*array+1)	array[0][1]	2
*(*array+2)	array[0][2]	3
((array+1))	array[1][0]	4
((array+1)+1)	array[1][1]	5
((array+1)+2)	array[1][2]	6

表 7.4　使用 array[0]和 array[1]表示数组元素

指针形式	下标形式	元素值
*(array[0])	array[0][0]	1
*(array[0]+1)	array[0][1]	2
*(array[0]+2)	array[0][2]	3
*(array[1])	array[1][0]	4
*(array[1]+1)	array[1][1]	5
*(array[1]+2)	array[1][2]	6

定义一个指向整型变量的指针，如下所示：

`int *p;`

使用指针 p 指向数组的首元素 array[0][0]，下面的三种写法都是正确的。
写法1：p=&array[0][0];
写法2：p=array[0];
写法3：p=*array;
同样地，如果要让指针 p 指向数组元素 array[1][2]，下面的三种写法都是正确的。
写法1：p=&array[1][2];
写法2：p=array[1]+2;
写法3：p=*(array+1)+2;

【例7.12】二维数组和指针的应用代码示例。

程序如下：

例7.12
讲解视频

```
1    #include <stdio.h>
2    int main( )
3    {   int i, j;
4        int array[2][3]={1, 2, 3, 4, 5, 6};
5        int *p;
6        printf("使用下标访问数组元素：\n");
7        for(i=0; i<2; i++)
8        {   for(j=0; j<3; j++)
9            {   printf("%d\t", array[i][j]);    }
10           printf("\n");
11       }
12       printf("使用array访问数组元素：\n");
13       for(i=0; i<2; i++)
14       {   for(j=0; j<3; j++)
15           {   printf("%d\t", *(*(array+i)+j));    }
16           printf("\n");
17       }
18       printf("使用array[0]和array[1]访问数组元素：\n");
19       for(i=0; i<2; i++)
20       {   for(j=0; j<3; j++)
21           {   printf("%d\t", *(array[i]+j));  }
22           printf("\n");
23       }
24       printf("使用指针变量p访问数组元素：\n");
25       p=array[0];
26       for(i=0; i<2; i++)
27       {   for(j=0; j<3; j++)
28           {   printf("%d\t", *(p+3*i+j));}
29           printf("\n");
30       }
```

```
31     return 0;
32 }
```

运行结果如图 7.18 所示。

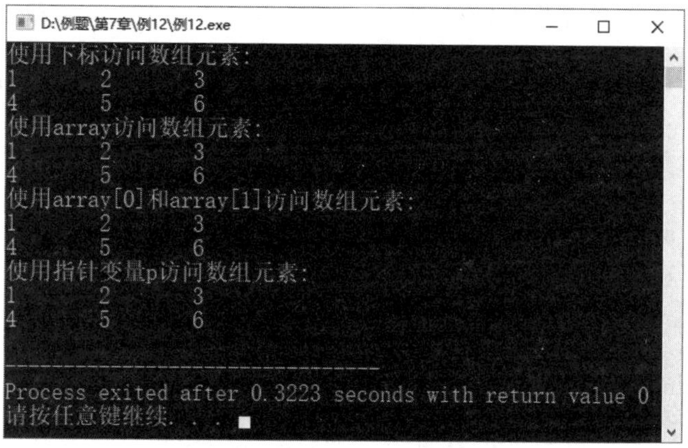

图 7.18　例 7.12 运行结果

代码分析：

```
15 printf("%d\t", *(*(array+i)+j));
```

使用 array 和数组元素的关系访问数组元素。

```
21 printf("%d\t", *(array[i]+j));
```

使用 array[0]、array[1]和数组元素的关系访问数组元素。

```
25 p=array[0];
28 printf("%d\t", *(p+3*i+j));
```

第 25 行代码将指针 p 指向数组的首元素 array[0][0]，因为数组元素在内存中是连续存储的，表达式"p+3*i+j"依次指向数组 array 中的所有元素，使用指针运算符获取数组元素的值。

7.4.3　指向一维数组的指针

我们已经知道如何定义指针变量，并让其指向数组中的元素，那么如何定义一个指向一维数组的指针呢？

由图 7.17 可知，array[0]指向数组第 0 行第 0 列的元素，array[1]指向数组第 1 行第 0 列的元素。如果定义一个指针 p，它指向 array[0]，p+1 自然就指向 array[1]，我们把这样的指针 p 称为指向一维数组的指针。

因为二维数组的数组名 array 存储的就是 array[0]的地址，所以二维数组的数组名就是一个指向一维数组的指针，只是 array 的值是不能改变的。

仍以定义的 2 行 3 列的数组 array 为例，定义一个指向一维数组的指针语法格式如下：

```
int(*p)[3];
```

其中,中括号里的"3"需要和二维数组 array 的第 2 维的维度值相同,而且表达式"*p"两边的小括号必须要有。指针 p 是一个指向由 3 个整型元素构成的一维数组的指针。

对一维数组的指针 p 进行初始化,让它指向 array[0],代码如下:

p=array;   //等价于 p=&array[0]

那么,表达式 p+1 和 array+1 的值一样,都是 array[1]的地址,它们都指向元素 array[1]。

【例 7.13】指向一维数组的指针的应用代码示例。

程序如下:

例 7.13
讲解视频

```
1    #include <stdio.h>
2    int main( )
3    {
4        int i, j;
5        int array[2][3]={1, 2, 3, 4, 5, 6};
6        int (*p)[3];                      //定义一维数组指针
7        printf("使用数组名 array 和下标访问数组元素: \n");
8        for(i=0; i<2; i++)
9        {   for(j=0; j<3; j++)
10           {   printf("%d\t", array[i][j]);   }
11           printf("\n");
12       }
13       printf("使用数组指针 p 和偏移量访问数组元素: \n");
14       p=array;
15       for(i=0; i<2; i++)
16       {
17           for(j=0; j<3; j++)
18           {   printf("%d\t", *(*(p+i)+j));   }
19           printf("\n");
20       }
21       printf("使用数组指针 p 和下标访问数组元素: \n");
22       for(i=0; i<2; i++)
23       {
24           for(j=0; j<3; j++)
25           {
26               printf("%d\t", p[i][j]);
27           }
28           printf("\n");
29       }
30       return 0;
31   }
```

运行结果如图 7.19 所示。

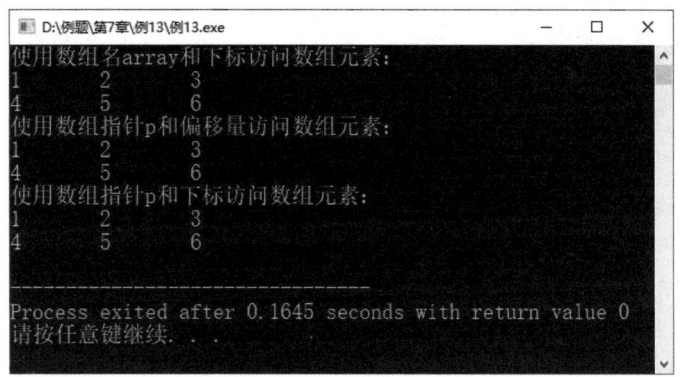

图 7.19 例 7.13 运行结果

代码分析：

```
6    int(*p)[3];
14   p=array;
```

定义指向一维数组的指针 p，并对指针变量 p 进行初始化，让其指向 array[0]。

```
18   printf("%d\t", *(*(p+i)+j));
26   printf("%d\t", p[i][j]);
```

第 18 行和第 26 行代码分别使用指针 p 的偏移量和下标形式访问二维数组元素。

7.5 案例：成绩管理器 1.0

编写代码，实现一个以菜单形式对一批成绩进行简单管理的成绩管理器。细心的读者可能已经发现，小小计算器 4.0 中的成绩统计功能每次仅能对刚刚输入的一批成绩进行统计操作，如果想对这批成绩再次统计，还需要再次输入。这样的要求显然不符合实际需求。本节将改造小小计算器 4.0 中成绩统计模块的代码，借助数组，将成绩的输入和对这批成绩进行统计、查询等功能分离开，支持一批成绩数据"一次输入、多次处理"，实现成绩管理器 1.0 版。

成绩管理器 1.0 主要具有以下功能。

(1) 新建：从键盘连续输入一批成绩，以负数结束输入。

(2) 打开：从一个已存在的数据文件中读取成绩。该功能 1.0 版不实现，等学完第 11 章数据文件的相关内容后再实现。

(3) 保存：将当前这批成绩保存到一个指定的文件中。该功能 1.0 版不实现。

(4) 显示：在屏幕上以 1 行 10 个的方式显示当前所有成绩。

(5) 统计：计算当前这批成绩的最大值、最小值、总和以及平均值。

(6) 查找：在这批成绩中查找一个指定的成绩值。

(7) 排序：将这批成绩按照升序进行排序。

(8) 退出：结束成绩管理器的运行。

例 7.14
讲解视频

【例 7.14】 成绩管理器 1.0。

主要代码如下：

```
1   #include <stdio.h>
2   #include <stdlib.h>
3   #include <math.h>
4   #define Max_size 100                    //定义符号常量，刻画存储成绩数组的最大容量
5   #define EPSILON 1e-6                    //定义浮点数比大小时的误差精度常量
6   int Display_menu(int menu_id)           //显示菜单函数
7   {   /* 具体实现代码读者可参考 5.4 节自行补齐 */    }
8   display_score(float arr[ ], int num)    //成绩显示函数
9   {   /* 具体代码参考 7.1.4 节例 7.4 中的显示代码自行补齐   */  }
10  int score_input(float arr[ ])           //成绩输入函数，返回输入成绩的总个数
11  {   /* 具体代码参考 7.1.4 节例 7.4 中的输入代码自行补齐   */  }
12  score_count(float arr[ ], int num)      //成绩统计函数，成绩个数由 num 指定
13  {
14  //这部分代码读者可以参考 4.6 节或 7.1.4 节的成绩统计代码自行补齐。区别在于：
15  //4.6 节中每个成绩值是通过调用 scanf 函数从键盘读取的，而此处成绩值是借助
16  //循环，从数组 arr[ ]中依次读取的
17  }
18  int score_locate(float arr[ ], int num, float score)    //成绩查找函数
19  {   int i;
20      for(i=0; i<num; i++)    //从数组首位开始，向后依次比较，找到就返回下标
21      {   if(fabs(arr[i]-score)<EPSILON)
22          {   return i;   }
23      }
24      return -1;              //没有找到，或者还没有输入成绩
25  }
26  score_sort(float arr[ ], int num)       //成绩排序函数(直接插入排序)
27  {   int i, j;
28      float temp;
29      for(i=1; i<num; i++)                //注意是从第 2 个数组元素(下标为 1)开始的
30      {   temp=arr[i];
31          j=i-1;
32          while(((temp+EPSILON)<arr[j]) &&(j>=0))
33          {   arr[j+1]=arr[j];
34              j--;
35          }
36          arr[j+1]=temp;
37      }
38  }
39  int main( )
40  {   int select;
41      int leave1=0;            //声明一个整型变量，控制是否退出管理器，等于 1 时退出
42      float arr_score[Max_size];  //定义一个数组，用来存放输入的成绩
43      float score;
```

```c
44      int score_quantity=0;           //记录所输入的有效成绩的个数
45      int site;
46      do
47      {   select=Display_menu(0);//显示主菜单,并进行菜单项选择操作
48          switch(select)
49          {   case 1:                 //新建(输入)一批成绩, 以负数结束
50                  score_quantity=score_input(arr_score);
51                  printf("当前一共输入了%d个成绩!\n", score_quantity);
52                  break;
53              case 2:                 //打开
54              case 3:                 //保存
55                  printf("该功能等学完文件这章内容再实现呗!\n");
56                  break;
57              case 4:                 //显示成绩
58                  if(score_quantity==0)
59                  {   printf("目前还没有输入成绩,无法进行显示操作!\n");}
60                  else
61                  {   display_score(arr_score, score_quantity);}
62                  break;
63              case 5:                 //成绩统计
64                  /* 可以参考case 4的实现方式,补齐这部分代码 */
65              case 6:                 //成绩查找
66                  if(score_quantity==0)
67                  {
68                      printf("目前还没有输入成绩,无法进行查找操作!\n");
69                  }
70                  else
71                  {
72                      printf("请输入要查找的成绩: ");
73                      scanf("%f", &score);
74                      site=score_locate(arr_score, score_quantity, score);
75                      if(site>=0)   //注: 数组下标是从0开始的, site+1
76                      {
77                          printf("成绩%.2f在第%d位置\n", score, site+1);
78                      }
79                      else
80                      {
81                          printf("成绩中不存在%.2f的成绩!\n", score);
82                      }
83                  }
84                  break;
85              case 7:                 //成绩排序
86                  /* 读者可以参考case 4的实现方式,补齐这部分代码 */
87              case 8:                 //退出成绩管理器
88                  /* 具体实现代码读者可参考5.4节自行补齐 */
89              default:
```

```
90              system("cls");          //清屏操作
91          }
92      } while(!leave1);
93      return 0;
94  }
```

程序分析：

```
3   #include <math.h>
```

程序在进行成绩查询时，为了进行浮点类型数据间的比较，调用标准数学库函数 fabs 求解绝对值，需要包含数学库函数头文件 math.h。

```
4   #define Max_size 100
```

该行代码定义一个符号常量，用来刻画存储成绩的数组的最大容量。

```
5   #define EPSILON 1e-6
```

该行代码定义浮点数比大小时的误差精度常量。

```
18  int score_locate(float arr[ ], int num, float score)
```

该行代码定义一个查找函数，在参数指定的 arr 数组中查找与参数 score 相等的第一个数据元素，如果找到，则返回其在数组中的下标，否则返回–1。参数 num 给出了数组 arr 中有效成绩的个数。运行结果如图 7.20 所示。

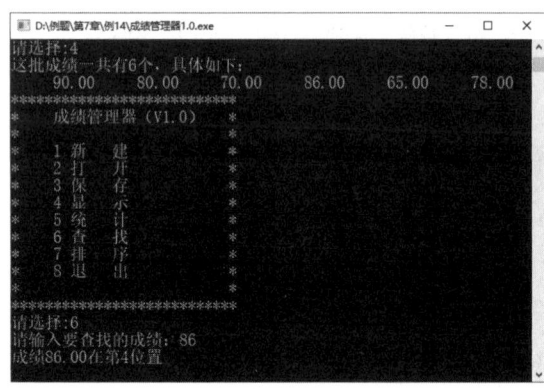 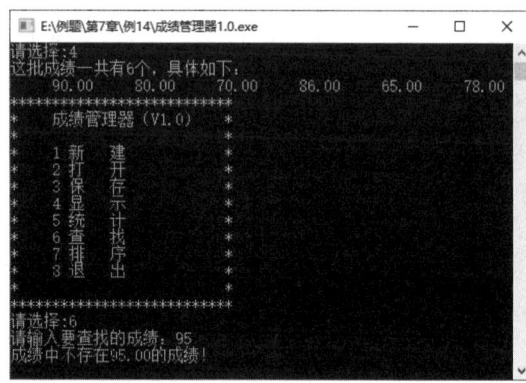

图 7.20　例 7.14 成绩管理器 1.0 查找操作的运行结果

```
26  score_sort(float arr[ ], int num)
```

该行代码定义一个对指定数组中存储的数据进行排序的函数，其中参数 num 给出了数组 arr 中有效成绩的个数。运行结果如图 7.21 所示。

因为查找和排序是会在计算机中频繁使用的操作，下面将详细介绍这两种操作的常见实现算法。

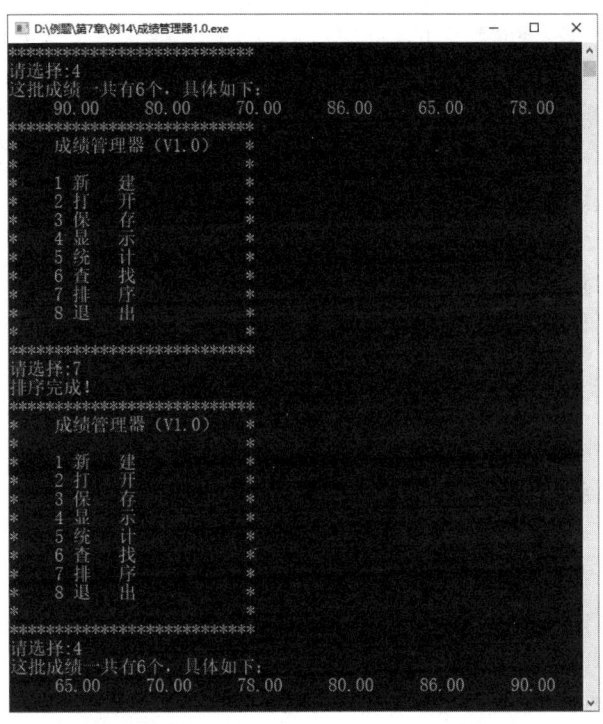

图 7.21　成绩管理器 1.0 排序操作的运行结果

1. 查找

本书主要介绍两种常见的查找方法：顺序查找和折半查找。

1) 顺序查找

顺序查找很基础，它对数据的排列先后次序没有任何要求。

顺序查找的基本思想是：从序列的一端开始，依次将数据元素和给定值进行比较，如果访问到的数据元素和给定值相同，则查找成功；如果访问完所有数据元素，仍没有找到和给定值相同的元素，则查找失败。

成绩管理器 1.0 中定义的查找函数 score_locate 就是基于顺序查找的思想，在参数 arr 对应的数组中，从头开始顺序查找与参数 score 相等的数据，如果查找成功，则函数返回 score 在数组 arr 中第一次出现的位置，如果没有找到(查找失败)，则返回-1。

```
21    if(fabs(arr[i]-score)<EPSILON)
```

该代码判断两个成绩值是否相等。程序中将成绩定义为浮点类型的数据，因为浮点数只能非常近似地表示某个值(这是浮点数的存储方式决定的)，所以判断浮点数是否相等的合理做法应该是指定一个极小值，当两个浮点数的差值的绝对值小于该极小值时，就可以认为这两个浮点数相等。该代码表示 arr[i]和 score 的差的绝对值是否小于 EPSILON(0.000001，精度可以根据需要进行调整)，如果判断条件成立，就认为 arr[i]和 score 相等。

```
77    printf("成绩%.2f在第%d位置\n", score, site+1);
```

查找成功时，在屏幕上显示所查找成绩值的位序号。因为查找成功时，函数 score_locate 返回的是这个数据在数组中的下标，而 C 语言的数组下标是从 0 开始的，为了和人们的日常习惯一致,这里输出的是"site+1"的结果。

2) 折半查找

顺序查找的实现非常简单,但是当数据量特别大的时候,顺序查找的低效就显现出来了。折半查找又称二分查找,是一种高效的查找方法,但是折半查找必须满足元素已经有序排列这一前提。

折半查找的基本思想是,在查找过程中,先确定待查找元素的范围,然后逐步缩小序列范围,每次将待查找元素的序列范围缩小一半,直到找到或者找不到元素为止。

已知数组 array 中有 n 个元素,而且已经以升序排列好。使用 low、high 和 mid 表示待查找范围的下界、上界和中间位置,设置 low 的初值是 0,high 的初值是 $n-1$。

(1) 计算中间位置 mid,mid = (low + high)/2。

(2) 中间位置的元素和给定值的大小关系有以下三种。

① 中间位置的元素等于给定值,查找成功。

② 中间位置的元素大于给定值,说明待查找元素在范围的前半段,修改上界值,high = mid–1,转步骤(1)。

③ 中间位置的元素小于给定值,说明待查找元素在范围的后半段,修改下界值,low = mid+1,转步骤(1)。

(3) 重复执行步骤(1)和(2),直到查找成功或者查找失败(查找越界,low>high)。

实现折半查找的函数代码如下。

例 7.15
讲解视频

【例 7.15】折半查找的应用代码示例。

```
int binarysearch(float arr[ ], int num, float score)
{
    int low, high, mid;
    low=0;
    high=num-1;
    while(low<=high)
    {
        mid=(low+high)/2;
        if(fabs(score-arr[mid])<EPSILON)        //相等
        {
            return mid;
        }
        else if((score+EPSILON)<arr[mid])       //要找的数据比中间值小
        {
            high=mid-1;
        }
        else                                     //要找的数据比中间值大
        {
            low=mid+1;
        }
    }
    return -1;
}
```

有兴趣的读者可以用这个查找算法替换成绩管理器 1.0 中的查找函数 score_locate,并测试在输入一批成绩后，不进行排序而直接查找，结果会如何。

2. 排序

排序就是将一组任意次序的数据重新排列成有序的数据序列。下面介绍三种重要的排序方法：直接插入排序法、冒泡排序法和选择排序法。

1) 直接插入排序法

直接插入排序法的思想是，将待排序的元素插入已经排好序的序列中，得到一个新的、元素增加一个的有序序列，直到所有的元素都插入序列为止。

例如，一个数组{7，4，-2，19，13，6}，直接插入排序法的过程如图 7.22 所示。

初始值：	【7】	4	-2	19	13	6	4
第1趟第1步后：	【7】	7	-2	19	13	6	
第1趟排序后：	【4	7】	-2	19	13	6	-2
第2趟第1步后：	【4	7】	7	19	13	6	
第2趟第2步后：	【4	4】	7	19	13	6	
第2趟排序后：	【-2	4	7】	19	13	6	19
第3趟排序后：	【-2	4	7	19】	13	6	13
第4趟排序后：	【-2	4	7	13	19】	6	6
第5趟排序后：	【-2	4	6	7	13	19】	

图 7.22 直接插入排序法

成绩管理器 1.0 中定义的排序函数 score_sort 就是一个直接插入排序法的实现。

```
29    for(i=1; i<num; i++)
```

将下标为 0 的首个数据元素看成一个已经排好序的数据序列，然后利用循环，依次将第 2 个数据元素(数组下标为 1)到最后一个数据元素(数组下标为 num-1)插入已经排好序的数据序列中。

```
32    while(((temp+EPSILON)<arr[j]) &&(j>=0))
```

利用循环，将待插入的数据(temp)从当前已排好序的数据序列的最后一个(arr[j])开始，逐个比较，确定这个数据应该插入的位置。注意浮点类型的数据比较大小的方式。

```
36    arr[j+1]=temp;
```

while 循环结束后，可以确定待插入数据(temp)在数据序列中的位置(j+1)，将这个数据放置在数组的这个位置中。

2) 冒泡排序法

冒泡排序法的思想是，依次比较相邻的两个数据元素的大小关系，如果前面一个元素的值大于后面一个元素的值，也就是两个元素是反序的，则进行交换，直到序列中没有反序的元素为止。

例如，一个数组{7，4，-2，19，13，6}，冒泡排序法的过程如图 7.23 所示。

初始值：	7	4	-2	19	13	6
第 1 趟第 1 步后：	4	7	-2	19	13	6
第 1 趟第 2 步后：	4	-2	7	19	13	6
第 1 趟第 3 步后：	4	-2	7	19	13	6
第 1 趟第 4 步后：	4	-2	7	13	19	6
第 1 趟第 5 步后：	4	-2	7	13	6	19
第 1 趟排序后：	4	-2	7	13	6	19
第 2 趟排序后：	-2	4	7	6	13	19
第 3 趟排序后：	-2	4	6	7	13	19
第 4 趟排序后：	-2	4	6	7	13	19
第 5 趟排序后：	-2	4	6	7	13	19

图 7.23 冒泡排序法

利用冒泡排序法的思想实现成绩管理器 1.0 中的排序函数的代码如下。

【例 7.16】 冒泡排序法。

例 7.16
讲解视频

```
void bubblesort(float arr[ ], int num)
{
    int i, j;
    float temp;
    for(i=0; i< num-1; i++)   //总共有 num 个待排数据，需要进行 num-1 次冒泡
    {   //从第一个数据开始，比较相邻两个数据，如果反序，就交换，从而将最大的数据挤到最后
        for(j=0; j<num-i-1; j++)
        {
            if(arr[j]>arr[j+1]+EPSILON)
            {
                temp=arr[j];
                arr[j]=arr[j+1];
                arr[j+1]=temp;
            }
        }
    }
}
```

3) 选择排序法

选择排序法的思想是，每次从当前需排序的序列中选择值最小的元素，然后与待排序元素的序列中的第一个元素进行交换，直到整个序列有序为止。

例如，一个数组{7，4，-2，19，13，6}，选择排序法的过程如图 7.24 所示。

初始值:	7	4	-2	19	13	6	-2
第 1 趟排序后:	-2	4	7	19	13	6	4
第 2 趟排序后:	-2	4	7	19	13	6	6
第 3 趟排序后:	-2	4	6	19	13	7	7
第 4 趟排序后:	-2	4	6	7	13	19	13
第 5 趟排序后:	-2	4	6	7	13	19	

图 7.24 选择排序法

利用选择排序法的思想实现成绩管理器 1.0 中的排序函数的代码如下。

【例 7.17】选择排序法。

例 7.17
讲解视频

```
void selectsort(float arr[], int num)
{
    int i, j, k;
    float temp;
    //利用循环,从第 1 个位置开始,为每个位置选择合适的数据
    for(i=0; i<num; i++)
    {
        k=i;   //利用"打擂台"找最小值,当前最小值的位置存储到变量 k 中
        for(j=i+1; j<num; j++)
        {
            if(arr[k]>(arr[j]+EPSILON))
            {
                k=j;   //如果有比"擂主"更小的数据,就更新"擂主"
            }
        }
        if(k!=i)           //如果找到的最小值不在当前位置 i 上,二者交换
        {
            temp=arr[i];
            arr[i]=arr[k];
            arr[k]=temp;
        }
    }
}
```

习 题

1. 按下面的描述定义数组。
(1) 一组由 20 个 double 数据构成的利率。
(2) 一组由 12 个字符组成的编码。
(3) 教室有 6 排桌子,每排有 5 个桌子。
(4) 键盘有 6 排按键,每排有 12 个字母。

(5) 这本书有 200 页，每页有 30 行，每行有 33 个字符。

2. 已知数组 a 由 20 个元素组成，每个元素的值和它的下标相同，分别写出下面语句的结果。

(1)

```
for(m=1;m<=5;m++)
 printf("%d",a[m]);
```

(2)

```
for(k=1;k<=5;k+=2)
 printf("%d",a[k]);
```

(3)

```
for(j=3;j<=10;j++)
 printf("%d",a[a[j]]);
```

3. 定义数组并按要求初始化。

(1) 定义由 5 个元素构成的 double 类型的数组，初值为 1.23，2.34，3.45，4.56，5.67。
(2) 定义由 10 个 int 类型的元素构成的数组，第 1 个元素值是 8，第 3 个元素值是 9，其他元素都为 0。
(3) 定义由 5 个元素构成的字符数组，字符分别是 "a" "e" "I" "o" "u"。
(4) 定义由 100 个元素构成的字符数组，前 26 个字符依次是 26 个小写字母，要保证最后一个字符是 "\0"。

4. 编写函数求一维数组的最大值、最小值和平均值，要求函数的参数都是数组类型。

5. 随机生成一个由 1000 个小写字母组成的字符串，并统计出每个字母出现的次数。

6. 编写函数求 3 行 3 列二维数组的最大值、最小值和平均值，要求函数的参数都是数组类型。

7. 生成一个 4 行 4 列的二维数组，数组元素的值是 1~16 中的任意一个，而且数字不能重复。如果用户按下键盘 R 键，将对二维数组重新排列；如果用户按下键盘 Q 键，将退出程序。

8. 用户任意输入 10 个整数，分别使用选择排序法、冒泡排序法和直接插入排序法，按照从小到大的顺序排列这些数。

9. 杨辉三角是二项式系数在三角形中的一种几何排列，在中国南宋数学家杨辉 1261 年所著的《详解九章算法》一书中出现。杨辉三角的提出比欧洲约早 400 年，是中国数学史上的一个伟大成就。编写函数 void yhsj(int n)，实现输出 n 行杨辉三角图形。图 7.25 给出了一个 7 行的杨辉三角形的示例。

						1							n = 1
					1		1						n = 2
				1		2		1					n = 3
			1		3		3		1				n = 4
		1		4		6		4		1			n = 5
	1		5		10		10		5		1		n = 6
1		6		15		20		15		6		1	n = 7

图 7.25　杨辉三角形示例

第 8 章 字 符 串

8.1 字符串基础

字符串是使用双引号引起的字符序列。例如：

```
"I love China!"
"123abc!?"
```

在 C 语言中，字符串被存储成以字符串结束符号"\0"结尾的字符数组，其中符号"\0"是转义符，它的 ASCII 码是 0。

以字符串"I love China!"为例，它由 13 个字符组成，但在内存中字符串"I love China!"将占据 14 字节，编译器会在字符串结尾自动添加字符"\0"作为结束标志，如图 8.1 所示。

| I | | l | o | v | e | | C | h | i | n | a | ! | \0 |

图 8.1　字符串的存储形式

1. 字符串和字符数组

```c
char name[ ]={'I', ' ', 'l', 'o', 'v', 'e', ' ', 'C', 'h', 'i', 'n', 'a', '!'};
```

该行代码定义了一个字符数组 name，并进行了初始化。因为在定义字符数组 name 时省略了中括号中的元素个数，数组 name 的元素个数由赋值符号右侧集合中的字符个数确定，所以数组 name 共包含 13 个字符，结尾字符是"!"而不是字符串结束符号"\0"，所以字符数组 name 并不能称为字符串。

采用下面的两种方式初始化字符数组 name，字符数组 name 就可以称为字符串了。

(1) 形式 1：

```c
char name[14]={'I', ' ', 'l', 'o', 'v', 'e', ' ', 'C', 'h', 'i', 'n', 'a', '!'};
```

定义时，为数组 name 开辟至少 14 字节的空间，这样编译器就会为未初始化的数组元素赋初值"\0"。

(2) 形式 2：

```c
char name[ ]={'I', ' ', 'l', 'o', 'v', 'e', ' ', 'C', 'h', 'i', 'n', 'a', '!', '\0'};
```

初始化时，人为地增加字符串结束符号"\0"。

2. 字符串的初始化

字符串就是以字符"\0"结尾的字符数组，所以字符串的定义方式就是字符数组的定义方式。

在对字符串进行初始化时，除了采用单引号引用单个字符逐一赋值的方式，还可以采用双引号引用字符序列的方式。

例如：

```
char name[ ]={"I love China!"};
```

也可以省略大括号，写成下面更简洁的形式：

```
char name[ ]="I love China!";
```

中括号内可以省略数值，也可标注数值，用来表示数组的容量，标注的数值至少应该比给定字符串中的字符个数多 1 个，用来存储编译器为字符串默认添加的字符串结束符号"\0"。

字符串"I love China!"共包含 13 个字符，中括号中的数值至少应该为 14，写成下面的形式：

```
char name[14]="I love China!";
```

字符串和数组初始化的要求相同，一旦在定义字符串时没有对其进行初始化，就不允许再对字符串整体赋值。例如，下面的写法是错误的：

```
char name[14];
name="I love China!";         //错误
```

如果要对字符串进行整体赋值，可以通过字符串函数来实现，具体方法下文会详细讲解。

8.2　字符串的输入输出

C 语言提供了专门用于字符串的输出函数 puts 和输入函数 gets。

1. puts 函数

puts 函数的功能是输出字符串，使用时需要包含标准输入输出头文件 stdio.h。

例如：

```
char name[]="I love China!";
puts(name);
puts("China!");
```

调用 puts 函数时，使用字符串常量或者一维字符数组的数组名作为函数的参数。

与 printf 函数相比，puts 函数只能简单地直接输出一个字符串，不能输出 char、int 或 double 等其他类型。在输出字符串的过程中，puts 遇到字符串结束符号"\0"时，会以换行符"\n"替换"\0"，并终止输出，实现输出字符串后换行的效果。而 printf 函数在遇到"\0"后仅会终止字符串的输出，并不会换行。

【例 8.1】使用 puts 函数输出字符串。

程序如下：

```
1   #include <stdio.h>
```

```
2   int main( )
3   {
4       char name[ ]="I love China!";              //定义字符串
5       char message[ ]="Mother\0China";
6       printf("使用printf函数连续输出3次name:\n");
7       printf("%s", name);
8       printf("%s", name);
9       printf("%s", name);
10      putchar('\n');
11      printf("使用puts函数连续输出3次name:\n");
12      puts(name);
13      puts(name);
14      puts(name);
15      printf("使用printf函数输出message:\n");
16      printf("%s", message);
17      printf("使用puts函数输出message:\n");
18      puts(message);
19      return 0;
20  }
```

运行结果如图 8.2 所示。

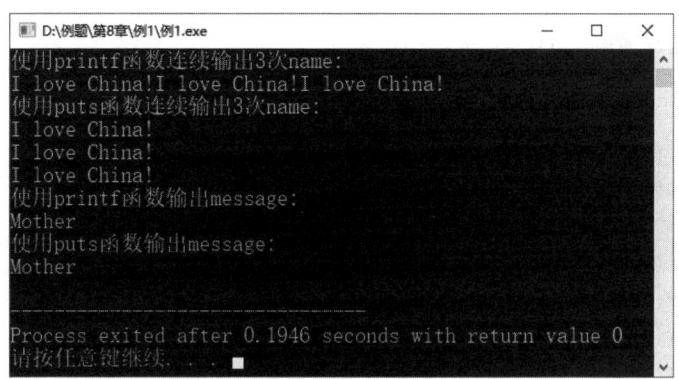

图 8.2 例 8.1 运行结果

代码分析：

```
5   char message[]="Mother\0China";
```

字符串 message 中人为地添加了字符串结束符号"\0"，调用字符串输出函数输出该字符串时，在输出"Mother"后，就会终止输出。

```
7   printf("%s", name);
```

printf 函数在输出字符串时，遇到字符串结束符号"\0"时就终止输出，所以三次调用 printf 函数输出的内容没有换行。

```
12    puts(name);
```

puts 函数在输出字符串时，遇到字符串结束符号"\0"会以换行符"\n"替换，同时终止输出。所以每次调用 puts 函数输出的内容都独立占一行。

2. gets 函数

gets 函数的功能是接收输入的字符串，使用时需要包含标准输入输出头文件 stdio.h。

与 scanf 函数相比，gets 函数可以接收包含空格的字符串，而 scanf 函数只能接收不含空格的字符串，两个输入函数都是以换行符"\n"作为输入结束标志的。

【例 8.2】使用 gets 函数进行字符串输入。

程序如下：

```
1     #include <stdio.h>
2     #define N 100
3     int main( )
4     {    char name[N];
5          puts("使用 gets 函数");
6          puts("请输入不含空格的字符串:");
7          gets(name);
8          puts("输入字符串是:");
9          puts(name);
10         puts("请输入包含空格的字符串:");
11         gets(name);
12         puts(name);
13         puts("使用 scanf 函数");
14         puts("请输入不含空格的字符串:");
15         scanf("%s", name);
16         puts("输入字符串是:");
17         puts(name);
18         puts("请输入包含空格的字符串:");
19         scanf("%s", name);
20         puts(name);
21         return 0;
22    }
```

运行结果如图 8.3 所示。

代码分析：

```
11    gets(name);
19    scanf("%s", name);
```

如果输入的字符串不含空格，则 gets 函数等价于 scanf 函数；如果输入的字符串包含空格，则只能使用 gets 函数接收。

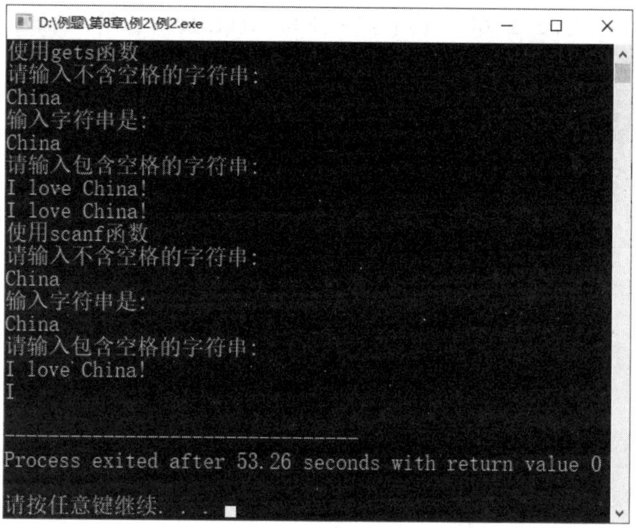

图 8.3 例 8.2 运行结果

8.3 字符和字符串库函数

8.3.1 字符串库函数

C 语言提供了字符串库函数,为程序员提供了便捷的字符串处理方法。使用字符串库函数时,需要包含字符串处理头文件 string.h。常见的字符串库函数如表 8.1 所示。

常见字符串库函数

表 8.1 常见的字符串库函数

函数	说明	举例

strcpy(str1,str2)	把字符串 str2 复制到字符串 str1,包括 str2 中的字符串结束符号"\0"	`char test[100];`
		`strcpy(test, "abc")`
		`//test 的值等于"abc"`

strcat(str1,str2)	把字符串 str2 追加到字符串 str1 的末尾,从 str1 的字符串结束符号"\0" 开始追加	`char test[100]="hello ";`
		`strcat(test, "world")`
		`//test 的值等于"hello world"`

strlen(str)	返回字符串 str 的长度,长度不包括字符串结束符号"\0"	`int n;`
		`n=strlen("may I?");`
		`//n 的值等于 6`

strcmp(str1, str2)	比较字符串 str1 和字符串 str2,
	如果 str1 < str2,返回负数;
	如果 str1==str2,返回 0;
	如果 str1 > str2,返回正数。
	字符串的大小关系取决于两字符串相同位置字符的 ASCII 码大小,而不是两字符串的长度
		`int n;`
		`n=strcmp("bee", "ball")`
		`//n 的值为正数`
		`n=strcmp("bee","big");`
		`//n 的值为负数`
		`n=strcmp("bee", "bee")`
		`//n 的值为 0`

【例 8.3】从键盘上输入若干个名字,以"###"结束名字输入操作,然后将输入的这些名字串使用冒泡排序法,按照从小到大的顺序排列并输出。

程序如下:

```
1    #include <stdio.h>
2    #include <string.h>
```

例 8.3
讲解视频

```c
3    #define Max_size 100      //存储字符串的数组的最大容量(存储名字的数量)
4    #define Name_Len 40       //名字串的最大长度
5    //冒泡排序函数,对array中的名字串排序,num表示数组中存储的名字串的个数
6    void bubblesort(char array[ ][Name_Len], int num)
7    {   int i, j;
8        char temp[Name_Len];
9        for(i=0; i<num-1; i++)
10       {   for(j=0; j< num-i-1; j++)
11           {   if(strcmp(array[j], array[j+1])>0)
12               {   strcpy(temp, array[j]);
13                   strcpy(array[j], array[j+1]);
14                   strcpy(array[j+1], temp);
15               }
16           }
17       }
18   }
19   int main( )
20   {
21       char array[Max_size][Name_Len];          //定义二维字符串数组
22       int i, count=0;
23       char name_in[Name_Len];                  //临时存放输入的名字串
24       printf("请输入学生姓名,以###结束输入!\n");
25       gets(name_in);
26       while(strcmp(name_in, "###")!=0)         //不是结束标志串
27       {
28           strcpy(array[count], name_in);
29           count ++;
30           printf("请输入学生姓名:");
31           gets(name_in);
32       }
33       bubblesort(array, count);
34       printf("姓名排序后:\n");
35       for(i=0; i<count; i++)
36       {
37           printf("第%d个:", i+1);
38           puts(array[i]);
39       }
40       return 0;
41   }
```

运行结果如图8.4所示。

代码分析:

6   void bubblesort(char array[ ][Name_Len], int num)

图 8.4　例 8.3 运行结果

bubblesort 函数采用冒泡排序法对字符串数组进行排序,其中第 1 个参数是二维字符数组,第 2 个参数表示二维字符数组的行数(数组中存放的名字串的个数)。如果以多维数组作为函数参数,定义该参数时最多只能省略第 1 维的维度值。

```
11      if(strcmp(array[j], array[j+1])>0)
12      {   strcpy(temp, array[j]);
13          strcpy(array[j], array[j+1]);
14          strcpy(array[j+1], temp);
15      }
```

字符串比较的思路和数值比较的思路一样,但是需要使用字符串比较函数 strcmp,而不能使用关系运算符,关系运算符只能用于比较单个的数值或字符。第 11 行代码的含义是:对于相邻的两个字符串,如果前串大于后串,则 if 条件成立。因为字符串序列是以升序排列的,第 12～15 行代码的作用是交换两个字符串。字符串的赋值不能使用赋值运算符,需要使用字符串复制函数 strcpy。

8.3.2　字符库函数

C 语言还提供了字符处理的库函数,简化了字符的判断。要使用字符库函数,需要包含字符处理头文件 ctype.h。常见的字符库函数如表 8.2 所示。

表 8.2　常见的字符库函数

函数原型	功能
int isalnum(char c)	如果字符 c 是字母或数字则返回非零值,否则返回零
int isalpha(char c)	如果字符 c 是字母则返回非零值,否则返回零
int isdigit(char c)	如果字符 c 是数字则返回非零值,否则返回零
int isupper(char c)	如果字符 c 是大写字母则返回非零值,否则返回零
int islower(char c)	如果字符 c 是小写字母则返回非零值,否则返回零

续表

函数原型	功能
int isspace(char c)	如果字符 c 是空格则返回非零值，否则返回零
int iscntrl(char c)	如果字符 c 是控制符则返回非零值，否则返回零
int isgraph(char c)	如果字符 c 是可打印的(排除空格)则返回非零值，否则返回零
int isprint(char c)	如果字符 c 是可打印的(包括空格)则返回非零值，否则返回零
int ispunct(char c)	如果字符 c 是可打印的(除了空格、字母或数字之外)则返回非零值，否则返回零
int isxdigit(char c)	如果字符 c 是十六进制数字则返回非零值，否则返回零
int toupper(char c)	如果字符 c 是小写字母，则返回其对应的大写字母，否则返回字符 c
int tolower(char c)	如果字符 c 是大写字母，则返回其对应的小写字母，否则返回字符 c

【例 8.4】 统计字符串中字母、数字、空格和其他字符的个数。

程序如下：

```
1   #include <stdio.h>
2   #include <string.h>
3   #include <ctype.h>
4   #define N 100
5   int main( )
6   {   char word[N];
7       int i, num, digit=0, alpha=0, space=0, other=0;
8       printf("请任意输入一个字符串：\n");
9       gets(word);                          //接收输入的字符串
10      num=strlen(word);                    //测量字符串的字符个数
11      for(i=0; i<num; i++)
12      {   if(isalpha(word[i])!=0)          //字母
13              alpha++;
14          else if(isdigit(word[i])!=0)     //数字
15              digit++;
16          else if(isspace(word[i])!=0)     //空格
17              space++;
18          else                             //其他
19              other++;
20      }
21      printf("字母%d\t 数字%d\t 空格%d\t 其他%d\n", alpha, digit, space, other);
22      return 0;
23  }
```

运行结果如图 8.5 所示。

代码分析：

```
10    num=strlen(word);
```

该行代码使用字符串 strlen 函数获取字符串 word 中字符的个数。

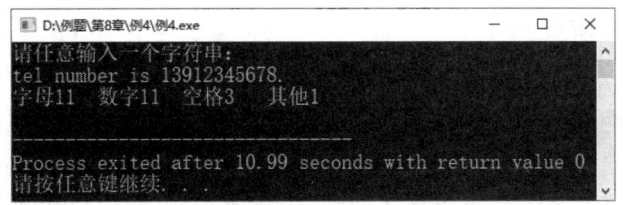

图 8.5　例 8.4 运行结果

```
12    if(isalpha(word[i])!=0)
```

该行代码判断字符是不是字母。

```
14    else if(isdigit(word[i])!=0)
```

该行代码判断字符是不是数字。

```
16    else if(isspace(word[i])!=0)
```

该行代码判断字符是不是空格符。

8.3.3　转换库函数

C 语言提供了转换库函数，主要功能是完成数值和字符串之间的转换。要使用转换库函数，需要包含头文件 stdlib.h。常见的转换库函数如表 8.3 所示。

表 8.3　常见的转换库函数

函数原型	功能
int atoi(const char *str)	把字符串 str 转换为一个整数，转换在第一个非整型字符处停止
double atof(const char *str)	把字符串 str 转换为一个双精度浮点数，转换在第一个不能被解释为一个浮点数的字符处停止
char *itoa(int value, char *str, int base)	把一个整数转换为一个字符串，需要为转换后的字符串分配足够大的存储空间。第一个参数 value 是待转换的整数，第二个参数 str 是指向存储转换结果的字符串的指针，第三个参数 base 表示转换时使用的基数(进制)，它必须是 2 和 36 之间的数

【例 8.5】转换库函数的应用代码示例。

程序如下：

```
1   #include <stdio.h>
2   #include <stdlib.h>
3   int main( )
4   {
5       int num=12345;
6       char str[ ]="1234.56";
7       char array[10];
8       itoa(num, array, 10);
9       printf("数值%d 转换为字符串%s\n", num, array);
10      printf("字符串%s 转换为数值%f\n", str, atof(str));
11      return 0;
12  }
```

运行结果如图 8.6 所示。

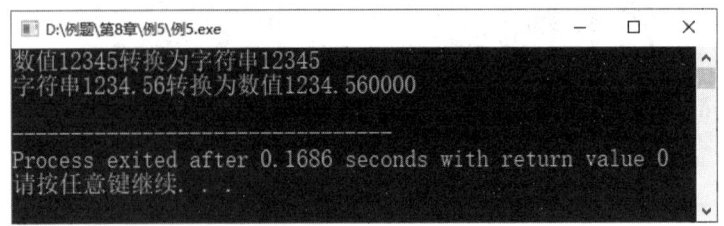

图 8.6 例 8.5 运行结果

代码分析：

```
8    itoa(num, array, 10);
```

itoa 函数将整数转换成字符串，其中第 1 个参数是待转换的整数，第 2 个参数是存储整数的字符数组，第 3 个参数表示以十进制转换存储。

```
10    printf("字符串%s转换为数值%f\n", str, atof(str));
```

atof 函数将字符串 str 转换成了浮点数。

8.4 字符串处理

【例 8.6】编写一个和库函数 strcpy 功能一样的函数，实现字符串复制功能。

例如，字符串 a 的内容是"I love China!"，要求把字符串 a 复制到字符串 b，经过复制，字符串 b 的内容也是"I love China!"。

程序如下：

例 8.6
讲解视频

```
1    #include <stdio.h>
2    #define N 100
3    void stringcopy(char [ ], char [ ]);
     //把第 2 个字符串参数复制给第 1 个字符串参数
4    int main( )
5    {
6        char source[N];
7        char destination[N];
8        printf("请输入原字符串:");
9        gets(source);
10       stringcopy(destination, source);
11       printf("原串:%s\n", source);
12       printf("复制:%s\n", destination);
13       return 0;
14   }
15   void stringcopy(char d[ ], char s[ ])
16   {
17       int i=0;
```

```
18      while(s[i]!='\0')           //以遇到字符串结束标志为循环终止条件
19      {
20          d[i]=s[i];              //单个字符的赋值
21          i++;
22      }
23      d[i]='\0';
24  }
```

运行结果如图 8.7 所示。

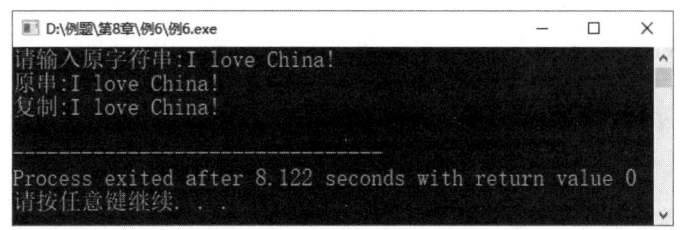

图 8.7 例 8.6 运行结果

代码分析：

```
18  while(s[i]!='\0')
20  d[i]=s[i];
```

使用 while 语句循环判断字符串 s 的当前字符是不是字符串结束符号"\0"，如果 s[i]不等于字符"\0"，说明字符串 s 还没有结束，把字符串 s 下标为 i 的字符赋值到字符数组 d 下标为 i 的位置；如果 s[i]等于"\0"，表示字符串 s 到结尾了，结束 while 循环。

```
23  d[i]='\0';
```

while 循环在遇到字符串 s 的结束符号"\0"后，就立即结束，并没有把字符串 s 的结束符号"\0"赋值到字符串 d 的对应位置。在跳出 while 循环后，执行第 23 行代码时，循环变量 i 恰为 d 最后一个字符"!"下一个位置的下标，表达式"d[i] = '\0'"表示在字符"!"的后面追加字符串结束标志"\0"，这样才相当于把字符串 s 完整地复制到了字符串 d 中。字符串复制前后，字符串内容的变化如图 8.8 所示。

复制前：

字符串 source

I		l	o	v	e		C	h	i	n	a	!	\0	?

字符串 destination

?	?	?	?	?	?	?	?	?	?	?	?	?	?	?

(a)

复制后：

字符串 destination

I		l	o	v	E		C	h	i	n	a	!	\0	?

(b)

图 8.8 字符串复制

一个字符数组中,如果没有字符串结束符号"\0",在通过调用输出函数以字符串形式输出该字符数组的内容时,输出函数会因为无法遇到结束符号"\0"而停止输出,从而会输出该字符数组所占存储空间中的所有内容。

【例 8.7】 编写一个和库函数 strcat 功能一样的函数,实现字符串拼接功能。

例如,字符串 a 的内容是"I love ",字符串 b 的内容是"China!",要求把字符串 b 连接在字符串 a 的后面,经过连接,字符串 a 的内容是"I love China!"。

程序如下:

例 8.7
讲解视频

```
1   #include <stdio.h>
2   #define N 100
3   void stringconnect(char [ ], char [ ]);
    //把第 2 个字符串参数连接在第 1 个字符串之后
4   int main( )
5   {
6    char message1[N];
7    char message2[N];
8    printf("请输入字符串 1:");
9    gets(message1);
10   printf("请输入字符串 2:");
11   gets(message2);
12   printf("字符串 1:%s\n", message1);
13   printf("字符串 2:%s\n", message2);
14   stringconnect(message1, message2);
15   printf("连接:%s\n", message1);
16   return 0;
17  }
18  void stringconnect(char str1[ ], char str2[ ])
19  {
20      int i, j;
21      i=0;
22      while(str1[i]!='\0')      //循环访问到字符串 str1 的结束标志
23      {  i++;  }
24      j=0;
25      while(str2[j]!='\0')      //循环访问到字符串 str2 的结束标志
26      {   str1[i+j]=str2[j];
27          j++;
28      }
29      str1[i+j]='\0';
30  }
```

运行结果如图 8.9 所示。

代码分析:

```
21      i=0;
22      while(str1[i]!='\0')
23      {  i++;  }
```

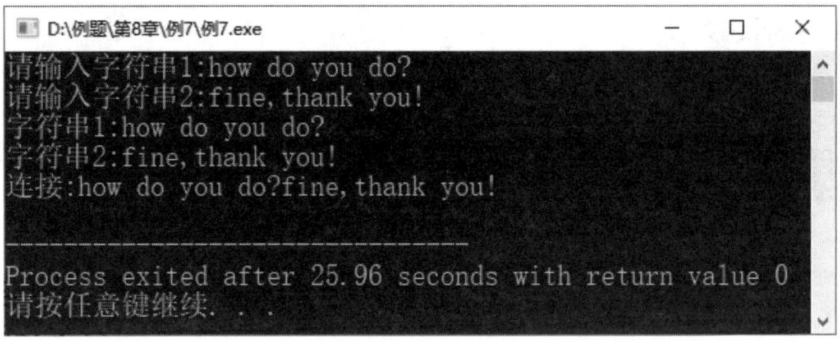

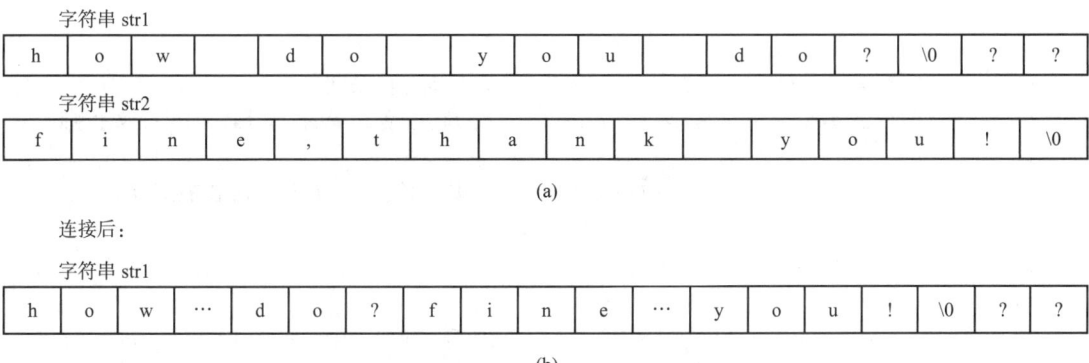

图 8.9　例 8.7 运行结果

上面代码的含义是遍历字符串 str1，直至遇到字符串结束符号"\0"。跳出第 22 行代码的 while 循环后，循环变量 i 的值恰为字符串 str1 中字符串结束符号"\0"所在的下标。"遍历"是指对序列从头至尾访问一遍。

```
24    j=0;
25    while(str2[j]!='\0')
26    {   str1[i+j]=str2[j];
27        j++;
28    }
29    str1[i+j]='\0';
```

上面代码的含义是把字符串 str2 的所有字符追加到字符串 str1 的结尾处，如图 8.10 所示。

连接前：

字符串 str1

| h | o | w | | d | o | | y | o | u | | d | o | ? | \0 | ? | ? |

字符串 str2

| f | i | n | e | , | | t | h | a | n | k | | y | o | u | ! | \0 |

(a)

连接后：

字符串 str1

| h | o | w | … | d | o | ? | f | i | n | e | … | y | o | u | ! | \0 | ? | ? |

(b)

图 8.10　字符串连接

【**例 8.8**】实现一个字符串删除函数，将一个字符串从指定的开始位置向后连续删除指定个数的字符。

例如，字符串 a 的内容是"abc123de"，要求把字符串 a 从位置 4 开始删除 3 个字符，删除操作完成后，字符串 a 的内容是"abcde"。

程序如下：

```
1    #include <stdio.h>
2    #include <string.h>
3    #define N 40
4    int stringdelete(char s[ ], int start, int num);
```

例 8.8
讲解视频

```
                //字符串删除函数的声明
5       int main( )
6       {
7           char source[N];
8           int start, num, res;
9           printf("请输入原字符串:");
10          gets(source);
11          printf("请输入删除的开始位置:");
12          scanf("%d", &start);
13          printf("请输入要删除的字符个数:");
14          scanf("%d", &num);
15          res=stringdelete(source, start-1, num);
16          if(res==1)
17          {
18              printf("删除后的串:%s\n", source);
19          }
20          else
21          {
22              printf("删除操作失败!\n");
23          }
24          return 0;
25      }
26      int stringdelete(char s[ ], int start, int num)
27      {
28          int i, lens;
29          lens=strlen(s);                    //字符串的长度
30          if((start>=0)&&(start<lens))       //判断开始位置的有效性，如果有效才删除
31          {
32              if((start+num)>=lens)          //从开始位置一直删除到字符串结尾
33              {
34                  s[start]='\0';
35              }
36              else                           //删除字符串中间部分内容
37              {
38                  for(i=start+num; i<=lens; i++)    //字符串中部分字符前移
39                  {
40                      s[i-num]=s[i];
41                  }
42              }
43              return 1;
44          }
45          return 0;
46      }
```

运行结果如图 8.11 所示。

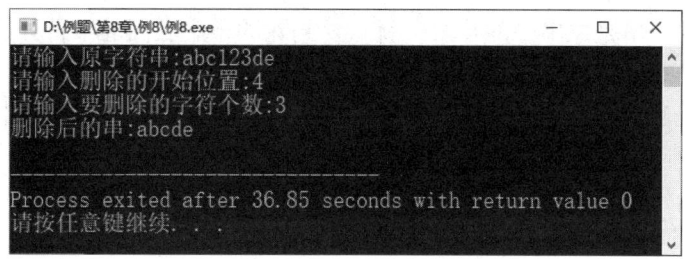

图 8.11 例 8.8 运行结果

代码分析：

```
15  res=stringdelete(source, start-1, num);
```

按照人们的习惯，输入删除的开始位置是从 1 开始，而 C 语言中的数组下标是从 0 开始的，因此这里要对开始位置进行减 1 操作，才能将这个输入位置值和数组下标对应起来。

```
26  int stringdelete(char s[ ], int start, int num)
```

从第 26 行代码一直到第 46 行，定义实现了一个字符串的删除函数，该函数从字符串 s 的 start 位置开始向后删除 num 个字符，如果操作成功则返回 1，否则返回 0。start 的有效范围是[0, 串 s 的长度-1]。

```
29  lens=strlen(s);
```

该行代码调用 C 语言中的字符串库函数 strlen，获取串 s 的长度。

```
30  if((start>=0)&&(start<lens))
```

该行代码判断函数调用时，实参传递过来的开始位置是否有效，该位置值的有效范围应该为[0, 被删除串的串长-1]。如果开始位置有效则进行后续的删除操作，否则返回 0。

```
32  if((start+num)>=lens)        //从开始位置一直删除到字符串结尾
34  s[start]='\0';
```

start+num 刻画了要删除子串的结束位置。如果这个位置超出原串的结束位置，也就意味着这个删除操作是要从 start 开始一直删除到最后，此时，只需简单地将串 s 的 start 位置赋值为一个 "\0" 即可。运行结果如图 8.12 所示。

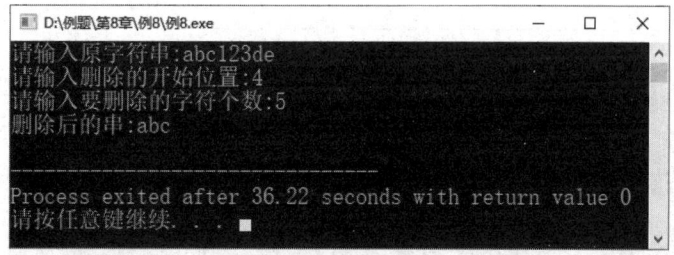

图 8.12 超出结束位置的删除操作运行结果

```
38  for(i=start+num; i<=lens; i++)     //字符串中部分字符前移
40  s[i-num]=s[i];
```

如果要删除的子串是原串中的片段，就从要删除的子串后面的字符开始，一直到原串结束，依次相应移动 num 个位置，实现删除中间子串的目的。

【例 8.9】编程实现一个字符串插入函数，将参数 d 指定的子串插入原串 s 的 start 位置。如果操作成功则返回 1，否则返回 0。start 的有效范围为[0，串 s 的长度]，当插入位置等于原串的串长时，该插入操作相当于将子串 d 拼接到原串 s 之后的效果。

例如，字符串 s 的内容是"abcde"，d 为"123"，如果在 s 的位置 1 插入 d，s 将变为"123abcde"，如果 start=4，插入后，s 将变为"abc123de"，如果 start=6，该插入操作相当于将 d 拼接到 s 之后，s 将变为"abcde123"。

例 8.9
讲解视频

程序如下：

```
1    int stringinsert(char s[ ], char d[ ], int start)
2    {   int i, lens, lend;
3        lens=strlen(s);                    //获取原字符串长度
4        lend=strlen(d);                    //获取要插入的子串长度
5        if((start>=0)&&(start<=lens))      //若插入位置合法，则进行插入操作
6        {   for(i=lens; i>=start; i--)     //原串部分字符后移，为需插入的串腾位置
7            {   s[i+lend]=s[i];  }
8            for(i=0; i<lend; i++)          //插入目标字符串
9            {   s[start+i]=d[i];  }
10           return 1;
11       }
12       return 0;
13   }
```

运行结果如图 8.13 所示。

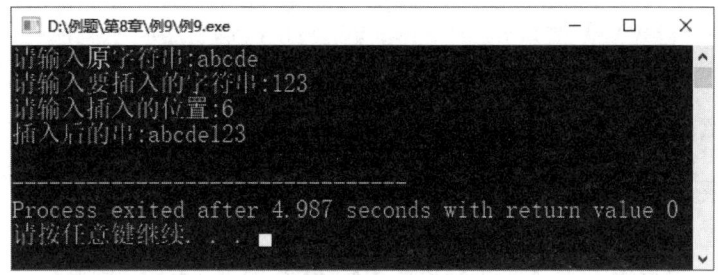

图 8.13　例 8.9 运行结果

代码分析：

```
6   for(i=lens; i>=start;i--)
7   {  s[i+lend]=s[i];  }
```

如果插入位置合法，就将从原串的最后位置开始一直到插入开始位置之间的数据，通过循环，整体向后移动 lend(所要插入子串的长度)个位置，其目的就是要为插入的子串在原串中腾出所需位置。

因篇幅受限，此处仅给出函数定义的代码，读者可以参考例 8.8 自行补全 main 函数代码，并查看运行效果。

【例 8.10】编程实现一个字符串匹配函数，从原字符串 s 的 start 位置开始，查找与目标子串 d 相等的子串，如果找到就返回 d 在 s 中的开始位置，否则返回–1。

例如，原字符串 s 的内容是"abc123de"，d 为"123"，如果从 s 的第 1 个位置开始查找 d，则查找成功，返回 3；如果开始位置为 5，则查找失败，返回–1；如果 d 为"45"，则查找失败，返回–1。

程序如下：

例 8.10
讲解视频

```
1   int index_name(char s[ ], char d[ ], int start)
2   {
3       int i, j, lens, lend;
4       lens=strlen(s);       //原串长度
5       lend=strlen(d);       //要查找的子串长度
6       i=start;
7       j=0;
8       while((i<lens) &&(j<lend ))    //如果原串和子串都没有比到最后
9       {
10          if(s[i]==d[j])   //如果这两个位置上的字符相等，就继续比较后续字符
11          {   ++i;
12              ++j;
13          }
14          else             //出现不等时
15          {   i=i-j+1;
16              j=0;
17          }
18      }
19      if(j>=lend)          //整个子串都比较完才结束循环，说明匹配成功
```

```
20            return i-lend;
21        else
22            return -1;
23  }
```

运行结果如图 8.14 所示。

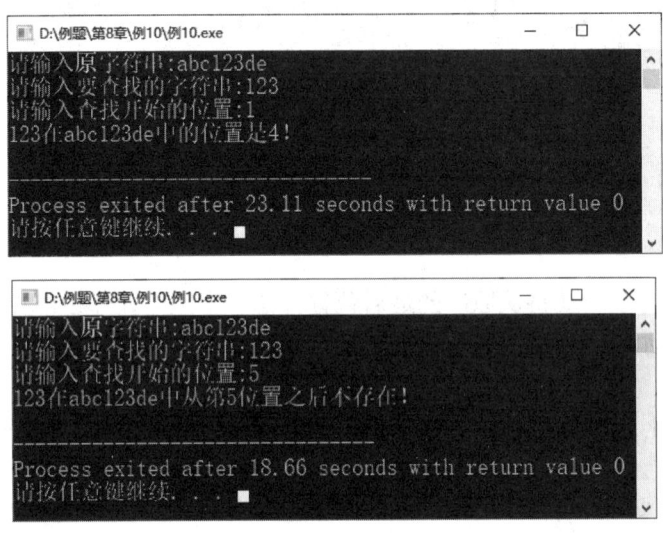

图 8.14 例 8.10 运行结果

代码分析：该函数采用了经典的蛮力匹配算法——BF 算法，其核心思想是将原串 s 的第一个字符与模式串 d(要查找的子串)的第一个字符进行匹配，若相等，则继续比较 s 的第二个字符和 d 的第二个字符；若不相等，则比较 s 的第二个字符和 d 的第一个字符，依次比较下去，直到得出最后的匹配结果。

```
8   while((i<lens)&&(j<lend ))
```

在进行比较时，只要原串和要查找的子串二者没有一个比到最后，就继续进行比较操作。

```
10  if(s[i]==d[j])
11      ++i;
12      ++j;
```

如果两个串当前位置上的字符相等，就都后移 1 位，继续比较。

```
14  else
15      i=i-j+1;
16      j=0;
```

如果两个串当前位置上的字符不相等，那么原串回到本次比较开始位置的后一位(i−j +1)，要查找的子串则回到开头，重新进行新一轮的比对。

```
19  if(j>=lend)
20      return i-lend;
21  else
```

```
22    return -1;
```

上述代码用于判断第 8 行代码 "while((i<lens) &&(j<lend))" 这条循环语句结束的原因。如果是因为要查找的目标子串的比较位置(j)超出了子串的结束位置(j>=lend)导致的循环结束，就表明查找成功，返回目标串在原串中的位置，也就是原串在这轮比较的开始位置(return i–lend;)，否则就是因为原串的比较位置(i)超出了原串的结束位置(i>=lens)导致循环结束，也就意味着在原串中没有找到目标串，就返回–1。

因篇幅受限，此处仅给出函数定义的代码，读者可以参考例 8.8 自行补全 main 函数代码，并查看运行效果。

8.5 字符串和指针

8.5.1 使用指针创建字符串

C 语言提供了使用指针创建字符串的方法，分析下面的例子。
(1) 使用数组的方式创建一个字符串 str1：

```
char str1[100]="how are you?";
```

该代码定义了字符串 str1，为其分配了 100 字节的存储空间。因为每一个字符数组元素都占用独立的存储空间，所以可以在初始化 str1 后，任意修改字符串 str1 的内容。

可以改变字符串 str1 中的个别字符，如：

```
str1[0]=' ';                //正确的
str1[2]='h';                //正确的
```

经过改变，str1 的内容变为 "oh are you?"。
也可以通过复制操作对字符串 str1 整体重新赋值：

```
strcpy(str1, "fine,thank you.");    //正确的
```

经过复制，str1 的内容变为 "fine,thank you."。
但是，不能使用赋值运算符改变字符串 str1 的内容，数组一旦定义后，就不能够再整体赋值，下面的代码是错误的：

```
str1="fine,thank you."           //错误
```

(2) 使用指针的方式创建一个字符串 str2：

```
char *str2="how are you?";
```

该代码定义了指向字符串的指针变量 str2，并把编译器为字符串常量 "how are you?" 分配空间的首地址存储在了指针 str2 中。

这个过程很特殊，大家需要明白以下两点。
① 程序中出现的所有常量都存储在内存中，存储在内存中就会有地址，字符串常量 "how are you?" 也不例外。编译器在执行上面的语句时，就会自动把字符串常量 "how are you?" 在内存中的地址存储在指针变量 str2 中。

② 指针变量 str2 只装得下一个地址，也就是字符串常量的首地址。不要将上面的语句理解为将整个字符串常量"how are you?"存储在 str2 中。

因为指针 str2 中存储的是字符串常量的首地址，所以可以使用指针 str2 访问该字符串的内容，但不能修改字符串常量的任何字符。例如，下面的代码是错误的：

```
str2[2]='h';                    //错误
```

因为指针 str2 只具有存储一个地址的空间容量，所以也不能调用 strcpy 函数对字符串整体赋值，下面的代码也是错误的：

```
strcpy(str2, "fine,thank you.");     //错误
```

但是，可以使用指针 str2 指向一个新的字符串常量，下面的代码是正确的：

```
str2="fine,thank you.";              //正确的
```

【例 8.11】使用指针创建字符串。

程序如下：

```
1   #include <stdio.h>
2   #include <string.h>
3   int main( )
4   {   char str1[100]="how are you?";     //以数组方式创建字符串
5       char *str2="hello world!";          //以指针方式创建字符串
6       printf("str1 原内容: %s\n", str1);
7       printf("str1 原地址: %d\n", str1);
8       strcpy(str1, "fine,thank you.");
9       printf("str1 现内容: %s\n", str1);
10      printf("str1 现地址: %d\n", str1);
11      printf("\n");
12      printf("str2 原内容: %s\n", str2);
13      printf("str2 原地址: %d\n", str2);
14      str2="I love China!";
15      printf("str2 现内容: %s\n", str2);
16      printf("str2 现地址: %d\n", str2);
17      return 0;
18  }
```

运行结果如图 8.15 所示。

代码分析：

```
8   strcpy(str1, "fine,thank you.");
```

使用数组形式创建的字符串，应使用字符串函数 strcpy 复制，字符串内容改变前后，str1 的值没有变化，因为 str1 所指向的存储地址没有改变。

```
14  str2="I love China!";
```

使用指针形式创建的字符串，可以使用赋值运算符"="直接赋值，赋值前后 str2 的值发

生了改变，因为 str2 指向的是不同的字符串常量的存储地址。

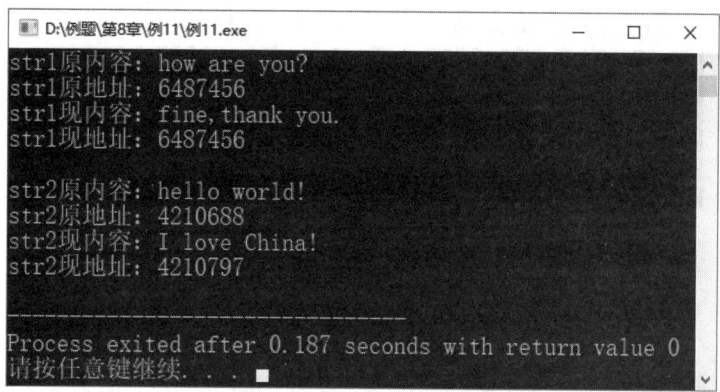

图 8.15　例 8.11 运行结果

8.5.2　使用指针访问字符串

【例 8.12】使用指针删除字符串 "abc#def##ghi#jklmn#" 中的 "#"，删除后的结果为 "abcdefghijklmn"。

程序如下：

例 8.12
讲解视频

```
1   #include <stdio.h>
2   int main( )
3   {
4       char s[]="abc#def##ghi#jklmn#";      //定义字符串
5       char *p, *q;                          //定义指向字符的指针
6       p=s;
7       q=s;
8       printf("删除前：%s\n", s);
9       while(*p!='\0')              //使用指针变量 p 访问字符串 s 中的字符数据
10      {
11          if(*p!='#')
12          {
13              *q=*p;
14              q++;
15          }
16          p++;
17      }
18      *q='\0';
19      printf("删除后：%s\n", s);
20      return 0;
21  }
```

运行结果如图 8.16 所示。

代码分析：

5　char *p, *q;

该行代码定义了两个指针变量。

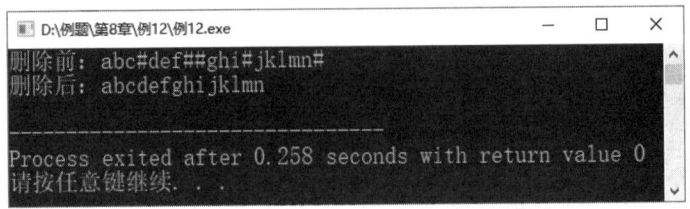

图 8.16 例 8.12 运行结果

```
6      p=s;
7      q=s;
```

该行代码对指针变量 p、q 赋初值，指针 p、q 都指向字符串 s 的首元素。

```
11     if(*p!='#')
12     {
13         *q=*p;
14         q++;
15     }
```

指针 p 遍历字符串 s，一直移动到字符串结束符号"\0"的位置。在此期间，指针 p 和 q 不同步移动，如果*p 不是"#"，指针 p 和 q 都加 1；如果*p 是"#"，指针 q 固定不动，指针 p 继续加 1。

图 8.17 是例 8.12 的具体过程(使用"^"表示字符串结束符号"\0")。

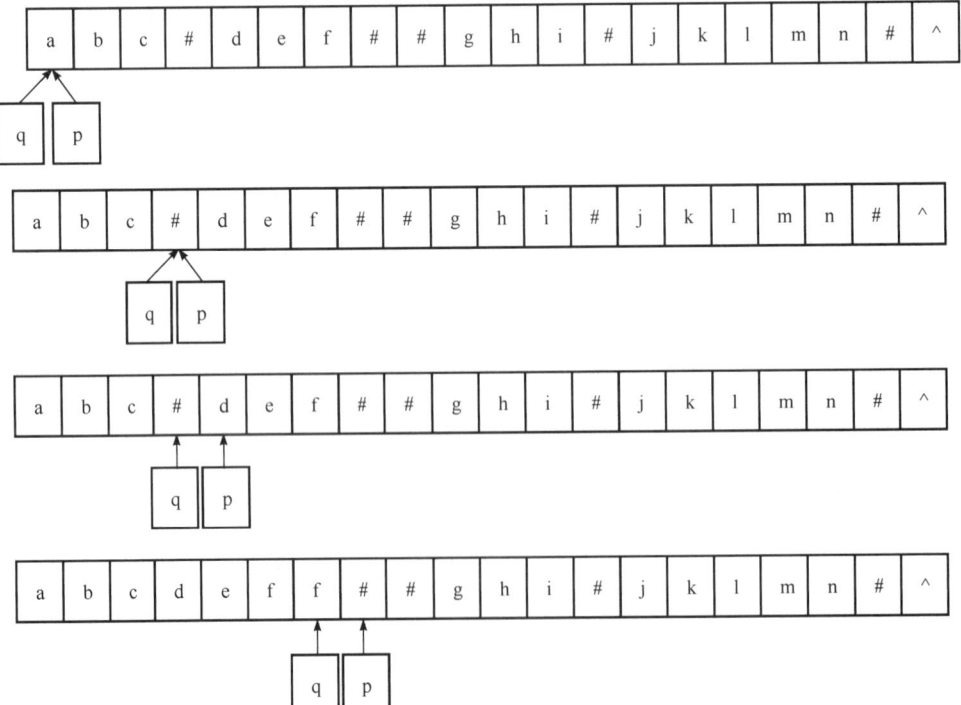

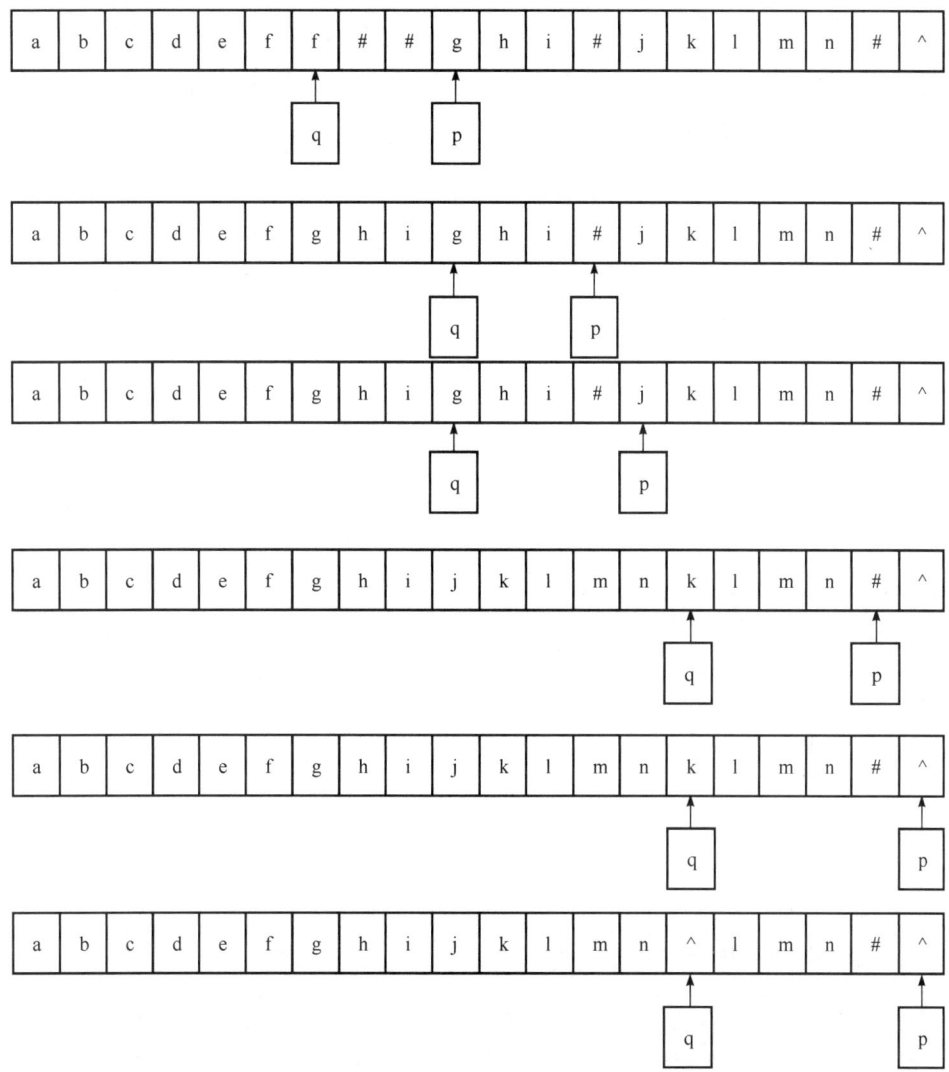

图 8.17 删除字符串中的字符

8.5.3 指针数组

指针数组就是由指针组成的数组。在指针数组中，数组元素的类型不再是基本类型，而是指针类型。

例如，定义一个由指向字符串的指针组成的指针数组，语法格式如下：

```
char *parray[ ]={"winter", "spring", "summer", "autumn"};
```

指针数组 parray 中的每一个元素 parray[i]都是一个指向字符串的指针。

如果要输出字符串"winter"，可以使用数组元素 parray[0]，也可以定义指向字符串的指针，形式如下：

```
char *p;
p=parray[0];
printf("%s\n", parray[0]);                //输出 winter
```

```
printf("%s\n", p);                    //输出 winter
```

如果要输出的只是字符串"winter"中的字符"t",可以使用下面的方法:

```
printf("%c\n", parray[0]+3);          //输出字符"t"
printf("%c\n", *(p+3));               //输出字符"t"
```

下面简单介绍一下关于"指向指针的指针"的含义和使用方法。

"指向指针的指针"是一种特殊的指针,它存储的是某一个指针的地址。定义"指向指针的指针"和定义普通的"指针"一样,要保证"指向指针的指针"的类型和它所指向的数据类型一致。

例如,定义一个指向字符指针的指针,并对它进行初始化,代码如下:

例 8.13
讲解视频

```
char *p;
char **pp;
pp=&p;
```

【例 8.13】指针数组的应用代码示例。

程序如下:

```
1   #include <stdio.h>
2   int main( )
3   {
4       char *season[ ]={"winter", "spring", "summer", "autumn"};
5       char *p;
6       char **pp;
7       int i;
8       printf("使用指针数组 season\n");
9       for(i=0; i<4; i++)
10      {   printf("%s\t", season[i]); }
11      printf("\n使用指针 p\n");
12      for(i=0; i<4; i++)
13      {   p=season[i];
14          printf("%s\t", p);
15      }
16      printf("\n使用指针的指针 pp\n");
17      for(i=0; i<4; i++)
18      {   pp=season+i;
19          printf("%s\t", *pp);
20      }
21      printf("\n");
22      return 0;
23  }
```

运行结果如图 8.18 所示。

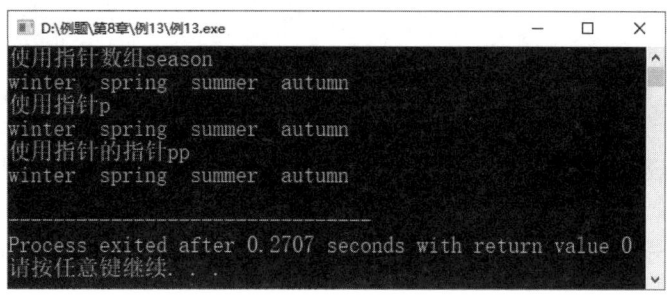

图 8.18 例 8.13 运行结果

代码分析：如图 8.19 所示，假设四个字符串常量在内存中的开始位置分别为 2080、2010、2040 和 2060，长度为 4 的字符指针数组 season 在内存中的开始位置为 3000，每个数组元素存放对应的字符串常量的开始地址，一个地址在内存占 2 字节的存储空间。

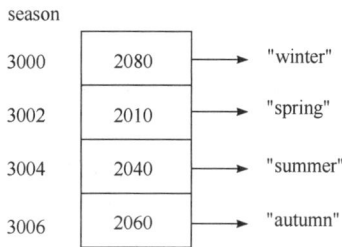

图 8.19 数组 season 的存储示意

```
4       char *season[ ]={"winter", "spring", "summer", "autumn"};
10          printf("%s\t", season[i]);
```

定义字符指针数组 season，并初始化，第 4 行代码执行完成后，相当于将这 4 个字符串常量的开始地址存入数组 season 中。第 10 行代码中的 season[i]对应于每个数组元素的内容(4 个字符串常量的开始地址)，然后访问每一个指针数组元素所指向的字符串。

```
5       char *p;
13      p=season[i];
```

定义指向字符的指针 p，然后将指针 p 赋值为每一个指针数组元素的值(字符串常量的开始地址)。

```
6       char **pp;
18      pp=season+i;
19      printf("%s\t", *pp);
```

定义一个指向字符指针的指针变量 pp。因为数组名 season 对应于这个数组的开始地址，所以表达式 season+i 就对应于每个数组元素的地址(3000、3002、3004、3006)，也可以把 season+i 理解为一个指针变量，而每个数组元素存放的是一个字符串常量的地址，因此就可以把表达式 season+i 赋值给 pp。第 19 行代码中的"*pp"就对应于每个字符串常量的开始地址，所以输出的结果也是"winter   spring   summer   autumn"。

8.6 案例：成绩管理器 1.1

编写程序扩充成绩管理器 1.0 的功能，在成绩管理器 1.0 的基础上实现以下功能。

(1) 扩充成绩管理器的"新建"功能，输入一批学生信息，每个学生的信息包括学生姓名和对应的成绩两部分，当输入的学生姓名为"###"或所输入的成绩为负数时，结束学生信息的输入。

(2) 主菜单中增加一个"姓名操作"选项，它对应一个子菜单，这个子菜单中提供五个操作。

① 查找：在新建的学生信息(学生姓名)中查找第一个与输入的字符串相等的学生姓名，如果找到，则返回该姓名的存储位置，否则返回–1。

② 插入：针对①中查找到的学生姓名进行插入操作，在指定的开始位置插入键盘输入的一个子串。

③ 删除：针对①中查找到的学生姓名进行删除操作，在指定的开始位置删除指定长度的一个子串。

④ 子串查找：在①中查找到的学生姓名中，从指定的开始位置向后，查找指定的一个子串。

⑤ 返回上一级菜单：从姓名处理子菜单返回到主菜单。

说明："姓名操作"提供的功能和成绩管理器貌似不相关，本章实现这些功能，主要目的是让读者能更好地掌握字符串相关操作的程序实现。另外，这些基本操作还将在后续更高版本的成绩管理器中作为基础功能，进一步增强程序的功能。

【例 8.14】成绩管理器 1.1。

部分代码如下：

```
1   #include <string.h>
2   #define Name_Len 40//名字串的最大长度(最多39个字符，有一个要留给"\0")
3   display_score(float arr[ ], char arr_name[ ][Name_Len], int num)
        //学生信息显示函数
4   { /* 将学生姓名与对应的成绩在屏幕输出，代码参考7.1.4节例7.4自行补全 */  }
5   int score_input(float arr[ ], char arr_name[ ][Name_Len])//学生信息输入函数
6   {
7       int count=0;
8       float score;
9       char name_in[Name_Len];              //临时存放输入的名字串
10      /* 自行补全输入学生姓名的代码 */
11      while(strcmp(name_in, "###")!=0)          //不是结束标志串
12      { /* 参考7.5节自行补全输入成绩和对输入成绩进行有效性判断的代码 */
13          strcpy(arr_name[count], name_in);   //将输入的姓名存入数组对应位置中
14          arr[count]=score;
15          count ++;
16       /* 自行补全输入学生姓名的代码 */
17      }
```

```
18        return count;
19   }
20   int name_locate(char arr_name[ ][Name_Len], int num, char name[ ])
     //查找姓名函数
21   {    /* 在数组 arr_name 中顺序查找 name, 代码参考 7.5 节自行补全 */   }

22   int stringdelete(char s[ ], int start, int num)     //字符串的删除函数
23   {    /* 代码可参考 8.4 节例 8.8 自行补全 */          }
24   int stringinsert(char s[ ], char d[ ], int start)    //字符串插入函数
25   {    /* 代码可参考 8.4 节例 8.9 自行补全 */       }
26   int index_name(char s[ ], char d[ ], int start)
        //子串查找函数, 代码可参考例 8.10
27   {    /* 代码可参考 8.4 节例 8.10 自行补全 */        }
28   //姓名操作函数, 对应主菜单项中的"姓名操作"选项
29   int name_process(char arr_name[ ][Name_Len], int num)
30   {
31      int  leave2=0, select;
32      int  name_site=-1;              //待查找名字串在数组中的存储位置, 初始化为-1
33      int  start=0, del_num=0, len=0, res=-1;
34      char name_in[Name_Len];     //定义一个字符数组, 存储从键盘输入的字符串
35      select=Display_menu(8);   //显示姓名操作对应的二级子菜单
36      do
37      {
38          switch(select)
39          {
40              case 1:    //查找
41                  /* 自行添加从键盘输入需要查找的子串的代码 */
42                  name_site=name_locate(arr_name, num, name_in);
43                  /* 自行添加根据查找结果在屏幕输出提示信息的代码*/
44                  break;
45              case 2:    //插入操作, 前提: 先找到这个名字(name_site>=0)
46                  if(name_site<0)      //没有找到对应的名字串
47                  {   printf("请先确定需要进行插入操作的名字\n") ;       }
48                  else
49                  {   /* 自行添加输入要插入的子串和插入位置的代码 */
50                      res=stringinsert(arr_name[name_site], name_in, start-1);
51                      /* 自行添加根据返回结果给出对应的提示信息的代码 */
52                  }
53                  break;
54              case 3:    //删除操作, 前提: 先找到这个名字(name_site>=0)
55                  /* 参考 case 2, 自行增加对查找(case 1)结果检查的代码 */
56                  /* 自行添加输入删除的开始位置和删除字符个数代码 */
57                  res=stringdelete(arr_name[name_site], start-1, del_num);
58                  /* 自行添加根据函数返回结果给出对应的提示信息的代码 */
59                  break;
60              case 4:    //子串查询前提, 前提: 先找到这个名字(name_site>=0)
```

```
61                    // 参考 case 2,自行增加对查找(case 1)结果检查的代码
62                    /* 自行添加输入需要查找的子串和查找开始位置的代码 */
63                    if((start>=1) &&(start<=len))     //查找开始位置有效
64                    {
65                        res=index_name(arr_name[name_site], name_in, start-1);
66                        /*根据返回结果输出对应的显示信息,对应的代码自行添加 */
67                    }
68                    else
69                    {   printf("查找开始位置输入有误,无法进行该操作!\n") ; }
70                    break;
71                case 5:    //返回上一级菜单
72                    leave2=1;
73                    break;
74                default :
75                    printf("输入有误!\n");
76            }
77            if(select!=5)
78            {
79                printf("请选择:");
80                scanf("%d", &select);
81            }
82        } while(!leave2);
83        return 1;
84    }
85    int main( )
86    {
87        char arr_name[Max_size][Name_Len];    //定义一个字符串数组,存放学生姓名
88    /* 参考7.5节,自行补全main函数的代码 */
89        return 0;
90    }
```

代码分析:

```
1    #include <string.h>
```

程序中用到了 C 语言提供的字符串库函数,这些函数的声明都在头文件 string.h 中。

```
2    #define Name_Len 40
```

该行代码定义了符号常量 Name_Len,代表用来存储姓名字符串的字符数组的最大容量。此处给定为 40,这个字符数组长度为 40,名字的长度最大为 39 个字符,因为最后一个数组单元要用来存放标识字符串结束的"\0"。

```
3    display_score(float arr[ ], char arr_name[ ][Name_Len], int num)
```

该行代码定义了学生信息显示函数,其中参数 arr 是一个浮点型的一维数组,存放了学生成绩,arr_name 是一个二维字符数组,存放了对应的学生姓名,参数 num 用来指示所存储学生的个数。注意:如果以多维数组作为函数参数,定义该参数时最多只能省略第 1 维的维度

值。该函数按照每行 5 个学生信息，学生信息按照"姓名：成绩"的格式将当前存储的所有学生信息在屏幕上格式化输出。运行结果如图 8.20 所示。

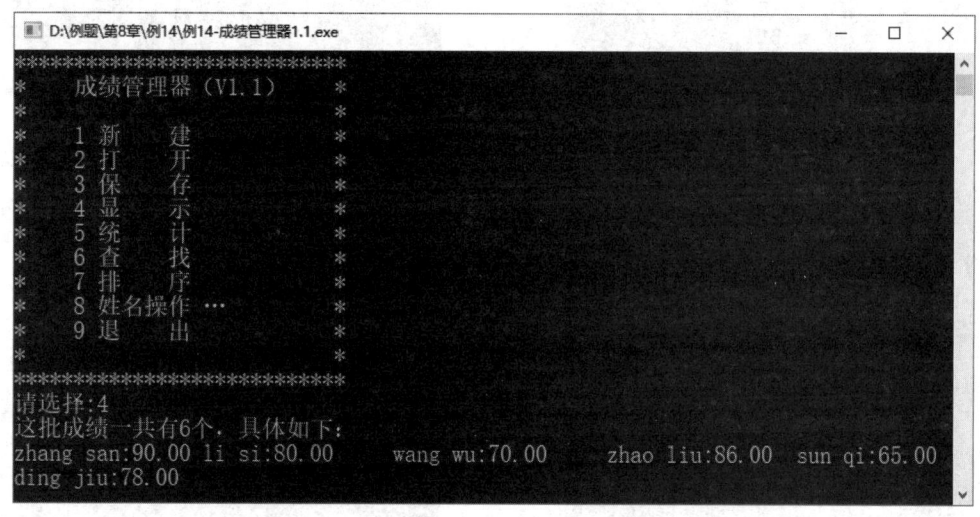

图 8.20　成绩管理器 1.1 执行显示的运行结果

```
5     int score_input(float arr[ ], char arr_name[ ][Name_Len])
```

该行代码定义了一个输入学生信息的函数，其中参数 arr 用来存放成绩，二维字符数组 arr_name 用来存放学生姓名，函数返回输入的学生信息总条数。输入过程中，如果输入的姓名为"###"，或者输入的成绩值为负数，则结束当前的输入操作。运行结果如图 8.21 所示。

```
11    while(strcmp(name_in, "###")!=0)
```

在判断输入的字符串是不是"###"时，不能直接使用 C 语言中的关系运算符"=="，只能使用 C 语言提供的字符串比较函数 strcmp。

```
13    strcpy(arr_name[count], name_in)
```

将 name_in 存储的字符串保存到二维字符数组 arr_name 的对应位置中，字符串赋值操作也不能直接使用 C 语言中的赋值运算符"="来实现，只能调用字符串复制函数 strcpy 来实现赋值操作。

```
20    int name_locate(char arr_name[ ][Name_Len], int num, char name[ ])
```

该行代码定义了查找姓名函数，该函数在参数 arr_name 中查找第一个与参数 name 相等的数据元素，如果找到就返回其在数组中的位置，否则返回–1。另外，参数 num 指示了存储的学生信息的总条数。运行结果如图 8.22 所示。

```
29    int name_process(char arr_name[ ][Name_Len], int num)
```

该行代码定义了姓名操作函数。在主菜单中，选择了"姓名操作"这一选项后，将调用该函数进行二级子菜单的显示与操作处理。此处，在进行插入、删除、子串查找操作之前，必须先执行查找操作，定位一个姓名。执行效果如图 8.22 所示。

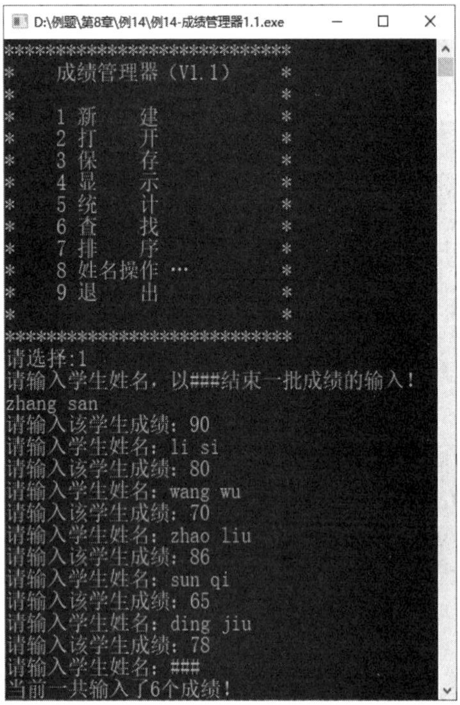

图 8.21 成绩管理器 1.1 执行新建学生信息的运行结果 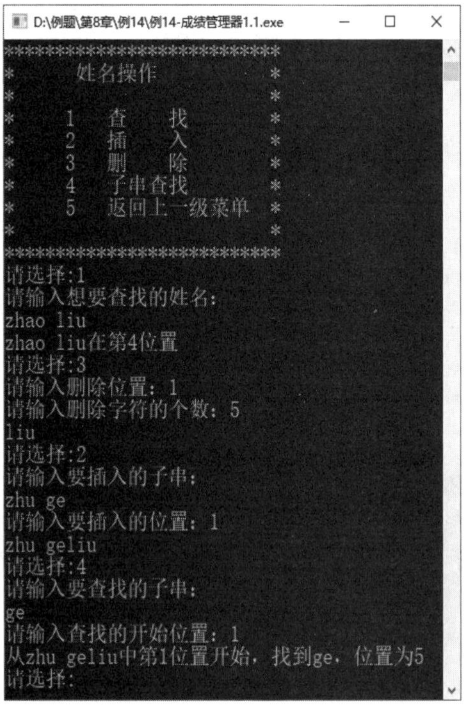　图 8.22 成绩管理器 1.1 执行查找学生姓名的运行结果

```
87    char arr_name[Max_size][Name_Len];
```

该行代码定义了一个二维字符数组，存放学生姓名。因为字符串在 C 语言中是通过一维字符数组来表示的，因此也可以将这个二维数组 arr_name 理解为一个数据元素是字符串的一维数组。

细心的读者可能会发现，在成绩管理器 1.1 中，学生的信息(姓名、成绩)是分别存储在两个不同的数组中的，没有把学生信息作为一个整体来处理，这会使代码编写起来显得比较繁杂，结构不够清晰。我们将在学完第 9 章之后，解决这个问题。

习　　题

1. 根据下面定义的字符串，回答下面的问题。

```
char message[]="My god";
```

(1) 字符串 message 由哪些字符组成?
(2) message[3]表示哪个字符?

2. 下面的代码会输出什么内容?

```
char message[]="Hello world";
printf("%s\n",&message[6]);
```

3. 用户任意输入一个字符串，编写代码分别实现下面的功能。
(1) 去掉字符串第 1 个非空格字符前的所有空格。

(2) 去掉字符串最后一个非空格字符后的所有空格。
(3) 去掉字符串中的所有空格。

4. 编写代码实现把字符串 2 连接在字符串 1 的后面，需要根据字符串 1 的剩余存储空间是否能够容纳字符串 2 分情况考虑，不能使用字符串库函数。

5. 编写代码实现字符比较的功能，不能使用字符串库函数。
(1) 以字符串的长度为比较依据，字符串中字符多的字符串大。
(2) 以字符的 ASCII 码为比较依据，ASCII 码大的字符串大。

6. 编写代码统计字符串中单词的个数，假设用户输入的字符串由单词和空格组成，不包含其他字符。例如，下面给出的字符串中共有 7 个单词，字符串内容如下所示：

```
This is a test of character counts
```

第 9 章 结 构

在 8.6 节中实现成绩管理器 1.1 时,我们使用了不同的数组分别存储学生姓名和成绩。这种实现方式没有把学生信息作为一个整体来处理,使代码编写起来显得繁杂,结构也不够清晰。为了更好地解决这类问题,C 语言提供了一种结构数据类型,它允许用户利用已有的基本数据类型构造出能满足用户需求的数据类型。

9.1 结构的基础

表 9.1 列出的是一个学生成绩登记表的部分内容。表中每一行数据是一个学生的成绩信息,称为一条记录,在 C 语言中,一条记录称为一个结构,以张三的记录为例,结构如图 9.1 所示。

表 9.1 学生成绩登记表

姓名	语文	数学	英语	总分	平均分
张三	80	86	90	256	85.33
李四	90	92	87	269	89.67
王五	60	70	80	210	70
赵六	78	84	96	258	86
冯七	83	85	93	261	87

```
姓名:张三
语文:80
数学:86
英语:90
总分:256
平均分:85.33
```

图 9.1 结构实例

9.1.1 结构的定义

结构和数组一样,也是一种构造数据类型,但结构可以存储多种不同类型的数据,使它们组成一个整体,而数组只能存储类型相同的一组数据。

定义结构的语法格式为

struct 结构名称

```
{
    成员列表
};                              //定义结构的结尾要有分号
```

如果在所有函数体外定义结构,该结构就是全局结构;如果在函数体内定义结构,该结构就是局部结构,只能在该函数体内使用此结构。

定义一个出生年月日的 Birthday 结构,形式如下:

```
struct Birthday
{
    int year;
    int month;
    int day;
};
```

Birthday 结构包含三个整型成员变量,分别是 year、month 和 day。

再定义一个学生信息结构 Record,形式如下:

```
struct Record
{
    char name[10];
    float Chinese;
    float Math;
    float English;
};
```

Record 结构包含 4 个成员,分别是 1 个字符串 name,3 个浮点型变量 Chinese、Math 和 English。

结构只是一种用户自定义的数据类型,定义了结构后,具体使用的是该结构类型的变量、数组等。像 int 类型一样,具体使用的是 int 类型的变量、数组,而不是 int 类型自身。

仍以 Birthday 结构为对象,定义该结构的变量和数组有以下两种形式。

(1) 形式 1:先定义 Birthday 结构,再定义该类型的变量和数组。

```
struct Birthday
{
    int year;
    int month;
    int day;
};
struct Birthday birth1, birth2;
```

分析:定义了 Birthday 结构的两个结构类型变量 birth1 和 birth2,每个结构类型变量都有 year、month 和 day 三个成员。

```
struct Birthday birtharray[10];
```

分析:定义了 Birthday 结构的数组 birtharray,该数组包括 10 个 Birthday 结构类型数组元素，每个数组元素都是一个 Birthday 结构类型变量。

(2) 形式 2：在定义 Birthday 结构的同时定义该类型的变量和数组。

```
struct Birthday
{
    int year;
    int month;
    int day;
} birth1, birth2, birtharray[10];
```

分析：定义 Birthday 结构的同时定义了两个结构类型变量 birth1、birth2 和一个长度为 10 的结构数组 birtharray。

如果程序中不再使用 Birthday 结构定义其他变量，只使用定义结构的同时定义的变量，也可以在定义结构时省略结构名称，形式如下：

```
struct
{
    int year;
    int month;
    int day;
} birth;
```

9.1.2 结构的使用

本节引入一个新的运算符"."，称为结构成员引用运算符。它的作用是将结构变量和结构的成员组成一个整体。结构成员引用运算符"."的优先级和小括号一样，都是最高的。

【例 9.1】访问结构成员。

程序如下：

```
1   #include <stdio.h>
2   #define N 3
3   struct Birthday                          //定义结构 Birthday
4   {
5       int year;
6       int month;
7       int day;
8   };
9   int main( )
10  {   int i;
11      struct Birthday birth1, birth2;//定义结构变量
12      struct Birthday birtharray[N]; //定义结构数组
13      birth1.year=2010;              //对结构变量 birth1 的成员赋值
14      birth1.month=2;
15      birth1.day=14;
16      birth2=birth1;                 //对 birth2 整体赋值
17      for(i=0; i<N; i++)             //循环为结构数组元素赋值
18      {   printf("请输入第%d 组年月日: ", i+1);
```

```
19          scanf("%d %d %d", &birtharray[i].year, &birtharray[i].month,
20                  &birtharray[i].day);
21      }
22      printf("birth1是%d年%d月%d日\n", birth1.year, birth1.month, birth1.day);
23      printf("birth2是%d年%d月%d日\n", birth2.year, birth2.month, birth2.day);
24      for(i=0; i<N; i++)
25      {   printf("第%d组年月日是: ", i+1);
26          printf("%d年%d月%d日\n", birtharray[i].year,birtharray[i].month,birtharray[i].day);
27      }
28      return 0;
29  }
```

运行结果如图 9.2 所示。

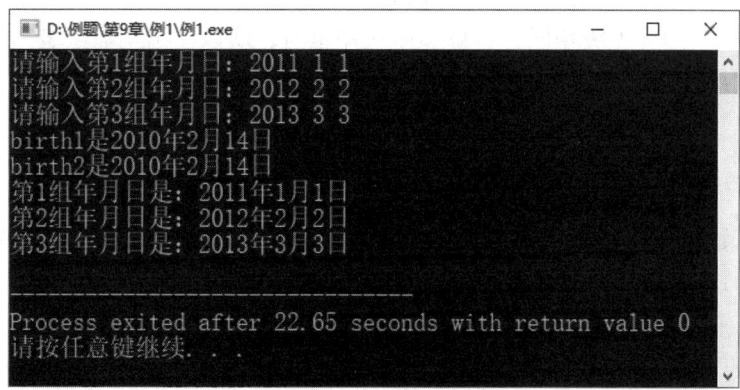

图 9.2　例 9.1 运行结果

代码分析：

```
3   struct Birthday
4   {
5    int year;
6    int month;
7    int day;
8   };
```

上述代码定义了结构 Birthday，包括三个成员。

```
11  struct Birthday birth1, birth2;
12  struct Birthday birtharray[N];
```

上述代码定义了结构变量 birth1、birth2 和结构数组 birtharray。

```
13  birth1.year=2010;
```

对结构变量 birth1 的成员 year 赋值，使用结构成员引用运算符"."连接结构变量和它的成员。因为结构成员引用运算符"."的优先级远高于赋值符号"=",所以数值 2010 赋值给了赋值符号左边的表达式"birth1.year",即结构变量 birth1 的 year 成员被赋值为 2010。

```
16    birth2=birth1;
```

相同结构类型的变量可以整体赋值,形式如第 16 行代码所示。该语句等价于下面的三条语句:

```
birth2.year=birth1.year;
birth2.month=birth1.month;
birth2.day=birth1.day;
```

继续分析下面的代码。

```
26    printf("%d 年%d 月%d 日\n", birtharray[i].year, birtharray[i].month,
birtharray[i].day);
```

访问结构数组中数组元素的成员的方法是:结构数组名[下标].成员名,这是因为运算符"[ ]"和运算符"."的优先级相同,运算顺序从左至右,所以"结构数组名[下标]"构成一个整体,它表示数组元素,然后再使用运算符"."表示数组元素的成员。

```
19    scanf("%d %d %d", &birtharray[i].year, &birtharray[i].month,
20         &birtharray[i].day);
```

在使用输入输出函数对结构变量和结构数组元素进行操作时,不能对整体进行输入输出操作,只能对结构变量和结构数组元素的成员逐一操作,如下面几个操作:

```
printf("birth1是\n", birth1);              //错误
printf("birth1.year是\n", birth1.year);    //正确
scanf("birth1是\n", &birth1);              //错误
scanf("birth1.day是\n", &birth1.day);      //正确
```

9.1.3 结构的初始化

仍以 Birthday 结构为例,结构变量初始化的方法如下:

```
struct Birthday birth1={2010, 2, 14};
```

和数组变量的初始化一样,不能在定义结构变量的语句后,再对结构变量进行整体赋值,例如,下面的写法是错误的:

```
struct Birthday birth1;
birth1={2010, 2, 14};                //错误
```

结构数组初始化的方法如下:

```
struct Birthday birtharray[3]={{2011, 1, 1}, {2012, 2, 2}, {2013, 3, 3}};
```

也可以在定义结构变量的同时进行初始化,形式如下:

```
struct Birthday
```

```
{
    int year;
    int month;
    int day;
} birth1={2010, 2, 14}, birth2={2010, 2, 14};
```

【例 9.2】 结构的初始化。

程序如下：

```
1   #include <stdio.h>
2   #include <string.h>
3   #define Name_Len 40                //定义名字的最大长度
4   struct student                     //定义结构，总分和平均值不用存储，可以实时计算
5   {
6       char name[Name_Len];           //姓名
7       float Chinese;                 //语文成绩
8       float Math;                    //数学成绩
9       float English;                 //英语成绩
10  } stu1={"张三", 80, 86, 90};       //定义结构变量并初始化
11  int main( )
12  {   int i, num;
13      float sum, avg;
14      struct student stu2;           //定义结构变量 stu2
15      struct student arr_stu[]={{"王五", 60, 70, 80}, {"赵六", 78, 84, 96},
16                      {"冯七", 83, 85, 93}};   //定义一个结构数组
17      strcpy(stu2.name, "李四");     //对结构 stu2 的成员赋值
18      stu2.Chinese=90;
19      stu2.Math=92;
20      stu2.English=87;
21      puts("姓名\t 语文\t 数学\t 英语\t 总分\t 平均值");
22      sum=stu1.Chinese+stu1.Math+stu1.English;
23      avg=sum/3;
24      printf("%s\t%.2f\t%.2f\t%.2f\t%.2f\t%.2f\n", stu1.name, stu1.Chinese,
25              stu1.Math, stu1.English, sum, avg);
26      sum=stu2.Chinese+stu2.Math+stu2.English;
27      avg=sum/3;
28      printf("%s\t%.2f\t%.2f\t%.2f\t%.2f\t%.2f\n", stu2.name, stu2.Chinese,
29              stu2.Math, stu2.English, sum, avg);
30      num=sizeof(arr_stu)/sizeof(struct student);     //求数组中的元素个数
31      for(i=0; i<num; i++)
32      {
33          sum=arr_stu[i].Chinese+arr_stu[i].Math+arr_stu[i].English;
34          avg=sum/3;
35          printf("%s\t%.2f\t%.2f\t%.2f\t%.2f\t%.2f\n", arr_stu[i].name,
36                  arr_stu[i].Chinese, arr_stu[i].Math, arr_stu[i].English, sum, avg);
37      }
```

```
38      return 0;
39  }
```

运行结果如图 9.3 所示。

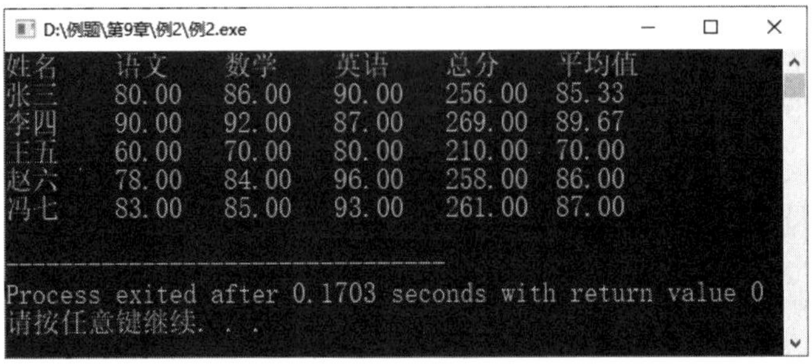

图 9.3 例 9.2 运行结果

代码分析：

```
10    stu1={"张三", 80, 86, 90};
```

该行代码定义结构的同时定义了变量 stu1，并对其进行了初始化。

```
15    struct student arr_stu[]={{"王五", 60, 70, 80}, {"赵六", 78, 84, 96},
16                              {"冯七", 83, 85, 93}};
```

上述代码定义了一个结构数组 arr_stu，并对其进行初始化操作。

```
17    strcpy(stu2.name, "李四");
```

该行代码对结构变量 stu2 的 name 成员赋值，因为结构 student 的 name 成员是字符串，所以不能使用赋值符号"="对 name 成员赋值，需要使用字符串复制函数 strcpy 对 name 成员赋值。

```
30    num=sizeof(arr_stu)/sizeof(struct student);
```

表达式"sizeof(arr_stu)"的值是 arr_stu 数组在内存中所占的总空间大小，表达式"sizeof(struct student)"的值是定义的结构 student 的内存空间大小，二者的比值就是数组 arr_stu 中元素的个数。

9.2 typedef 语句

关键字 typedef 的作用是为数据类型起别名，经常在定义结构时使用 typedef 修饰。

以 Birthday 结构为例，根据 C 语言的语法要求，使用 Birthday 结构定义变量必须保留关键字 struct，写成下面的形式：

```
struct Birthday birth;
```

下面使用 typedef 修饰，重新定义 Birthday 结构。

(1) 形式 1：

```
typedef struct Birthday
{
    int year;
    int month;
    int day;
}Bir1,Bir2;
```

上面的代码的含义是，定义了名为 Birthday 的结构，并为该结构类型起了两个别名，分别是 Bir1 和 Bir2。需要注意的是，因为使用关键字 typedef 修饰了结构的定义，所以 Bir1 和 Bir2 不是结构变量，而是结构类型的别名，也就是类型名称。

此时，程序中如果需要使用 Birthday 结构类型定义变量和数组，下面的写法都是正确的：

```
struct Birthday birth1;
Bir1 birth2;
Bir2 birth3;
struct Birthday array1[10];
Bir1 array2[10];
```

(2) 形式 2：

```
struct Birthday
{
    int year;
    int month;
    int day;
};
typedef Birthday Bir1,Bir2;
```

上面的代码先定义了名为 Birthday 的结构，然后再使用关键字 typedef 给结构类型起了两个别名，分别是 Bir1 和 Bir2。

关键字 typedef 不仅可以给结构类型起别名，也可以给其他数据类型起别名。

(1) 基本类型的别名：

```
typedef int INTERGER;       //为 int 类型起别名 INTERGER
INTERGER num;               //等价于 int num;
typedef double DOU;         //为 double 类型起别名 DOU
DOU score;                  //等价于 double score;
```

(2) 数组的别名：

```
typedef int IntArr[10];     //为包含 10 个元素的整型数组起别名 IntArr
IntArr array;               //等价于 int array[10];
typedef int TwoArr[2][3];   //为包含 2 行 3 列的二维整型数组起别名 TwoArr
TwoArr matrix;              //等价于 int matrix[2][3];
```

(3) 指针的别名：

```
typedef int *POINTER;       //为指向整型变量的指针起别名 POINTER
```

```
POINTER p;                    //等价于 int *p;
```

9.3 结构和函数

9.3.1 结构作为函数的参数

把结构变量的成员作为函数的参数传递和传递一般的变量完全一样。也可以把结构变量整体作为参数传递给函数，依旧遵循实参可以改变形参，但形参不会影响实参的原则。

【例 9.3】使用结构作为函数的参数。本例题的功能是计算每个学生的总分和平均成绩，并在屏幕上显示结果，按照总分、语文成绩、数学成绩和英语成绩统计对应的平均分、最高分和最低分。

例 9.3 讲解视频

程序如下：

```
1    #include <stdio.h>
2    #include <string.h>
3    #define Max_size 100       //存储学生信息数组的最大容量
4    #define Name_Len 40        //定义名字串的最大长度
5    struct student             //定义学生结构体，具有四个属性(姓名和语、数、外成绩)
6    {
7        char name[Name_Len];
8        float Chinese;
9        float Math;
10       float English;
11   };
12   float onesum(struct student s)        //定义一个函数，计算一个学生的总分
13   {
14       float sum;
15       sum=s.Chinese+s.Math+s.English;   //计算 s 三门课成绩总分
16       return sum;
17   }
18   float score_count(struct student array[ ], int count, int kind, float *Max,
19   int *Maxpos, float *Min, int *Minpos)   //定义成绩统计函数
20   {
21       float Sum_score=0, Max_score=0, Min_score=0;  //总和、最大值、最小值
22       float sum_temp=0;   //记录一个学生三门课总分的临时变量
23       switch(kind)
24       {   case 0:          //按总成绩统计
25               Max_score=onesum(array[0]); //首个学生的总分，将其作为默认最值
26               break;
27           case 1:          //按语文成绩统计
28               Max_score=array[0].Chinese; //首个学生的语文成绩
29               break;
30           case 2:   /* 按数学成绩统计，代码参考 27 行 case 1 自行补全 */
31           case 3:   /* 按英语成绩统计，代码参考 27 行 case 1 自行补全 */
```

```
32          }
33          Min_score=Max_score;
34          *Maxpos=0;      //将首个学生的下标作为最值的默认位置
35          *Minpos=0;
36          Sum_score=Sum_score+Min_score;
37          for(int i=1; i<count; i++)     //利用"打擂台"的思想,通过循环求最值
38          {   switch(kind)
39              {   case 0:      //按总成绩统计
40                      sum_temp=onesum(array[i]);
41                      if(Max_score<sum_temp)   //如果比当前最大值还大,则更新它
42                      {   Max_score=sum_temp;
43                          *Maxpos=i;
44                      }
45                      if(Min_score>sum_temp)   //如果比当前最小值还小,则更新它
46                      {   Min_score=sum_temp;
47                          *Minpos=i;
48                      }
49                      Sum_score=Sum_score+sum_temp;    //累加求总分
50                      break;
51                  case 1:     /* 按语文成绩进行统计,代码参考 27 行 case 1 自行补全 */
52                  case 2:     /* 按数学成绩进行统计,代码参考 27 行 case 1 自行补全 */
53                  case 3:     /* 按英语成绩进行统计,代码参考 27 行 case 1 自行补全 */
54              }
55          }
56          *Max=Max_score;  //将求得的最值赋值给对应的参数
57          *Min=Min_score;
58          return Sum_score;
59      }
60      int main( )
61      {
62          int i, count;
63          float sum=0, avg=0, Max=0, Min=0;   //总分、平均值、最大值、最小值
64          int Maxpos=-1, Minpos=-1;           //最值的位置
65          //定义并初始化结构数组
66          struct student stu[Max_size]={{"zhang san", 80, 86, 90},
                                          {"li si", 90, 92, 87},
67                                        {"wang wu", 60, 70, 80}, {"zhao liu", 78, 84, 96},
68                                        {"sun qi", 83, 85, 93},{"ding liu", 68, 74, 78}};
69          count=6;   //学生数组中有效数据的个数
70          for(i=0; i<count; i++)
71          {
72              float sum=onesum(stu[i]);            //以结构数组元素作为实参
73              printf("%s 的总成绩是%.2f,平均分是%.2f\n", stu[i].name, sum, sum /3);
74          }
75          printf("成绩统计结果如下: \n") ;
76          //按总分统计,以结构数组作为实参
```

```
77      sum=score_count(stu, count, 0, &Max, &Maxpos, &Min, &Minpos);
78      printf("平均总分为%.2f, 总分最高%s: %.2f, 总分最低%s: %.2f\n",
79             sum/count, stu[Maxpos].name, Max, stu[Minpos].name, Min);
80      /* 按语文成绩、数学成绩和英语成绩统计代码自行补全 */
81      return 0;
82  }
```

运行结果如图9.4所示。

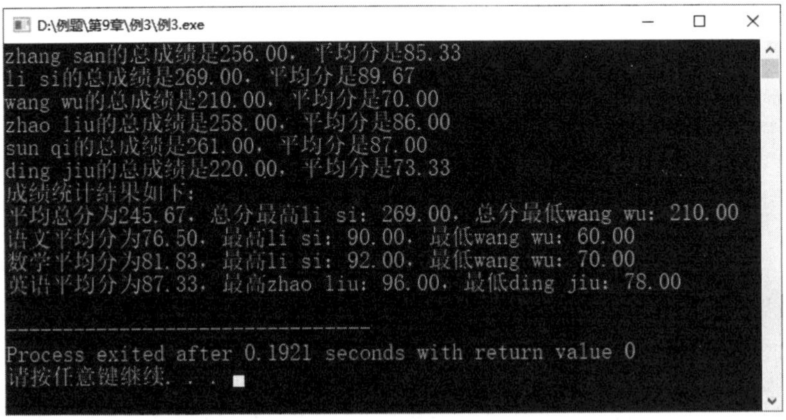

图9.4 例9.3运行结果

代码分析：

```
12   float onesum(struct student s)
72       float sum=onesum(stu[i]);
```

代码定义了onesum函数，用来计算一个学生三门课程的总分，参数是student结构类型。第72行代码调用onesum函数时，传递结构数组stu的元素stu[i]，所传递的是结构变量。

```
15       sum=s.Chinese+s.Math+s.English;
```

因为结构变量可以整体赋值，所以形参s接收到实参stu[i]所有成员的值后，在上式中对结构变量s对应的三个成员值累加求和。

```
18   float score_count(struct student array[ ], int count, int kind, float *Max,
19       int *Maxpos, float *Min, int *Minpos)
```

代码定义了一个统计函数，求解对应的总和、最大值、最小值和最值的位置。参数array是student结构数组类型，存放相应的学生信息。count为数组中有效信息的个数；kind为统计依据，kind=0，则按照学生三科总成绩进行统计；kind=1，则按语文成绩统计；kind=2，则按数学成绩统计；kind=3，则按英语成绩统计。Max和Min用来记录最大值和最小值，Maxpos和Minpos用来记录最值的位置。这4个参数都是指针类型。由6.3节的相关知识可知，函数只能返回1个结果，如果想让一个函数返回多个结果，可以借助指针类型的参数来实现。函数返回值是对应类别的总成绩。

```
56      *Max=Max_score;    //将求得的最值赋值给对应的参数
```

```
57      *Min=Min_score;
```

将求得的最大值和最小值赋值给对应的参数。因为参数是指针,所以此处通过指针操作,将结果放到对应的存储空间中。

```
77      sum=score_count(stu, count, 0, &Max, &Maxpos, &Min, &Minpos);
```

调用 score_count 函数时,函数的实参是结构数组 stu 以及变量 Max、Maxpos、Min 和 Minpos 的地址。

9.3.2 函数返回结构

和返回基本类型一样,函数的返回值也可以是结构类型。

【例 9.4】使用结构作为函数的返回值。

程序如下:

例 9.4
讲解视频

```
1   #include <stdio.h>
2   #include <string.h>
3   #define N 3
4   struct Birthday
5   {
6       int year;
7       int month;
8       int day;
9   };
10  struct Birthday min(struct Birthday [ ]);   //返回结构数组中年份最小的结构
11  int main( )
12  {   struct Birthday array[ ]={{2010, 12, 12}, {2011, 3, 8}, {2010, 12, 2}};
13      struct Birthday birth;
14      int i;
15      for(i=0; i<N; i++)
16      {   printf("%d-%d-%d\n", array[i].year, array[i].month,
            array[i].day);   }
17      birth=min(array);         //传递结构数组,把返回值存储在结构变量 birth 中
18      printf("最小的年份是:");
19      printf("%d-%d-%d\n", birth.year, birth.month, birth.day);
20      return 0;
21  }
22  struct Birthday min(struct Birthday birth[ ])
23  {
24      int i;
25      int temp=0;              //假设第 1 个结构年份最小
26      for(i=1; i<N; i++)       //循环和数组的其他元素依次比较
27      {
28          if(birth[temp].year>birth[i].year)  //使用 year 更小的
29          {  temp=i;  }
30          else if(birth[temp].year==birth[i].year)    //在 year 相等时
```

```
31            {
32                if(birth[temp].month>birth[i].month)          //使用month更小的
33                {   temp=i;      }
34                else if(birth[temp].month==birth[i].month)    //在month相等时
35                {
36                    if(birth[temp].day>birth[i].day)          //使用day更小的
37                    {   temp=i;      }
38                }
39            }
40        }
41        return birth[temp];                                   //返回值是结构变量
42   }
```

运行结果如图9.5所示。

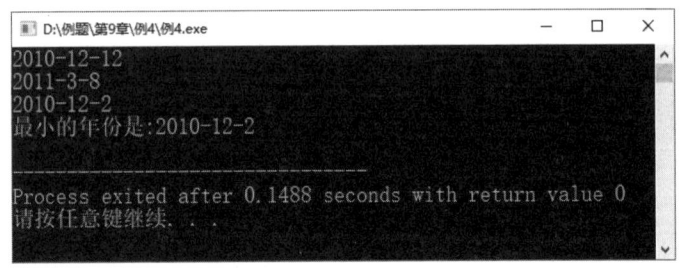

图9.5 例9.4运行结果

代码分析：

```
10   struct Birthday min(struct Birthday [ ]);
17   birth=min(array);
```

min 函数的参数是结构数组，返回值的数据类型是结构类型"struct Birthday"，作用是把参数中年份最小的结构变量返回。第17行代码使用变量 birth 接收 min 函数的返回值。

```
41   return birth[temp];
```

第26～40行代码使用多重选择嵌套查找年份最小的值。比较方法是，先取年份较小的，如果年份相同，取月份较小的，如果月份相同，再取日最小的。最后使用 return 语句把结构数组 birth 的元素 birth[temp]返回，返回值类型与 min 函数返回值类型 struct Birthday 一致。

9.4 结构和指针

与定义指向基本类型的指针一样，也可以定义指向结构类型的指针和指向结构数组类型的指针。

例如：

```
struct student                          //定义学生结构体，具有四个属性
{
    char name[Name_Len];                //姓名
```

```
        float Chinese;              //语文成绩
        float Math;                 //数学成绩
        float English;              //英语成绩
};
struct student stu;
struct student *p;
p=&stu;
```

指针变量 p 是指向结构变量 stu 的指针，使用指针 p 访问 stu 中的成员有下面三种方法。

(1) 使用结构变量和结构成员引用运算符"."来访问成员，如 stu.name、stu.Chinese。

(2) 使用结构指针和结构成员引用运算符"."来访问成员，如(*p).name、(*p).Chinese。需要注意，这里的小括号必须要有，因为运算符"."的优先级高于运算符"*"，要保证"*p"作为一个整体，就要使用小括号。

(3) 使用结构指针和结构成员指针运算符"->"来访问成员，如 p->name、p->Chinese。结构成员指针运算符"->"和结构成员引用运算符"."的优先级相同。相对于第(2)种方法，这种方法更加简洁。

【例 9.5】指向结构变量的指针的应用代码示例。

程序如下：

```
1    #include <stdio.h>
2    #define Name_Len 40           //定义名字串的最大长度
3    int main( )
4    {
5        struct student              //定义一个局部学生结构体，有四个属性
6        {
7            char name[Name_Len];    //姓名
8            float Chinese;          //语文成绩
9            float Math;             //数学成绩
10           float English;          //英语成绩
11       };
12       struct student stu;         //定义结构变量
13       struct student *p;          //定义结构类型指针
14       p=&stu;                     //指针变量初始化
15       printf("请输入姓名:");
16       gets(p->name);
17       printf("请输入语文成绩:");
18       scanf("%f", &(p->Chinese));
19       printf("请输入数学成绩:");
20       scanf("%f", &(stu.Math));
21       printf("请输入英语成绩:");
22       scanf("%f", &((*p).English));
23       printf("%s\t%.2f\t%.2f\t%.2f\n", p->name, p->Chinese, p->Math,
         p->English);
24       return 0;
25   }
```

运行结果如图 9.6 所示。

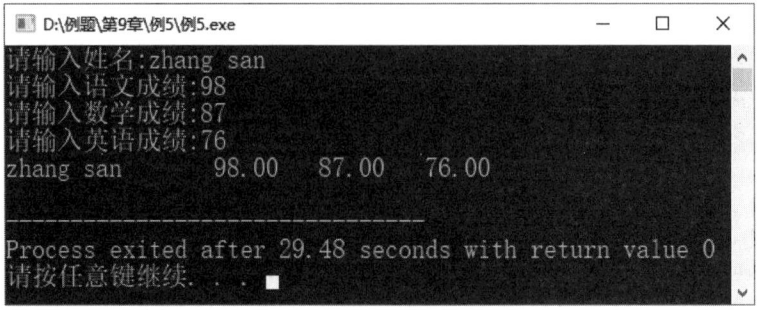

图 9.6　例 9.5 运行结果

代码分析：

```
13   struct student *p;
14   p=&stu;
```

代码定义并初始化指向结构变量 stu 的指针 p。

```
16   gets(p->name);
```

此行代码等价于"gets(stu.name)"，还等价于"gets((*p).name)"。

```
18   scanf("%f", &(p->Chinese));
```

此行代码等价于"scanf("%f", &(stu.Chinese))"，还等价于"scanf("%f", &((*p).Chinese))"。

【例 9.6】指向结构数组的指针的应用代码示例。

程序如下：

```
1    #include <stdio.h>
2    #define Name_Len 40         //定义名字串的最大长度
3    struct student              //定义一个学生结构体，有四个属性
4    {
5        char name[Name_Len];    //姓名
6        float Chinese;          //语文成绩
7        float Math;             //数学成绩
8        float English;          //英语成绩
9    };
10   int main( )
11   {
12       //定义结构体数组并初始化
13       struct student arr_stu[4]={ {"张三", 80, 86, 90}, {"李四", 90, 92, 87},
14                                   {"王五", 60, 70, 80},{"赵六", 78, 84, 96}};
15       struct student *p;      //定义指向结构类型的指针
16       for(p=arr_stu; p<(arr_stu+4); p++)   //初始化指针，通过指针控制循环条件
17       {printf("%s\t%.2f\t%.2f\t%.2f\n", p->name, p->Chinese, p->Math,
         p->English);}
18       p=arr_stu;              //指针回到数组首地址
```

```
19      printf("数组 arr_stu 的开始地址 = %d; p = %d\n", arr_stu, p) ;
20      printf("p = %d, p->Chinese = %.2f\n", p, p->Chinese);
21      printf("p = %d, p->Chinese++ = %.2f\n", p, p->Chinese++);
22      printf("p = %d, ++p->Chinese = %.2f\n", p, ++p->Chinese);
23      printf("p = %d, ", p);
24      printf("(p++)->Chinese = %.2f\n",(p++)->Chinese);
25      printf("p = %d, ", p);
26      printf("(++p)->Chinese = %.2f\n",(++p)->Chinese);
27      return 0;
28   }
```

运行结果如图 9.7 所示。

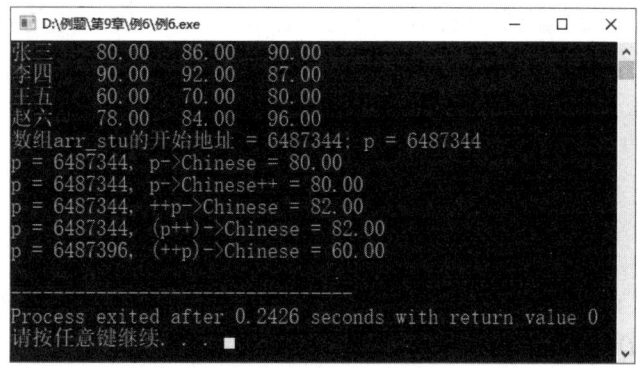

图 9.7 例 9.6 运行结果

代码分析：

```
16   for(p=arr_stu; p<(arr_stu+4); p++)
17   {printf("%s\t%.2f\t%.2f\t%.2f\n", p->name, p->Chinese, p->Math,
     p->English); }
```

指针 p 依次指向所有的结构数组元素，并输出它们的成员值。

```
18   p=arr_stu;
```

在第 18 行代码前，指针变量 p 已经指向了最后一个数组元素 arr_stu[3]的后面一个存储空间，第 18 行代码的作用就是恢复指针 p 指向数组的首元素。

```
19   printf("数组 arr_stu 的开始地址 = %d; p = %d\n", arr_stu, p) ;
```

该行代码输出数组 arr_stu 的开始地址和指针 p 的值，从运行结果中可以看到，二者相等。

```
20   printf("p = %d, p->Chinese = %.2f\n", p, p->Chinese);
```

该行代码输出指针变量 p 的值，可以看到此时 p 是指向第一个数组元素 arr_stu[0]的，表达式"p->Chinese"是 arr_stu[0]的 Chinese 成员的值，为 80。

```
21   printf("p = %d, p->Chinese++ = %.2f\n", p, p->Chinese++);
```

指针 p 指向 arr_stu[0]，因为结构成员指针运算符"->"的优先级高于自增运算符"++"，表达式"p->Chinese++"是自增的后置运算,所以输出值还是80,但输出后arr_stu[0]的Chinese成员的值会变为81,但指针p的值没有改变。

```
22    printf("p = %d, ++p->Chinese = %.2f\n", p, ++p->Chinese);
```

第24行语句执行前,指针p仍指向arr_stu[0],成员Chinese的当前值是81。第22行语句是自增的前置运算,所以arr_stu[0]的Chinese成员的值会先变为82后输出,而且指针p的值仍没有改变。

```
23    printf("p = %d, ", p);
24    printf("(p++)->Chinese = %.2f\n",(p++)->Chinese);
```

从第23行语句的执行结果可以看到,此时p仍指向arr_stu[0]。第24行语句中使用小括号改变了自增运算符和结构成员指针运算符的运算顺序,因为是自增的后置运算,所以输出指针p当前所指向的数组元素的Chinese成员值,也就是arr_stu[0].Chinese的值82。输出后,指针p后移一个单元,指向了arr_stu[1]。

```
25    printf("p = %d, ", p);
26    printf("(++p)->Chinese = %.2f\n",(++p)->Chinese);
```

因为第24行语句执行后,指针p指向了arr_stu[1],所以可以看到第25行语句输出指针p的值已经发生变化了。第26行语句仍使用小括号改变自增运算符和结构成员指针运算符的运算顺序,因为是自增的前置运算,所以指针变量p会先后移一个单元,指向arr_stu[2],然后输出arr_stu[2]的Chinese值,即60。

9.5 枚 举 类 型

"枚举"是指将变量可能的取值全部列举出来,枚举类型变量只能取列举出来的情况之一。如果一个变量的取值只能存在可能的几种情况,则可以定义为枚举类型。

枚举类型的定义如下:

enum 枚举类型名称 { 枚举成员列表 };

例如:

enum date { sun, mon, tue, wed, thu, fri, sat };

该行代码定义了一个枚举类型date,该类型中共有7个成员。

enum date day1, day2;

该行代码定义了枚举类型变量day1和day2,它们的取值范围只能是上面的7个成员之一。可以在定义枚举类型的同时定义枚举变量,形式如下:

enum date { sun, mon, tue, wed, thu, fri, sat } day1, day2;

枚举成员列表中包括了该类型变量取值的所有情况,如果在定义中没有显式地给出这些成员的值,那么这个成员的默认值依次为整型值0,1,2,…,n。因此,在上面的定义中,

sun 的值为 0，mon 的值为 1，…，sat 的值为 6。

枚举类型也允许在定义时改变这种默认值，如下面的定义所示：

```
enum color {red, yellow, green=6, blue, white=12, black};
enum color mycolor;
```

此时，red 和 yellow 的默认值是 0 和 1。green 的值是 6，blue 的值在 green 的基础上加 1，所以 blue 的值是 7。同样地，white 的值是 12，black 的值是 13。

注意：

(1) 枚举类型中的所有枚举成员都是一个符号常量，表示一个整型数据。既然是常量，它们的值在定义之后是不能改变的。例如，下面的赋值语句是错误的：

```
yellow=10;          //错误
```

(2) 虽然每一个枚举成员都对应一个整型值，但是在对枚举变量进行赋值时，只能采用枚举成员的名称进行操作，而不能使用该名称对应的数字。例如：

```
mycolor=red;        //正确
mycolor=0;          //错误
```

(3) 如果确实需要将一个数字赋值给一个枚举变量，可以通过强制类型转换将数字转换为枚举类型。例如：

```
mycolor=(enum color) 7;
```

(4) 因为每一个枚举成员都对应一个整型值，所以可以对枚举变量进行关系运算。例如：

```
if(day1==mon)       //正确的
    printf("今天是星期一.\n");
if(day1!= day2)     //正确的
    printf("不是同一天.\n");
```

【例 9.7】枚举变量的应用代码示例。

程序如下：

```
1    #include <stdio.h>
2    enum date {sun, mon, tue, wed, thu, fri, sat};
3    int main( )
4    {
5        enum date week;                    //定义枚举变量
6        int num;
7        printf("请输入一个非负整数:");
8        scanf("%d", &num);
9        if(num<0 || num>6)
10       {   printf("输入有误!\n");    }
11       else
12       {
13           week=(enum date)num;           //强制类型转换
```

例 9.7
讲解视频

```
14        switch(week)
15        {    case sun:                        //枚举类型比较
16                 printf("星期日\n");
17                 break;
18             case mon:
19                 printf("星期一\n");
20                 break;
21             case tue:
22                 printf("星期二\n");
23                 break;
24             case wed:
25                 printf("星期三\n");
26                 break;
27             case thu:
28                 printf("星期四\n");
29                 break;
30             case fri:
31                 printf("星期五\n");
32                 break;
33             case sat:
34                 printf("星期六\n");
35                 break;
36        }
37     }
38     return 0;
39  }
```

运行结果如图 9.8 所示。

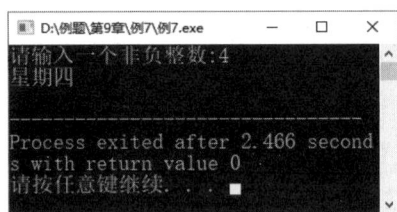

图 9.8　例 9.7 运行结果

代码分析:

```
2   enum date {sun, mon, tue, wed, thu, fri, sat};
```

该行代码定义了枚举类型 date，它有 7 个成员。因为没有显式地对枚举成员赋值，所以从 sun 到 sat 的默认值为从 0 到 6。

```
5   enum date week;                              //定义枚举变量
```

该行代码定义了枚举类型变量 week。

```
13    week=(enum date)num;                //强制类型转换
```

通常需要使用枚举成员的名称对枚举变量赋值，如果使用整型数字赋值，需要对其进行强制类型转换。

```
14    switch(week)
15    case sun:
```

因为枚举变量是整型值，所以可以作为 switch 语句的判断条件。又因为枚举成员是常量，所以可以作为 case 语句中的常量表达式。

9.6 案例：成绩管理器 2.0

【例 9.8】编写程序实现成绩管理器 2.0，本版本与第 8 章实现的成绩管理器 1.1 的主要区别在于以下几点。

(1) 扩充"显示"功能，每一行除了显示一个学生的姓名和三科成绩之外，还显示该学生三科总分和平均分这两个信息。

(2) 新增"插入"功能，支持用户在指定位置插入一条学生信息(姓名、三科成绩)。

(3) 新增"删除"功能，支持用户删除指定位置的一条学生信息。

(4) 扩充"统计"功能，以二级子菜单的形式，支持用户按照三科总分、语文成绩、数学成绩和英语成绩分别统计对应的平均分、最高分、最低分以及最值对应的学生姓名。

(5) 扩充"查找"功能，以二级子菜单的形式，支持用户按照姓名、三科总分、语文成绩、数学成绩和英语成绩，查找对应的学生信息，在屏幕上显示查找结果在学生信息中的存放位置以及完整信息。

(6) 扩充"排序"功能，以二级子菜单的形式，支持用户按照姓名、三科成绩和三科总分对学生信息进行排序。排序后的结果可以通过"显示"功能展现。

受篇幅的限制，此处仅给出部分关键代码，有兴趣的读者可以扫码查看完整代码。

部分代码如下：

```
1     //定义求和函数，计算参数 s 对应的三科总分
2     float onesum(struct student s)
3     {
4         /*  计算 s 三科成绩总分，返回该总分，代码自行补齐  */
5     }
6     //定义成绩显示函数，在屏幕上格式化输出所有学生的信息
7     display_score(struct student arr[ ], int num)
8     {
9         /*  代码可参考成绩管理器 1.1 自行补齐  */
10    }
11    //定义成绩统计函数，找出对应的最大值、最小值以及位置，返回对应的总成绩
12    float score_count(struct student array[ ], int count, int kind, float *Max,
13    int *Maxpos,float *Min, int *Minpos)
14    {
15        /*  代码可参考例 9.3 自行补齐  */
```

例 9.8
讲解视频

```
16     }
17  //定义统计菜单项操作函数,对应主菜单中的"统计"菜单项
18  count_op(struct student arr[ ], int num)
19  {
20      float sum=0, avg=0, Max=0, Min=0;      //总分、平均值、最大值、最小值
21      int Maxpos=-1, Minpos=-1;              //最值的位置
22      select=Display_menu(7);                //显示统计子菜单,选择相应操作
23      do
24      {    //根据菜单选项,调用score_count求对应的总分、最值和最值的位置
25          sum=score_count(arr, num, select-1, &Max, &Maxpos, &Min, &Minpos);
26          /* 根据菜单选项,输出相应的信息,代码自行补齐 */
27      } while(!leave2);
28  }
29  //定义成绩查找函数,该函数采用顺序查找算法
30  int score_locate(struct student arr[ ], int num, int kind, float score,
    char name_in[ ])
31  {
32      int i;
33      switch(kind)
34      {
35          case 0:                            //查姓名
36              for(i=0; i<num; i++)
37              {
38                  if(strcmp(arr[i].name, name_in)==0)
39                      return i;              //返回所找到的数据元素在数组中的下标位置
40              }
41              break;
42          /* 其他case 分支对应其他查找项,代码参考case 0自行补齐 */
43      }
44      return -1;                             //没有找到则返回-1
45  }
46  //定义查找菜单项操作函数,对应主菜单中的"查找"菜单项
47  search_op(struct student arr[ ], int num)
48  {
49      int leave2=0, select, site=-1;
50      float score=0, sum_score=0, avg_score=0;
51      char name_in[Name_Len];
52      select=Display_menu(8);                //显示"查找"子菜单项,选择相应的操作
53      do
54      {
55        switch(select)
56        {    case 1:                         //按姓名查找
57                puts("请输入想要查找的姓名: ");
58                getchar( );                  //清除在进行菜单选择操作时所键入的回车符
59                gets(name_in);               //输入学生姓名
60                site=score_locate(arr, num, 0, -1, name_in);
```

```
61              /* 根据查询结果,输出提示信息,代码自行补齐 */
62                 break;
63              /* 其他 case 分支代码自行补齐 */
64          }
65      /* 根据菜单项的选择结果进行相应的处理,代码自行补齐 */
66      } while(!leave2);
67  }
68  //定义冒泡排序函数,按照学生姓名进行排序
69  void bubblesort(struct student arr[ ], int num)
70  {   /* 参考例8.3,代码自行补齐*/       }
71  //定义直接插入排序函数,按照语文成绩值或数学成绩值进行排序
72  void insertsort(struct student arr[ ], int num, int kind)
73  {    /* 代码可以参考7.5节中直接插入排序算法自行补齐*/  }
74  //定义选择排序函数,按照英语成绩或总分进行排序
75  void selectsort(struct student arr[ ], int num, int kind)
76  { /* 代码可以参考7.5节中的选择排序算法自行补齐*/   }
77  //定义排序菜单项操作函数,对应主菜单中的"排序"菜单项
78  sort_op(struct student arr[ ], int num)
79  {   int leave2=0, select;
80      select=Display_menu(9);       //显示"排序"子菜单
81      do
82      {   switch(select)
83          {   case 1:              //按姓名排序,用冒泡排序算法,可参考例8.3
84                  bubblesort(arr, num);
85                  break;
86              case 2:              //按语文成绩排序,采用直接插入排序算法
87                  insertsort(arr, num, 1);
88                  break;
89          /* 其他case分支对应按照数学、英语和总分排序,代码自行补齐*/
90          }
91          display_score(arr,num); //调用display_score,显示排序结果
92          /* 根据菜单项的选择结果进行相应的处理,代码自行补齐 */
93      } while(!leave2);
94  }
95  //定义插入学生信息函数
96  int stu_insert(struct student arr[ ], int num, int start, struct student
    stu_temp)
97  {   int i;
98      if((start>=0) &&(start<=num))   // 插入位置合法
99      { /* 利用循环,从最后一个有效数据开始依次后移1个单位,一直到插入
100        位置,给被插入的数据"腾位置",代码可参考例8.9自行补全 */
101         strcpy(arr[start].name, stu_temp.name);  //将待插入数据插入数组
102         arr[start].Chinese=stu_temp.Chinese;
103         arr[start].Math=stu_temp.Math;
104         arr[start].English=stu_temp.English;
105         return 1;
```

```c
106         }
107         return 0;
108 }
109 //定义插入菜单项操作函数,对应主菜单的"插入",成功则返回 1,否则返回 0
110 int insert_op(struct student arr[ ], int num)
111 {   struct student stu_temp;
112     int site;
113     /* 给出提示信息,输入插入的学生信息,进行合法性判断,代码自行补齐 */
114     return stu_insert(arr, num, site-1, stu_temp);
115 }
116 //定义删除学生信息函数,删除成功则返回 1,否则返回 0
117 int stu_delete(struct student arr[ ], int start, int num)
118 {   int i;
119     char ch;
120 if((start>=0) &&(start<num))      //删除位置介于原字符串中间某位置时
121 {
122     /* 在屏幕上输出要删除学生的信息,代码自行补齐*/
123         printf("确定要删除这个学生信息吗? (Y —确定, N —取消)");
124     getchar( );                   //清除在进行菜单选择操作时所键入的回车符
125         ch=getchar( );
126     if((ch=='Y') ||(ch=='y'))
127     {
128         for(i=start; i<num-1; i++)
129             {/*从 start 开始用其后面 1 个数据覆盖前 1 个数据,代码自行补齐*/}
130         return 1;
131         }
132     }
133 return 0;
134 }
135 int main( )
136 {   struct student arr_stu[Max_size];   //定义一个结构体数组,用来存放学生信息
137     do
138     {   select=Display_menu(0);         //显示主菜单,并进行菜单项选择操作
139     switch(select)
140         {   case 5:                     //插入一条学生信息
141             if(insert_op(arr_stu, score_quantity))  //插入成功
142             {
143                 printf("插入成功!\n") ;
144                 score_quantity++;       //有效学生个数加 1
145             }
146             break;
147             case 6:                     //删除指定位序的学生信息
148             if(score_quantity==0)
149             {   printf("目前还没有输入成绩,无法进行删除操作! \n"); }
150             else
151             {
```

```
152                     /* 输入要删除的位置,判断合法性,代码自行补齐 */
153                     if(stu_delete(arr_stu, site-1, score_quantity))
                        //删除成功
154                     {
155                         score_quantity--;        //有效学生个数减 1
156                         printf("删除成功!\n") ;
157                     }
158                 }
159             break;
160         }
161     } while(!leave1);
162     return 0;
163 }
```

代码分析:

```
2    float onesum(struct student s)
```

该行代码定义了一个求和函数,参数 s 是 student 结构体类型,该函数计算 s 的 Chinese、Math、English 三个属性值的总和。

```
7    display_score(struct student arr[ ], int num)
```

该行代码定义了显示所有学生成绩信息的函数,参数 arr 是存放学生信息的结构数组,num 对应数组 arr 中存放的学生信息条数(不是数组的长度)。该函数通过循环,依次显示每个学生的成绩信息。每次循环时,调用 onesum 函数计算学生的三科总分,然后求出平均分,最后格式化输出学生的信息。程序运行结果如图 9.9 所示。

图 9.9 例 9.8 成绩管理器 2.0 显示操作的运行结果

```
96    int stu_insert(struct student arr[ ], int num, int start, struct student stu_temp)
```

该行代码定义了一个插入学生信息的函数,在结构体数组 arr 的 start 位置之前插入一条学生信息 stu_temp。参数 num 指示了数组 arr 中存放的学生信息条数。该函数首先需要对参数指定的插入位置 start 进行合法性判断，start 的取值应该在[0, num]范围内。如果插入位置有效，就进行插入操作。插入操作的实现思路如下：首先通过循环，从最后一条有效学生记录(数组下标为 num-1)开始，一直到 start 对应的数据元素，依次后移一个单位。这个后移操作的目的就是给被插入数据"腾位置"；然后将被插入数据放到 start 位置上。当传递的参数 start 和 num 相等时，该插入操作相当于在原学生信息之后追加一条学生记录。

```
110    int insert_op(struct student arr[ ], int num)
```

该行代码定义了插入菜单项操作函数，对应主菜单的"插入"，该函数的主要功能是给出提示信息，让用户输入要插入的学生信息，并对学生姓名和成绩进行合法性判断。如果输入的学生信息都符合要求，就调用函数 stu_insert 进行插入。如果插入操作成功就返回 1，否则返回 0。

```
141    if(insert_op(arr_stu, score_quantity))
144    score_quantity++;
```

在程序运行的最初状态下，没有通过新建操作输入学生信息时，也可以执行插入操作。如果调用函数 insert_op 成功插入一条学生记录，则有效学生信息增加 1 条，存储学生记录条数的变量 score_quantity 要加 1。插入操作运行结果如图 9.10 所示。

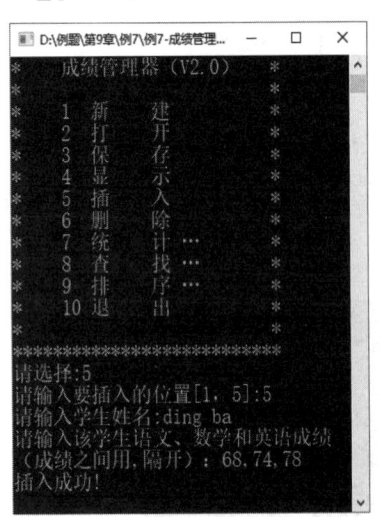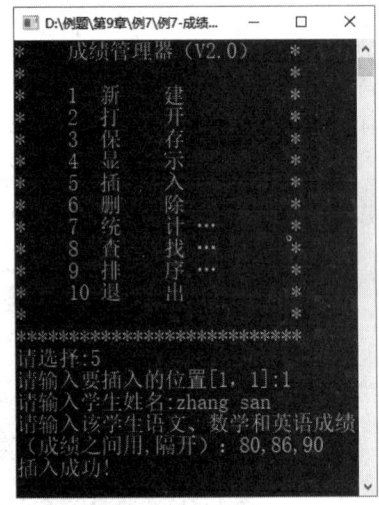

图 9.10　例 9.8 成绩管理器 2.0 插入操作的运行结果

```
117    int stu_delete(struct student arr[ ], int start, int num)
```

该行代码定义了删除指定位序的学生信息的函数，删除结构体数组 arr 中 start 位置上的学生信息。参数 num 指示了数组 arr 中存放的学生信息条数。删除成功则返回 1，否则返回 0。该函数首先要对参数指定的删除位置 start 进行合法性判断，start 的取值应该在[0, num)范围内。如果 start 有效，就进行删除操作。因为删除操作一旦执行，被删除的数据就无法恢复，所以在执行删除操作之前，应该由用户再次确认该删除操作。如果用户确定要删除，再继续执行。删除操作的实现办法如下：从指定的删除位置开始，依次将其后面一个数据元素赋值给该数据元素，直到完成将数组中存放的最后一个数据(数组下标为 num-1)赋值给其前一个位置。删除操作运行结果如图 9.11 所示。

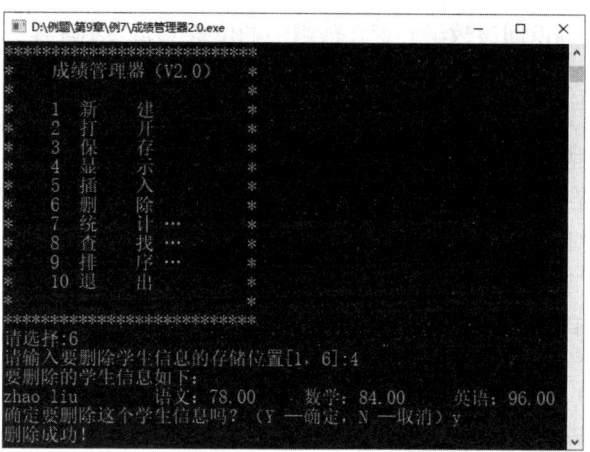

图9.11　例9.8 成绩管理器2.0删除操作的运行结果

```
12    float score_count(struct student array[ ], int count, int kind, float *Max,
13    int *Maxpos, float *Min, int *Minpos)
```

上述代码定义了一个成绩统计函数，统计出对应的最大值、最小值以及最值的位置。参数 array 是一个结构体数组，存储学生信息。参数 count 指示了数组 array 中存放的学生信息条数。参数 kind 用来标识统计的依据：kind=0，则统计总成绩；kind=1，则统计语文成绩；kind=2，则统计数学成绩；kind=3，则统计英语成绩。参数 Max 和 Min 用来记录最大值和最小值，这两个参数是指针类型，可以将函数中计算的结果返回给调用者。Maxpos 和 Minpos 用来记录最值的位置，这两个参数是指针类型，也可以将函数中计算的结果返回给调用者。该函数采用"打擂台"的办法求解最大值和最小值。函数返回对应类别的总成绩。因为一个函数仅能返回一个结果，该函数所求出的最大值、最小值以及它们对应的位置分别存储在*Max、*Min、*Maxpos 和*Minpos 中，通过这种指针类型参数的形式可以将函数中计算的结果返回给调用函数。

```
18    count_op(struct student arr[ ], int num)
```

该行代码定义了统计菜单项操作函数，对应主菜单中的"统计"二级子菜单项。该函数的主要功能就是显示统计操作的二级子菜单，然后根据用户的选择项，调用 score_count 函数，进行相应的统计操作，并在屏幕上显示统计结果。统计操作运行结果如图9.12所示。

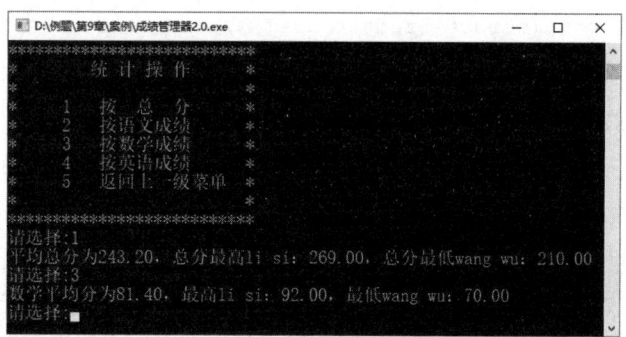

图9.12　例9.8 成绩管理器2.0统计操作的运行结果

```
30    int score_locate(struct student arr[ ], int num, int kind, float score,
char name_in[ ])
```

该行代码定义了查找函数,在学生信息数组中查找第一个和指定信息(姓名或成绩)相等的数组元素，如果找到，则返回该数组元素在数组中的位置，如果不存在，则返回–1。参数 arr 是一个结构体数组，存储了学生信息。参数 num 指示了数组 arr 中存放的学生信息条数。参数 kind 表示查找依据：kind=0，则按姓名查找；kind=1，则按语文成绩查找；kind=2，则按数学成绩查找；kind=3，则按英语成绩查找；kind=4，则按三科总分查找。参数 score 对应要查找的成绩值，name_in 存放了要查找的学生姓名。调用该函数进行查找时，如果是按照姓名进行查找，则传给参数 score 一个–1； 如果按照成绩进行查找，则传给参数 name_in 一个空串(" ")。

函数 score_locate 采用顺序查找的思想，从数组第一个数据元素开始，调用字符串库函数 strcmp 比较两个字符串，如果相等(查找成功)，则直接返回这个数组的下标，如果没找到(查找失败)，则返回–1。

```
47    search_op(struct student arr[ ], int num)
```

该行代码定义了查找菜单项操作函数，对应主菜单中的"查找"二级子菜单项。该函数的主要功能是显示查找操作的二级子菜单，然后根据用户的选择项，给出相应的实参值，调用函数 score_locate 进行相应的查找，并根据查找结果，在屏幕输出相应的提示信息。查找操作运行结果如图 9.13 所示。

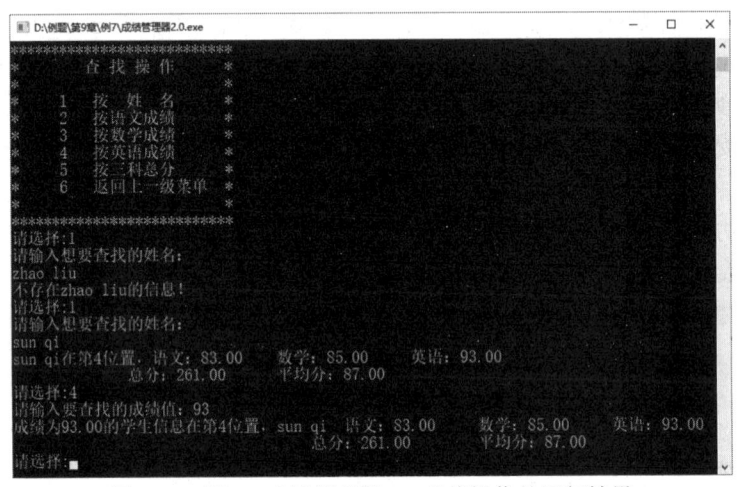

图 9.13　例 9.8 成绩管理器 2.0 查找操作的运行结果

```
69    void bubblesort(struct student arr[ ], int num)
```

该行代码定义了一个排序函数，该函数采用冒泡排序算法，对结构体数组 arr 中的有效学生记录(num 个)按照姓名进行升序排序。

```
72    void insertsort(struct student arr[ ], int num, int kind)
```

该行代码定义了一个排序函数，该函数采用直接插入排序算法，对结构体数组 arr 中的有效学生记录(num 个)按照语文成绩或数学成绩进行升序排序。参数 kind = 1 时，按照语文成绩排序；kind = 2 时，则按照数学成绩进行排序。也可以利用冒泡排序算法来实现按照语文成绩或数学成绩排序，本例题中实现了三种不同的排序算法，仅仅是想让大家更好地掌握不同排序算法而已。

```
75    void selectsort(struct student arr[ ], int num, int kind)
```

该行代码定义了一个排序函数，该函数采用选择排序算法，对结构体数组 arr 中的有效学生记录(num 个)按照英语成绩或三科总分进行升序排序。参数 kind = 4 时，按照英语成绩排序；

kind =5 时，按照三科总分进行排序。

```
78    sort_op(struct student arr[ ], int num)
```

该行代码定义了排序菜单项操作函数，对应主菜单中的"排序"二级子菜单项，该函数的主要功能是显示排序操作的二级子菜单，然后根据用户的选择项，调用相应的排序函数，对结构体数组 arr 中的学生信息进行排序，最后输出排序结果。排序操作运行结果如图 9.14 所示。

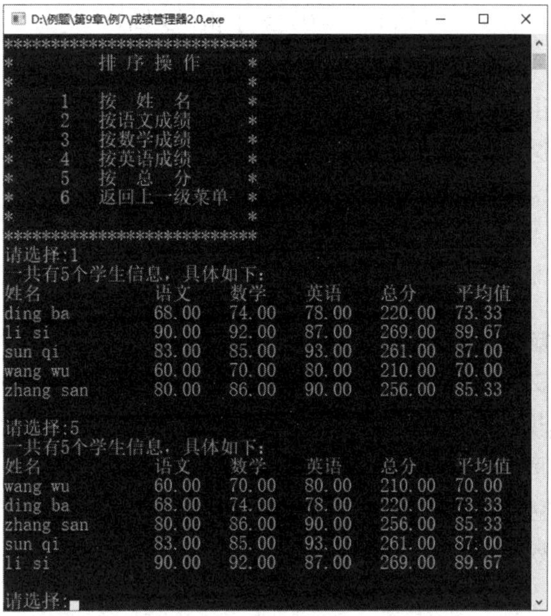

图 9.14　例 9.8 成绩管理器 2.0 排序操作的运行结果

习　题

1. 定义结构 Memo，Memo 包含两个成员，一个是整型编号 id，一个是名字字符串 name。
2. 根据表 9.2 给出的数据定义结构，并进行初始化。

表 9.2　汽车信息

编号	单位	行驶里程/km
12	快递	1450
20	速递	2000
22	迅递	1789

3. 定义以下结构体数组，语句 "printf("%d", s[0].row*s[1].row)" 的输出结果是什么？

```
struct coordinate
{
    int row;
    int col
} s[2]={2, 5, 6, 9};
```

4. 定义时间结构存储时、分、秒，提示用户输入一天中的若干时间后，按照从小到大的顺序排列后输出。
5. 定义纪念册结构存储留言信息，信息包括：姓名、出生年月、电话号码、通信地址、留言。其中出生年月是日期结构类型变量，日期结构由年、月、日组成。程序功能包括添加、删除、修改、查找。

第 10 章 动态数据结构

10.1 动态存储分配

到目前为止，本书讲过的指针变量所指向的存储空间都是由定义的变量、数组提供的，如指向变量的指针，是这样使用的：

```
int num;
int *p=&num;
*p=1;
```

为表达式"*p"所赋的数值"1"存储在事先定义的变量 num 的存储空间中，能否不定义变量 num，直接在定义指针 p 时动态地为其分配存储数值"1"的空间呢？

另外，C 语言中提供的数组都是定长的，也就是容量一旦确定就不能再改变，能否在定义数组时动态地分配空间，并且能在使用时对空间容量进行调整呢？

C 语言提供了存储空间分配管理函数，使用它们需要包含头文件 stdlib.h，这里介绍三个常用的存储空间分配函数。

1. malloc 函数

malloc 函数用于分配存储空间，它的作用是在内存中分配一块指定大小的连续存储空间，并返回存储空间的起始地址。

malloc 函数原型如下：

```
void *malloc(unsigned int size);
```

其中，参数 size 为无符号整数，是所申请内存空间的字节数。函数的返回值是指针类型"void *"，表示该指针不指向任何具体类型。因此，将函数的返回值赋给某类型的指针变量时，需要通过强制类型转换使其与指针指向的数据类型一致。

例如，要为整型指针分配存储空间：

```
int *p=(int *)malloc(sizeof(int));
```

该行代码的作用是在内存中开辟 sizeof(int)大小的存储空间(4 字节)，因为指针 p 指向整型变量，所以需要使用表达式"(int *)"对 malloc 函数的返回值类型进行强制转换，然后把分配空间的首地址存储在指针变量 p 中，指针 p 指向分配的存储空间。接下来就可以正常使用表达式"*p"了，如"*p = 1;"，数值"1"就存储在 malloc 函数分配的存储空间中了。

调整 malloc 函数分配空间的大小，改为存储 10 个浮点数据的容量，空间的首地址存储在变量 q 中，就意味着指针变量 q 是指向数组的指针，代码如下：

```
double *q=( double *)malloc(10*sizeof(double));
```

```
for(int i=0; i<10; i++)
    *(q+i)=1.0/(i+1);          //等价于q[i]=1.0/(i+1);
```

2. realloc 函数

realloc 函数用于存储空间的再分配,该函数会自动执行三步操作,第 1 步是在内存中重新开辟一块连续的存储空间;第 2 步是把原存储空间的数据对应复制到新存储空间中;第 3 步是将原存储空间释放。

realloc 函数原型如下:

```
void *realloc(void *p, unsigned int size);
```

其中,参数 p 是指向原存储空间的指针,参数 size 是再分配空间的大小,使用时,仍需要对 realloc 函数的返回值类型进行强制转换。

例如,程序定义了一个可以存储 6 个字符类型数据的空间来存储字符串,随着程序的运行,发现原空间容量不够用,需要在保留原数据的基础上进行扩容,可以采用下面的方法:

```
char *p=(char *)malloc(6*sizeof(char));
strcpy(p, "hello");
puts(p);            //输出字符串"hello"
p=(char *)realloc(p, 12*sizeof(char));
strcat(p, " world ");
puts(p);            //输出字符串"hello world"
```

上面的代码首先在内存中开辟 6 字节空间,指针 p 存储该空间的首地址,后来因字符串增长,存储空间扩容为 12 字节,注意:调用 realloc 函数前后,指针变量 p 的值是不同的,因为存储空间是重新分配的。

另外,大家不要犯这样的错误,误以为 "p="hello"" 等价于 "strcpy(p, "hello")"。前文讲解过,"p="hello"" 中的字符串常量"hello"是由编译器自动分配空间存储的,该空间和第 1 次调用 malloc 函数分配的空间不相同,这样的误操作会导致后面代码的执行错误。

3. free 函数

free 函数的作用是释放存储空间,它把 malloc 函数和 realloc 函数分配的存储空间释放,交由系统重新分配使用。

free 函数原型如下:

```
void free(void *p);
```

其中,参数 p 是指向存储空间的指针。

```
char *p=(char *)malloc(100*sizeof(char));
free(p);
```

上面的代码把开辟的 100 字节的空间首地址存储在指针 p 中,然后调用 free 函数释放指针 p 所指向的存储空间。

10.2 链　　表

链表是由若干个具有相同数据类型的节点构成的序列。每个节点主要由两部分组成：数据域和指针域。其中，数据域是存储实际数据的存储单元，指针域使该节点和其他节点相连，一个节点的指针域可以有多个。这里只介绍只有一个指针域的最简单的链表，称为单链表。

节点结构如图 10.1 所示。

图 10.1　节点结构

节点结构定义如下：

```
struct Node
{
    int data;                    //这里假设数据域存储一个整数
    struct Node *next;
};
```

节点结构命名为 Node，数据域是一个整型变量，指针域的指针变量是一个指向 struct Node 结构类型的指针，struct Node 结构就是该结构自身定义的数据类型。

通常，单链表采用有头节点的形式，头节点的数据域一般闲置，指针域存储它后继节点(后一个连接的节点)的首地址，图 10.2 是一个包含 4 个节点(含头节点)的单链表，第 3 个节点的指针域中的符号"^"表示空指针 NULL，说明第 3 个节点后不再连接其他节点，它是单链表的最后一个节点。

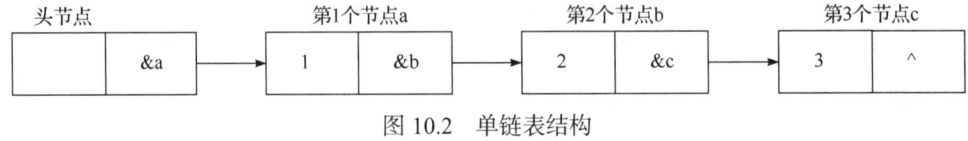

图 10.2　单链表结构

头节点的指针域的值是"&a"，即第 1 个节点 a 的地址。

第 1 个节点的数据域是 1，指针域的值是"&b"，即第 2 个节点 b 的地址。

第 2 个节点的数据域是 2，指针域的值是"&c"，即第 3 个节点 c 的地址。

第 3 个节点的数据域是 3，指针域的值是空指针。

为了让读者更清楚地理解单链表中的连接关系，这里再强调一下，第 1 个节点共涉及 4 个地址，它们分别是节点的地址"&a"、节点数据域变量 data 的地址、节点指针域变量 next 的地址、节点指针域变量 next 中存储的地址值"&b"。

头节点的指针域中存储的值是第 1 个节点的地址，第 1 个节点的指针域中的值是第 2 个节点的地址，我们并不关心第 1 个节点中数据域变量和指针域变量自身的地址。

单链表的基本操作有链表节点的创建、查找、插入、删除操作，下面将分别介绍。单链表的具体实现会在本章的案例中编写。

1. 链表节点的创建

我们在定义 struct Node 结构时,可以用 typedef 为 struct Node 类型起别名叫 Node,同时为 struct Node 的指针类型起别名叫 Link。

```
struct Node
{
    int data;
    struct Node *next;
};
typedef struct Node Node;
typedef struct Node *Link;
```

单链表创建的讲解视频

定义一个结构类型指针变量并使用 malloc 函数为其分配节点空间。然后在节点数据域存储数据值,即为 p->data 赋值(头节点除外),再将指针域 p->next 的值设置为头节点的指针域的值(第一个节点的地址),然后将头节点的指针域的值设置为这个新创建的节点的地址,依次将所有节点连接在一起。这个创建过程是一个逆位序创建过程,先创建的节点排在后面,最后创建的节点排在最前面(连接在头节点之后)成为第一个节点。

创建头节点的代码如下:

```
Link head=(Link)malloc(sizeof(Node));
head->next=NULL;
```

创建 5 个一般节点的代码如下:

```
1   void create(Link head)
2       {   int i=0;
3           while(i<5)                              //共创建 5 个节点(不包括头节点)
4           {   Link p=(Link)malloc(sizeof(Node));  //p 指向新节点
5               p->data=(i+1)*10;                   //数据域
6               p->next=head->next;                 //p 指向的节点的指针域指向当前第 1 个节点
7               head->next=p;                       //头节点的指针域指向 p 指向的节点,使 p
                                                    //  指向的节点成为第 1 个节点
8               i++;
9           }
10      }
```

2. 链表节点的查找

在创建链表后,根据链表头节点的地址,获取头节点的指针域中存储的地址值,从而找到链表的第 1 个节点,判断第 1 个节点的数据域的值是否为要查找的值,如果不是,再根据第 1 个节点指针域的值,找到第 2 个节点,继续判断第 2 个节点的数据域的值是不是要查找的值,这样循环执行下去,直到某个节点数据域的值等于待查找的数据值,或者查找到这样一个节点,该节点的指针域的值是 NULL,这个节点就是链表最后一个节点,该节点数据域的值不等于待查找的数据值,表示链表中不存在待查找的数据节点。

如果指针 p 是某一个节点的指针,该节点指针域的值是 p->next,p->next 的值也就是该节点后继节点的地址,所以应把 p->next 的值赋给指针 p,从而实现指针 p 由指向某个节点变到指向该节点的后继节点。

单链表查找的讲解视频

```
1    int find(Link head, int num)      //num 是要查找的值
2    {    int i=1;
3         Link p=head->next;
4         while(p!=NULL)
5         {    if(p->data==num)
6              {    printf("第%d个节点!\n",i);
7                   return i;
8              }
9              i++;
10             p=p->next;
11        }
12        printf("没找到!\n");
13        return 0;
14   }
```

3. 链表节点的插入

将新节点插入原链表的某个位置,如将新节点插在指针 q 指向的节点的位置,应该通过查找,先找到指针 q 所指向节点的前驱节点,然后让该前驱节点的指针域指向新节点,最后让新节点的指针域指向 q 指向的节点,如图 10.3 所示。

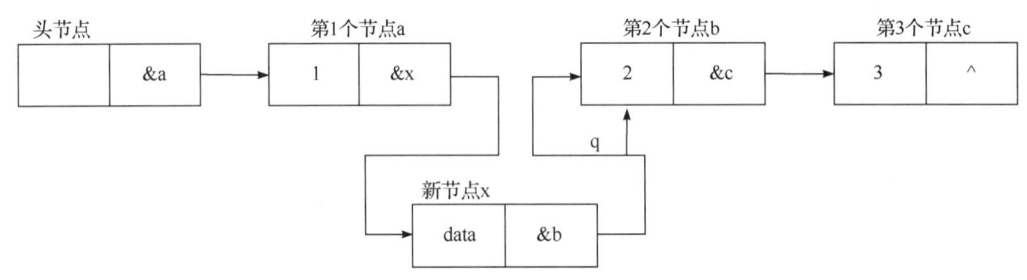

图 10.3　链表节点插入情况

新插入的节点的位置范围是从第 1 个节点到最后一个节点的下一个位置。

单链表插入的讲解视频

```
1    void insert(Link head, int index, int num)
     //index 是要插入的位置,num 是要插入的值
2    {    int i=1;
3         Link p=head;
4         Link pnew=(Link)malloc(sizeof(Node));    //pnew 指向新节点
5         pnew->data=num;
6         pnew->next=NULL;
7         if(index<=0)
8         {    printf("插入位置有误!\n");
9              return;
10        }
11        while(p!=NULL)
```

```
12      {   if(i==index)        //找到插入位置
13          {   break;  }
14          p=p->next;
15          i++;
16      }
17      if(p==NULL)             //插入位置从第 1 个节点到最后一个节点的下一位置
18      {   printf("插入位置有误!\n");
19          return;
20      }
21      pnew->next=p->next;
22      p->next=pnew;
23  }
```

4. 链表节点的删除

删除链表的某个节点，如删除指针 q 指向的节点时，应该通过查找，先找到指针 q 指向节点的前驱节点，然后让该前驱节点的指针域的值等于 q 指向的节点的指针域的值，最后将被删除节点所占空间释放掉，如图 10.4 所示。

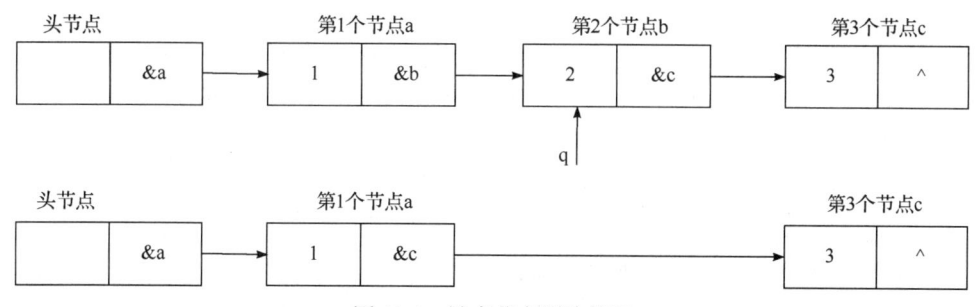

图 10.4　链表节点删除情况

被删除的节点的位置范围是从第 1 个节点到最后一个节点。

单链表删除的讲解视频

```
1   void del(Link head, int index)      //index 是要删除位置的下标
2   {   int i=1;
3       Link q=head;
4       Link p=q->next;
5       if(index<=0)
6       {   printf("删除位置有误!\n");
7           return;
8       }
9       while(p!=NULL)
10      {   if(i==index)
11          {   break;  }
12          q=p;
13          p=p->next;
14          i++;
15      }
16      if(p==NULL)                     //删除位置从第 1 个节点到最后一个节点
```

```
17          {   printf("删除位置有误!\n");
18              return;
19          }
20          q->next=p->next;
21          free(p);
22      }
```

10.3 案例：成绩管理器 2.5

9.6 节实现的成绩管理器 2.0 是基于数组方式实现的。本节将基于链表的方式实现功能与成绩管理器 2.0 一样的成绩管理器 2.5，其中统计和排序功能的实现将作为习题由同学们课后完成。

部分代码如下：

```
1       #include <stdio.h>
2       #include <stdlib.h>
3       #include <math.h>
4       #include <string.h>
5       #define Max_size 100           //存储成绩数组的最大容量
6       #define EPSILON 1e-6           //定义浮点数比大小时的误差精度常量
7       #define Name_Len 40            //定义名字串的最大长度
8       struct student                 //定义学生结构体，具有五个属性(姓名、成绩、下一节点地址)
9       {   char name[Name_Len];
10          float Chinese;
11          float Math;
12          float English;
13          struct student *next;
14      };
15      typedef struct student Student;
16      typedef Student *Link_stu;
17      int Display_menu(int menu_id)      //定义显示菜单项的函数
18      {   /*  代码可参考成绩管理器 2.0 自行补齐   */  }
19      float onesum(Student *s)   //计算一个学生的总分，s 指向一个 Student 类型的节点
20      {   return(s->Chinese+s->Math+s->English); }
21      void display_score(Link_stu arr, int num)   //学生信息显示函数
22      {
23          float sum=0, avg=0;
24          Link_stu p;                    //定义一个指向 Student 结构体的指针变量 p
25          printf("一共有%d 个学生信息，具体如下：\n", num);
26          printf("姓名            语文\t 数学\t 英语\t 总分\t 平均值\n", num);
27          p=arr->next;                   //p 指向第一个节点，链表操作中头指针不能变化
28          while(p)                       //通过循环，依次访问所有学生节点
29          {   sum=onesum(p);             //调用函数 onesum 计算三科总分
30              avg=sum/3;
31              printf("%-16s%.2f\t%.2f\t%.2f\t%.2f\t%.2f\n", p->name, p->Chinese,
```

```c
                    p->Math, p->English, sum, avg);
            p=p->next;               //p后移到下一个节点
        }
        printf("\n");
    }
    int score_input(Link_stu arr)    //新建学生信息函数
    {
        int count=0;
        float score_ch, score_ma, score_en;
        char name_in[Name_Len];      //临时存放输入的名字串
        Student *p;                  //指向学生节点的指针
        printf("请输入学生姓名,以###结束一批成绩的输入!\n");
        getchar( );                  //清除在进行菜单选择操作时所键入的回车符
        gets(name_in);               //输入学生姓名
        while(strcmp(name_in, "###")!=0)        //不是结束标志串
        {
            /*输入成绩,并对成绩进行合法性判断,代码自行补齐*/
            p=(Link_stu) malloc(sizeof(Student));   //输入正确,新建一个学生节点
            if(p==NULL)
            {   printf("创建学生链失败!\n");
                exit(0);
            }
            /* 将输入的姓名和成绩赋值到新创建的节点中,代码自行补齐 */
            p->next=arr->next ;      //新建节点的指针域指向链表中第一个节点
            arr->next=p;             //头节点的指针域指向新建的这个节点
            count ++;                //学生信息数加1
            printf("请输入学生姓名: ");
            getchar( );              //清除在进行成绩输入时所键入的回车符
            gets(name_in);
        }
        return count;
    }
    //定义查找函数
    Link_stu score_locate(Link_stu arr, int *num, int kind, float score, char name_in[ ])
    {
        int i=0, ok=0;       //ok代表查找成功的标记,等于1时表示查找成功
        Link_stu p;
        p=arr->next ;        //p指向第一个节点
        while(p)
        {
            switch(kind)     //判断查找依据
            {
                case 0:      //按照姓名查找
                    if(strcmp(p->name , name_in)==0)
                    {
```

```c
77                        ok=1;
78                    }
79                    break;
80              /* 按照语文、数学或英语成绩查找，代码参照 case 1 自行补齐*/
81          }
82          if(ok)                      //查找成功
83          {   *num=i;                 //把结果在链表中的位序放到 num 中
84              return p;               //返回这个节点的地址
85          }
86          else
87          {   p=p->next;              //指针后移，继续比较
88              i++;                    //位序加 1
89          }
90      }
91      return NULL;                    //没有找到，返回 NULL
92  }
93  void search_op(Link_stu arr)        //定义查找菜单操作函数
94  {   int leave2=0, select, site =-1;
95      float score=0;
96      char name_in[Name_Len];
97      Link_stu p=NULL;
98      select=Display_menu(8);         //显示查找子菜单
99      do
100     {   switch(select)
101         {   case 1:                 //按姓名进行学生信息的查找
102                 puts("请输入想要查找的姓名：");
103                 getchar( );         //清除在进行菜单选择操作时所键入的回车符
104                 gets(name_in);      //输入要查找的姓名
105                 p=score_locate(arr, &site, 0, -1, name_in);
106                 /* 根据 p 的结果，输出相应的提示信息，代码自行补齐 */
107                 break;
108             case 2:     //按语文成绩进行学生信息的查找
109             case 3:     //按数学成绩进行学生信息的查找
110             case 4:     //按英语成绩进行学生信息的查找
111                 printf("请输入要查找的成绩值：");
112                 scanf("%f", &score);
113                 p=score_locate(arr, &site, select-1, score, name_in);
114                 /* 根据 p 的结果，输出相应的提示信息，代码自行补齐 */
115                 break;
116             case 5:     /* 返回上一级菜单，代码自行补齐 */
117             default :   /*其他菜单选项，代码自行补齐*/
118         }
119         /* 根据菜单项的选择结果进行相应的处理，代码自行补齐 */
120     } while(!leave2);
121 }
122 int insert_op(Link_stu arr, int num)    //插入学生节点，操作成功则返回1，否则返回0
```

```
123  {    Link_stu p, stu_temp;
124       float score_ch, score_ma, score_en;
125       char name_in[Name_Len];        //临时存放输入的名字串
126       int site=0, i=0;
127       printf("请输入要插入的位置[1, %d]:", num+1);
128       /* 对插入位置进行合法性判断，代码自行补齐*/
129       printf("请输入学生姓名:");
130       getchar( );                    //清除在键盘输入插入位置时所键入的回车符
131       /* 输入学生姓名和各科成绩，并对输入进行合法性判断，代码自行补齐*/
132       p=arr;                         //指针p指向头节点
133       i=0;
134       while((p) &&(i<site-1))        //通过循环，将p定位在要插入位置的前一个节点
135       {    p=p->next;
136            i++;
137       }
138       if(i==site -1)   //指针p成功定位在插入位置的前一个节点
139       {stu_temp=(Link_stu) malloc(sizeof(Student));    //创建一个新的学生节点
140        /*将输入的学生信息赋值给这个新节点stu_temp,让新节点的指针域被p所指向节点的指
141           针域赋值(stu_temp->next=p->next),再让p指向节点的指针域被指向新节点的
142           stu_temp赋值，从而完成节点的插入。代码自行补齐。*/
143           return 1;
144       }
145       else             //插入位置非法
146       {    return 0;    }
147  }
148  int delete_op(Link_stu arr, int num)  //删除学生节点，操作成功则返回1，否则返回0
149  {    int site=0, i=0, sel=0;
150       Link_stu p, q;
151       printf("请输入要删除学生信息所在位置[1, %d]:", num);
152       scanf("%d", &site);
153    /* 对输入的删除位置进行合法性判断，不合法直接返回0。代码自行补齐*/
154       p=arr;                         //指针p指向头节点
155       i=0;
156       while((p)&&(i<site-1))   //通过循环，将p定位在要删除位置的前一个节点
157       {    p=p->next;
158            i++;
159       }
160       if(i==site-1)             //指针p成功定位在删除位置前一个节点
161       {    q=p->next;           //q指向要删除的节点
162           /*显示要删除节点的学生信息，并询问用户是否确定删除。如果确定要删除，就让p
163             指向节点的指针域被要删除节点(q)的指针域赋值，然后释放要删除节点占用的存储
164             空间，从而完成删除操作，代码自行补齐。 */
165           return 1;
166       }
167       else                     //删除位置非法
168       {    return 0;    }
```

```c
169 }
170 int main( )
171 {   Link_stu arr_stu;           //定义指向学生信息链的头指针
172     int site;
173     arr_stu=(Link_stu)malloc(sizeof(Student));   //创建学生成绩链表的头节点
174     if(arr_stu==NULL)
175     {   printf("创建学生信息链失败! ");
176         exit(0);
177     }
178     arr_stu->next=NULL;
179     do
180     {   select=Display_menu(0); //显示主菜单, 并进行菜单项选择操作
181         switch(select)
182         {   case 1:               //新建(输入)一批学生信息
183                 score_quantity=score_input(arr_stu);
184                 printf("当前一共输入了%d 个学生信息! \n", score_quantity);
185                 break;
186             case 4:               //显示学生信息
187                 if(score_quantity==0)
188                 {
189                     printf("目前还没有输入学生信息, 无法进行显示操作! \n");
190                 }
191                 else
192                 {
193                     display_score(arr_stu, score_quantity);
194                 }
195                 break;
196             case 5:               //插入一个学生信息
197                 if(insert_op(arr_stu, score_quantity))   //插入成功, 有效个数加 1
198                 {
199                     printf("插入成功!\n") ;
200                     score_quantity++;
201                 }
202                 break;
203             case 6:               //删除指定学生信息
204                 if(score_quantity==0)
205                 {   printf("目前还没有输入成绩, 无法进行删除操作! \n");}
206                 else
207                 {
208                     if(delete_op(arr_stu, score_quantity))   //删除成功
209                     {   printf("删除成功!\n") ;
210                         score_quantity--;       //学生个数减 1
211                     }
212                 }
213                 break;
214             case 7:                  //成绩统计
```

```
215                         /* 成绩统计功能的实现由学生自行补齐 */
216                  case 8:                          //查找操作
217                       if(score_quantity==0)
218                       {    printf("目前还没有输入学生信息,无法进行查找操作!\n");}
219                       else
220                       {    search_op(arr_stu);
221                            system("cls");   //从下级菜单返回,需要清屏
222                       }
223                       break;
224                  case 9:                          //排序操作
225                       /* 排序功能的实现由学生自行补齐 */
226                  }
227         } while(!leave1);
228         return 0;
229 }
```

代码分析:

```
15   typedef struct student Student;
16   typedef Student *Link_stu;
```

为了方便程序引用,用 typedef 为学生结构体和指向这个结构体的指针起别名,将 struct student 命名为 Student 类型,将指向 Student 结构体的指针命名为 Link_stu 类型。

```
19   float onesum(Student *s)
```

该行代码定义了一个函数 onesum,用来计算参数 s 指向节点的三科成绩总和。注意此处的形参类型和成绩管理器 2.0 定义的 onesum 函数的参数类型不同。这里是一个指向学生结构体的指针,在成绩管理器 2.0 中,参数 s 是一个结构体类型。

```
21   void display_score(Link_stu arr, int num)
```

该行代码定义了函数 display_score,用来在屏幕上显示所有学生的信息。该函数通过循环,从学生链表的第一个节点(不是头节点)开始,依次将所有学生信息在屏幕上输出。注意循环的判断条件。

```
37   int score_input(Link_stu arr)
```

该行代码定义了新建学生信息函数,该函数将输入的姓名和对应的成绩保存到参数指定的链表中,返回输入成绩的总个数。在输入过程中,当输入的学生姓名为"###"或者输入的成绩有负数时,结束输入操作。该函数采用了 10.2 节介绍的链表节点创建的思想构建学生信息链表,链表创建过程是一个"前插"的办法,每次后插入的节点将成为链表的第一个节点。

```
49   p=(Link_stu) malloc(sizeof(Student));    //输入正确,新建一个学生节点
50   if(p==NULL)
51   {   printf("创建学生链失败!\n");
52       exit(0);
53   }
```

第 49 行代码调用 malloc 函数，创建一个 Student 结构的节点。因为某些原因，这可能会导致分配内存空间失败，所以在每次调用 malloc 函数后，都需要检查分配空间是否成功。如果存储空间分配失败，就执行 C 语言标准库中的 exit 函数来终止当前程序的执行，并返回到操作系统。调用 exit 函数时，应传递给这个函数一个整型的参数值，该参数值会返回给操作系统，表示程序的退出状态。

```
65    Link_stu score_locate(Link_stu arr, int *num, int kind, float score, char name_in[ ])
```

该行代码定义了查找函数，该函数实现的功能是在参数 arr 执行的学生链表中查找第一个和指定信息(姓名或成绩)相等的学生节点，如果查找成功，则返回学生节点的地址，如果不存在，则返回 NULL。在查找成功时，参数 num 返回查找结果在链表中的位置，参数 kind 表示查找依据的类型：0-按姓名查找，1-按语文成绩查找，2-按数学成绩查找，3-按英语成绩查找，调用该函数时，如果是按姓名进行查找，则传给参数 score 一个–1，如果是按照三科成绩进行查找，则传给参数 name_in 一个空串(""）。

```
93    void search_op(Link_stu arr)
```

该行代码定义了查找菜单操作函数，这个函数对应于"查找"二级子菜单操作。该函数首先显示"查找"二级子菜单，然后根据用户的选择，调用函数 score_locate，执行相应的查找操作。

```
122   int insert_op(Link_stu arr, int num)
```

该行代码定义了学生节点插入函数，在参数 arr 指向的链表的指定位置，插入一条学生信息，操作成功则返回 1，否则返回 0。参数 num 表示当前链表中学生节点的个数。该函数首先由用户输入一个插入位置，需要对这个输入的位置进行合法性判断，插入位置应该在[1, num+1]范围内。位置合法后，提示用户输入学生的基本信息，也需要对输入的基本信息进行必要的合法性判断。输入信息也合法之后，再应用 10.2 节介绍的链表节点的插入思想进行学生信息的插入。

```
148   int delete_op(Link_stu arr, int num)
```

该行代码定义了学生节点删除函数，在参数 arr 指向的链表中，删除指定位置的学生节点，如果操作成功则返回 1，否则返回 0。参数 num 表示当前链表中学生节点的个数。该函数首先由用户输入准备删除节点的位置，需要对这个输入的位置进行合法性判断，删除位置应该在[1, num]范围内。如果输入的删除位置合法，就通过循环，定位在要删除节点的前一个节点，然后借助 10.2 节中介绍的链表节点删除的思想完成删除操作。

```
173       arr_stu=(Link_stu)malloc(sizeof(Student));
```

该行代码调用 malloc 函数，创建一个 Student 类型的节点，将这个节点作为学生链表的头节点。173~178 行代码实现了创建一个只有头节点的空学生链表的功能，头节点的指针域为 NULL。

习 题

1. 简述 free 函数的作用，在一个程序中，使用完动态申请的存储空间之后，不使用 free 函数释放这个存储空间是否可行？

2. 10.2 节定义的函数 insert 的功能是在链表中插入一个节点，函数中第 21 行代码 "pnew->next=p->next;" 和第 22 行代码 "p->next = pnew;" 的先后顺序是否可以调换，为什么？

3. 已有一个单链表 pa，编程实现一个名字为 Length 的函数，该函数能返回链表 pa 中节点的个数。

4. 已有 pa 和 pb 两个单链表，每个单链表中的节点包括姓名和数学成绩，而且这两个单链表已经按照数学成绩升序排列了。要求编写一个函数，将这两个链表合并为一个链表，而且合并后节点仍然按照数学成绩升序排列。

5. 在成绩管理器 2.5 的基础上，编程实现与成绩管理器 2.0 中的显示、统计、排序一样的功能。

第 11 章 数 据 文 件

到目前为止，我们所写的程序在运行时所需要的数据都是通过键盘输入的，程序运行结果也都是显示在屏幕上的。当一个程序运行结束之后，所有变量将不再存在，这些结果也随之消失。怎样才能使这些数据能够永久保存下来呢？文件就是解决上述问题的有效办法。

11.1 文件的基础

文件是存储在硬盘等物理介质上的数据的集合。

文件按照数据存储格式的不同，可分为文本文件和二进制文件。文本文件，也称为字符文件，文本文件中的数据都是以单个字符的形式进行存储的，如一个字符、一位数字、一个小数点、一个符号等；二进制文件中的数据是以该数据在内存中的原始形式存储的。

以数值 123 为例，如果以文本文件的方式存储，"1"、"2" 和 "3" 的每一位都会以单个字符的形式存储，文件中的内容如图 11.1 所示。

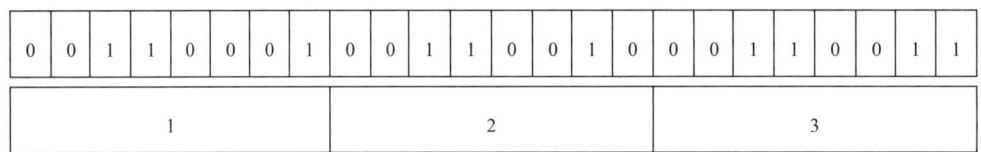

图 11.1 文本文件内容

如果以二进制文件的方式存储，123 会以其在内存中的形式存储，如果 123 是 short 类型数据，它在内存中占 2 字节，文件中的内容如图 11.2 所示。

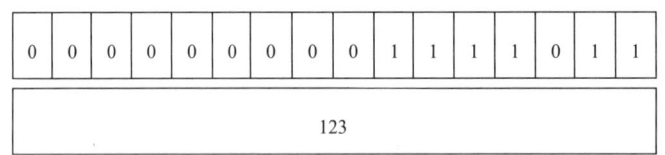

图 11.2 二进制文件内容

图 11.3 为程序读取/写入文件过程，用以搭建应用程序和外部数据文件的桥梁。

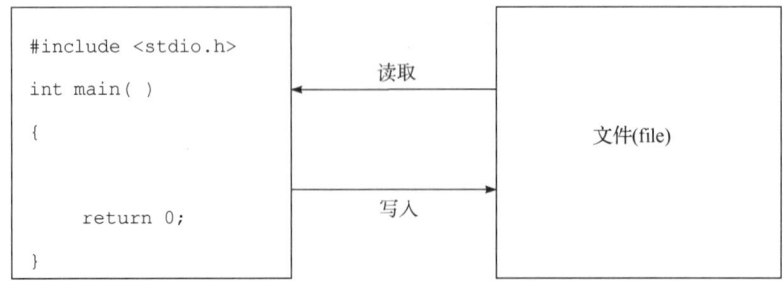

图 11.3 程序读取/写入文件

C 语言提供了 FILE 类型，通过定义 FILE 类型的指针变量来实现连接程序和数据文件。

```
FILE *fp;
```

上述语句中的指针运算符"*"必须要有，只能通过"FILE *"类型的指针对文件进行操作。使用文件的操作函数需要包含标准输入输出头文件 stdio.h。

11.2 打开和关闭文件

1. 打开文件

打开文件就是建立程序和外部数据文件的联系，需要使用 fopen 函数。
fopen 函数的使用格式为

```
FILE *fp;
fp=fopen("文件名", 打开方式);
```

fopen 函数的作用是以指定的打开方式打开一个指定的文件，并使文件指针 fp 指向该文件。如果文件打开成功，则 fopen 函数返回一个指向 FILE 类型的指针值；如果文件打开失败，则返回空指针值 NULL。

fopen 函数包含两个参数，调用时必须都用双引号括起来。第一个参数"文件名"表示要打开的文件，该参数包含文件的路径(相对路径或绝对路径)，如果省略了文件路径，则默认路径为应用程序项目所在的当前路径(默认路径由编译器的设置决定)；第二个参数表示的是文件的打开方式，具体如表 11.1 所示。

表 11.1 文件打开方式

打开方式	含义	文件存在	文件不存在
"r"	只读方式打开文本文件	正常打开	出错
"w"	只写方式打开文本文件	丢弃原文件内容	新建文件
"a"	追加方式打开文本文件	在文件原有内容末尾追加	新建文件
"r+"	读写方式打开文本文件	正常打开	出错
"w+"	读写方式打开文本文件	丢弃原文件内容	新建文件
"a+"	追加读写方式打开文本文件	在文件原有内容末尾追加	新建文件
"rb"	只读方式打开二进制文件	正常打开	出错
"wb"	只写方式打开二进制文件	丢弃原文件内容	新建文件
"ab"	追加方式打开二进制文件	在文件原有内容末尾追加	新建文件
"rb+"	读写方式打开二进制文件	正常打开	出错
"wb+"	读写方式打开二进制文件	丢弃原文件内容	新建文件
"ab+"	追加读写方式打开二进制文件	在文件原有内容末尾追加	新建文件

由于某些原因，文件打开可能会失败，所以每次执行 fopen 函数后都需要检查打开操作是否成功，只有打开成功才能继续执行文件的其他操作。

检查文件打开操作的代码如下：

```
FILE   *fp;
fp=fopen("file.txt", "r");
if(fp==NULL)
{
    printf("文件打开失败！\n");
    exit(1);
}
```

【例 11.1】文件打开操作的应用代码示例。

程序如下：

```
1    #include <stdio.h>
2    #include <stdlib.h>
3    int main( )
4    {
5        FILE *fp;
6        char filename[100];
7        printf("请输入文件名:");
8        gets(filename);
9        fp=fopen(filename, "r");
10       if(fp==NULL)
11       {
12           printf("文件打开失败！\n");
13           exit(1);
14       }
15       printf("文件已经正常打开！\n");
16       return 0;
17   }
```

运行结果如图 11.4 所示。

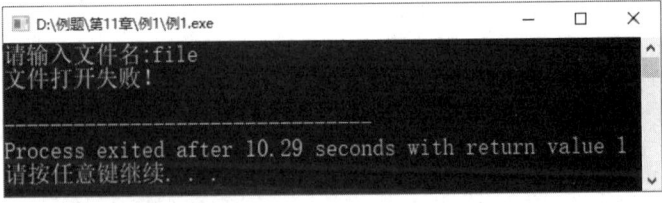

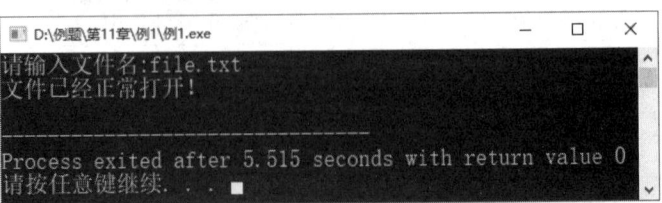

图 11.4　例 11.1 运行结果

代码分析：

```
5    FILE *fp;
```

该行代码定义了 FILE 类型的指针变量 fp。

```
9    fp=fopen(filename, "r");
```

该行代码以只读方式打开用户输入的文件，在省略路径时，file.txt 文件的默认路径是 "D:\例题\第 11 章\例 1"。

如果使用绝对路径访问 file.txt 文件，因为路径中的反斜杠 "\" 表示转义字符，所以应将单反斜杠写成双反斜杠的形式 "\\"，将路径写成下面的形式：

```
fp=fopen("D:\\例题\\第 11 章\\例 1\\file.txt", "r");
```

2. 关闭文件

关闭文件使用 fclose 函数。
fclose 函数的使用格式为：

```
fclose(文件指针);
```

fclose 函数断开程序和外部数据文件的连接，同时释放文件指针，以便于该文件指针用来指向其他文件。例如：

```
fclose(fp);
```

因为计算机同时打开文件的数量有一个上限值，所以当不再使用某个文件时，应该及时将其关闭。如果一个打开的文件没有调用 fclose 函数将其关闭，它会在程序结束时由系统关闭。

11.3　读取和写入文本文件

11.3.1　字符读取函数 fgetc

fgetc 函数的作用是从文本文件中读取一个字符，使用格式如下：

```
char c;
c=fgetc(文件指针);
```

代码表示从文件指针指向的文件中读取一个字符，把该字符的 ASCII 码存储在变量 c 中。如果读取到了文件结尾，fgetc 函数会返回文件结束标志 EOF（表示常量–1）。

【例 11.2】从文件中读取字符。注：在该程序所在的当前路径下已经存在文件 file.txt，文件内容如图 11.5 所示。

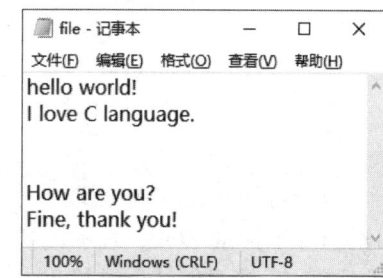

图 11.5　文件 file.txt 内容

程序如下：

```
1    #include <stdio.h>
```

```
2   #include <stdlib.h>
3   int main( )
4   {   FILE *fp;
5       char c;
6       fp=fopen("file.txt", "r");
7       if(fp==NULL)
8       {
9           printf("文件打开失败！\n");
10          exit(1);
11      }
12      c=fgetc(fp);
13      while(c!=EOF)
14      {
15          putchar(c);
16          c=fgetc(fp);
17      }
18      fclose(fp);
19      return 0;
20  }
```

运行结果如图 11.6 所示。

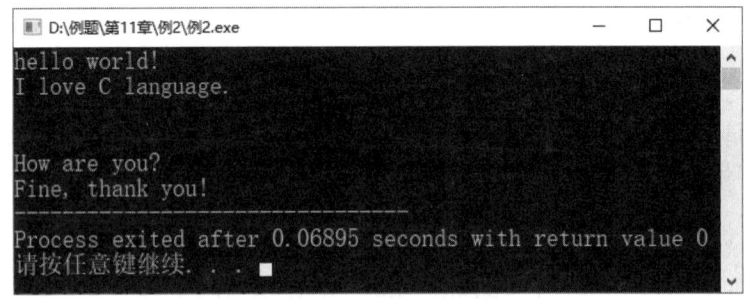

图 11.6　例 11.2 运行结果

代码分析：

```
12   c=fgetc(fp);
13   while(c!=EOF)
14   {
15       putchar(c);
16       c=fgetc(fp);
17   }
```

从 fp 指向的文件中读取一个字符存储到变量 c 中，然后检测是否读到文件的结尾，如果 c 的值等于常量 EOF，表示读到了文件结尾，则跳出循环，关闭打开的文件；如果 c 的值不等于 EOF，则继续读取并输出。

11.3.2 字符写入函数 fputc

fputc 函数的作用是把一个字符写入文本文件，使用格式如下：

fputc(字符，文件指针);

把字符常量或字符变量写入文件指针指向的文件，如果写入成功，fputc 函数的返回值是写入字符的 ASCII 码；如果写入失败，函数的返回值是 0。

【例 11.3】将字符写入文件。

程序如下：

例 11.3
讲解视频

```
1   #include <stdio.h>
2   #include <stdlib.h>
3   int main( )
4   {
5       FILE *fp;
6       char c, array[100];
7       char *p=array;    //声明一个字符指针变量p，指向数组array的开始地址
8       fp=fopen("file.txt", "w");
9       if(fp==NULL)
10      {   printf("文件打开失败！\n");
11          exit(1);
12      }
13      printf("请输入一串字符,以回车结束：\n");
14      gets(array);
15      while(*p!='\0')
16      {   fputc(*p, fp);
17          p++;
18      }
19      printf("文件写入成功！\n");
20      fclose(fp);
21      fp=fopen("file.txt", "r");
22      if(fp==NULL)
23      {   printf("文件打开失败！\n");
24          exit(1);
25      }
26      printf("再次打开读取文件，内容是:\n");
27      while((c=fgetc(fp))!=EOF)
28      {
29          putchar(c);
30      }
31      fclose(fp);
32      putchar('\n');
33      return 0;
34  }
```

运行结果如图 11.7 所示。

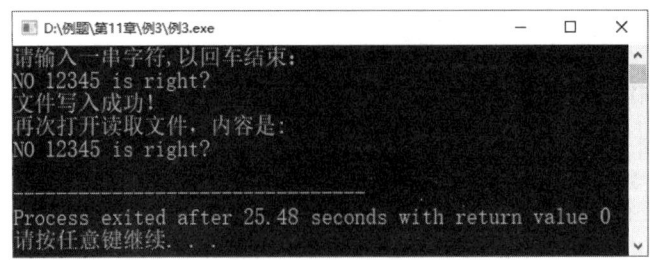

图 11.7　例 11.3 运行结果

代码分析：

8　　fp=fopen("file.txt", "w");

该行代码以只写方式打开该程序所在的当前路径下的文件 file.txt，如果不存在就创建一个新文件，如果存在就清空原文件内容并重新写入。

16　　fputc(*p, fp);

该行代码调用 fputc 函数把单个字符*p 写入文件中。

27　　while((c=fgetc(fp))!=EOF)

该行代码通过调用 fclose 函数先关闭以只写方式打开的文件 file.txt，然后再以只读方式打开该文件并读取。该代码中的 while 循环条件是把读取的单个字符存储在变量 c 中，然后比较 c 和 EOF 的关系，判断是否读取到了文件结尾。

11.3.3　字符串读取函数 fgets

fgets 函数是从文本文件中读取一个字符串并保存到内存中。fgets 函数的格式如下：

fgets(指向字符串的指针, 字符个数 n, 文件指针);

其中，"指向字符串的指针"指向字符数组，用来存储读入的字符串；"字符个数 n"表示最多从文件中读取 n–1 个字符，并在结尾自动加上字符串结束标志"\0"。当 fgets 函数满足下面三个条件之一时，读取过程就结束。

(1) 已经读取了文件中 n–1 个字符，读取结束。
(2) 没有读取够 n–1 个字符，但读到文件中的换行符，读取结束，换行符也一并读入。
(3) 没有读取够 n–1 个字符，但读到了文件结束标志 EOF，读取结束。

如果 fgets 函数没有读取到文件结尾，则函数的返回值为读入的字符串的首地址；如果读取到了文件结尾，则函数的返回值是 NULL。

【例 11.4】从文件中读取字符串。

程序如下：

```
1    #include <stdio.h>
2    #include <stdlib.h>
3    #define N 100
4    int main( )
5    {    FILE *fp;
```

```
6        char array[N], *p;
7        fp=fopen("file.txt", "r");
8        if(fp==NULL)
9    {   printf("文件打开失败! \n");
10           exit(1);
11       }
12       p=fgets(array, N, fp);
13       while(p!=NULL)
14       {
15           printf("%s", p);
16           p=fgets(array, N, fp);
17       }
18       printf("\n");
19       fclose(fp);
20       return 0;
21   }
```

运行结果如图 11.8 所示。

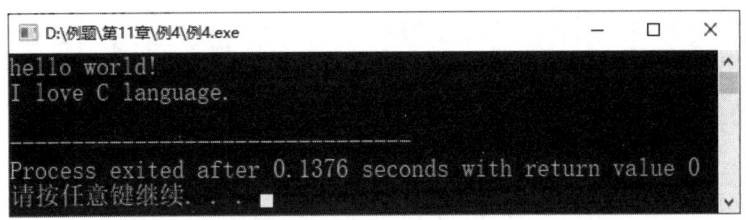

图 11.8　例 11.4 运行结果

代码分析:

```
12   p=fgets(array, N, fp);
```

从文件中读取最多 N 个字符到数组 array 中，如果读取成功，就把读入字符串的首地址存储在指针变量 p 中，也就是当读取成功时，指针 p 的值就等于数组 array 的首地址；如果读取失败，指针 p 的值为 NULL。把第 15 行代码 "printf("%s", p);" 改成 "printf("%s", array);"，程序运行结果是一样的。

```
13   while(p!=NULL)
```

该行代码判断指针 p 的值是否为空，也就是是否读取到了文件的结尾。

11.3.4　字符串写入函数 fputs

fputs 函数的作用是把字符串写入文本文件，使用格式是：

fputs(字符串, 文件指针);

把字符串写入文件中，如果写入成功，函数的返回值是 0；否则函数返回一个非零值。

【例 11.5】将字符串写到文件中。

程序如下：

例 11.5
讲解视频

```c
1    #include <stdio.h>
2    #include <stdlib.h>
3    #define N 100
4    #define M 4
5    int main( )
6    {
7        FILE *fp;
8        char array[M][N], *p;
9        int i;
10       fp=fopen("file.txt", "w");
11       if(fp==NULL)
12       {
13           printf("文件打开失败！\n");
14           exit(1);
15       }
16       printf("请输入%d 个字符串，每串以回车结束:\n", M);
17       for(i=0; i<M; i++)
18       {
19           printf("第%d 串:", i+1);
20           gets(array[i]);
21       }
22       for(i=0; i<M; i++)
23       {
24           fputs(array[i], fp);
25           fputc('\n', fp);
26       }
27       printf("文件写入成功！\n");
28       fclose(fp);
29       fp=fopen("file.txt", "r");
30       if(fp==NULL)
31       {
32           printf("文件打开失败！\n");
33           exit(1);
34       }
35       printf("再次打开读取文件，内容是:\n");
36       p=fgets(array[0], N, fp);
37       i=1;
38       while(p!=NULL)
39       {
40           printf("%s", p);
41           p=fgets(array[i], N, fp);
42           i++;
43       }
44       fclose(fp);
45       return 0;
46   }
```

运行结果如图 11.9 所示。

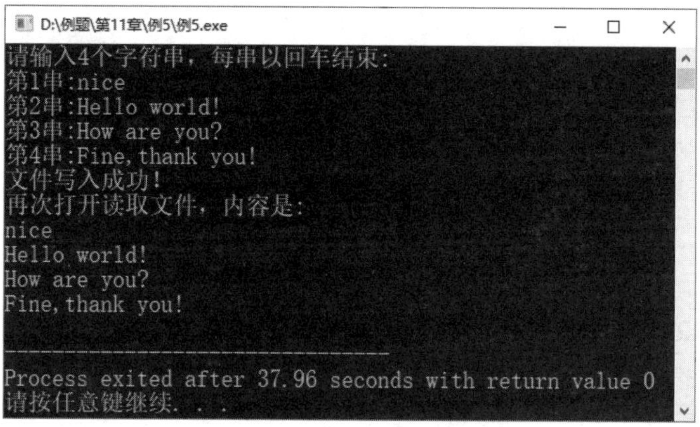

图 11.9 例 11.5 运行结果

代码分析：

```
20    gets(array[i]);
```

该行代码循环输入 4 个字符串，存储在二维字符数组 array 中，注意每次输入的回车符被替换成了字符串结束符号"\0"。

```
24    fputs(array[i], fp);
25    fputc('\n',fp);
```

第 24 行代码把字符串 array[i]的内容写入文件中，因为字符串结尾不包含换行符，所以第 25 行代码单独写入一个换行符。

```
36    p=fgets(array[0], N, fp);
```

该行代码在写入文件后，再次打开文件读取文件内容，并存储在数组 array 中。

11.3.5 fprintf 和 fscanf 函数

fscanf 函数与 scanf 函数非常相似，只是输入的数据来自数据文件，它的作用是读取文件。
fscanf 函数的使用格式如下：

fscanf(文件指针, "格式控制列表", 地址列表);

其中，"格式控制列表"和"地址列表"与 scanf 函数的参数含义相同。

如果 fscanf 函数正常读取，它的返回值是读取数据的个数；否则，函数的返回值是 EOF。
fprintf 函数与 printf 函数非常相似，只是把数据输出到数据文件，它的作用是写入文件。
fprintf 函数的使用格式如下：

fprintf(文件指针, "格式控制列表", 地址列表);

如果 fprintf 函数读取文件成功，则返回值是写入的字符数；如果读取失败，则返回值是负值。

例11.6
讲解视频

【例 11.6】 格式化读写文本文件。

程序如下:

```
1   #include <stdio.h>
2   #include <stdlib.h>
3   #define Max_size 3              //学生记录数组的长度
4   #define Name_Len 40             //定义名字串的最大长度
5   struct student                  //定义学生结构体，具有四个属性
6   {
7       char name[Name_Len];        //姓名
8       float Chinese;              //语文成绩
9       float Math;                 //数学成绩
10      float English;              //英语成绩
11  };
12  int main( )
13  {
14      FILE *fp;
15      struct student stu[Max_size], stu_temp; //存放学生信息的结构数组
16      int i, value;
17      fp=fopen("file.txt", "w");              //以只写方式打开文本文件
18      if(fp==NULL)
19      {   printf("文件打开失败! \n");
20          exit(1);
21      }
22      printf("请输入%d组数据:\n", Max_size);
23      for(i=0; i<Max_size; i++)
24      {   //利用循环，依次输入每个学生记录的属性值，存入数组中
25          printf("第%d个姓名:", i+1);
26          gets(stu[i].name);          //名字串输入，支持空格的输入
27          printf("第%d个语文,数学,英语成绩: ", i+1);
28          scanf("%f,%f,%f",&stu[i].Chinese, &stu[i].Math, &stu[i].English);
29          getchar( );                 //清除上句输入成绩时最后输入回车符的影响
30      }
31      for(i=0; i<Max_size; i++)   //依次将学生结构体信息格式化写入文件
32      {   fprintf(fp,"%s\n%.2f\t%.2f\t%2f\n", stu[i].name, stu[i]. Chinese,
33          stu[i].Math,stu[i].English);
34      }
35      printf("文件写入成功! \n");
36      fclose(fp);                 //关闭文件
37      fp=fopen("file.txt", "r");  //以只读方式再次打开这个文本文件
38      if(fp==NULL)
39      {   printf("文件打开失败! \n");
40          exit(1);
41      }
42      printf("再次打开读取文件，内容是:\n");
43      fgets(stu_temp.name, Name_Len, fp);
```

```
44      value=fscanf(fp,"%f\t%f\t%f", &stu_temp.Chinese, &stu_ temp.Math,
45                  &stu_temp.English);
46      while(value!=EOF)        //如果没有读到文件结尾，继续读取操作
47      {   printf("%s%.2f\t.2f\t%2f\n", stu_temp.name, stu_temp. Chinese,
48              stu_temp.Math, stu_temp.English);
49          fgetc(fp);           //清除每一行最后的回车对串输入的影响
50          fgets(stu_temp.name, Name_Len, fp);
51          value=fscanf(fp,"%f\t%f\t%f", &stu_temp.Chinese, &stu_temp.
            Math,&stu_temp.English);
52      }
53      fclose(fp);              //关闭文件
54      return 0;
55  }
```

运行结果如图 11.10 所示。

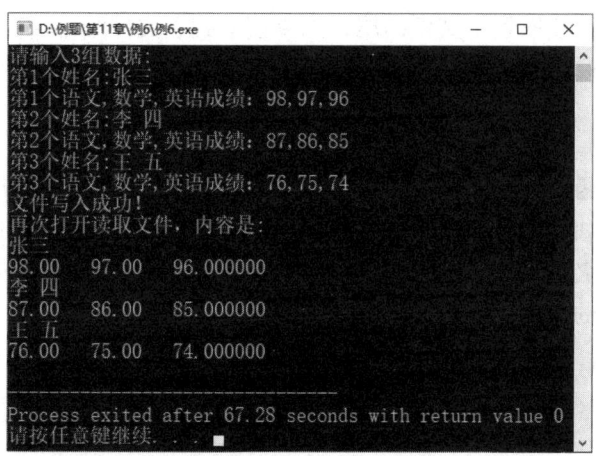

图 11.10　例 11.6 运行结果

文件内容如图 11.11 所示。

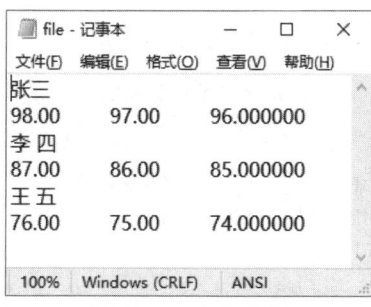

图 11.11　文件内容

代码分析：

```
32  fprintf(fp,"%s\n%.2f\t%.2f\t%2f\n", stu[i].name, stu[i].Chinese,
33  stu[i].Math, stu[i].English);
```

代码调用 fprintf 函数，把结构数组 stu 元素的数据格式化写入文件。

```
43    fgets(stu_temp.name, Name_Len, fp);
```

该行代码调用 fgets 函数,把文件第一行的姓名串读取到结构体变量 stu_temp 的 name 属性中。注意,这一行的回车符("\n")也会被读入。这个操作完成后,文件指针 fp 会移到下一行的首位。

```
44    value=fscanf(fp,"%f\t%f\t%f", &stu_temp.Chinese, &stu_temp.Math,
45           &stu_temp.English);
```

该行代码调用 fscanf 函数,格式化读入文件第二行的三科成绩并存到对应的变量中,函数的返回值表示读取到的数据个数。这一操作并不读取文件中该行最后一个位置的回车符,该操作完成后,文件指针 fp 将指向这一行末尾的回车符位置。另外,最好保证文件读取格式和写入格式完全一致,避免产生意外的问题。

```
46    while(value!=EOF)
```

该行代码判断是否读取到了文件结尾,如果读取到了文件结尾,变量 value 的值等于−1;否则 value 的值等于 3。

```
49    fgetc(fp);
```

因为调用 fscanf 函数读取三科成绩后,文件指针 fp 指向了这一行末尾的回车符,通过调用一次 fgetc 函数,读取这个回车符,主要目的就是要使文件指针 fp 能够指向下一行的首部,从而不影响下一轮姓名的读取。有兴趣的读者可以将这行代码删除,然后运行程序观察运行结果,体会这行代码的作用。

11.4　二进制文件读写

1. 块写入函数 fwrite

fwrite 函数的作用是把内存中指定大小的数据块写入文件,fwrite 函数的使用格式如下:

```
fwrite(数据块指针, 数据块大小, 数据块个数, 文件指针);
```

其中,"数据块指针"是待写入文件的数据块在内存的起始地址;"数据块大小"是数据块所占的字节数;"数据块个数"是待写入文件的数据块的数目。fwrite 函数的作用是把数据块指针所指向的内存空间中指定大小的若干数据块写入文件中。

如果 fwrite 函数写入成功,则函数返回写入数据块的个数;如果写入失败,则函数返回 0。

2. 块读取函数 fread

fread 函数的作用是把文件内指定大小的数据块读入内存,fread 函数的使用格式如下:

```
fread(数据块指针, 数据块大小, 数据块个数, 文件指针);
```

fread 函数的参数和 fwrite 函数完全一样,但含义刚好相反。fread 函数的作用是把文件中指定大小的若干数据块读取到内存中数据块指针所指向的存储空间。

如果 fread 函数没有读取到文件结尾,则函数返回读取数据块的个数;如果读取到文件结尾,则函数返回 NULL。

【例 11.7】读写二进制文件。

程序如下:

例 11.7
讲解视频

```
1    #include <stdio.h>
2    #include <stdlib.h>
3    #define Max_size 3          //学生记录数组的长度
4    #define Name_Len 40         //定义名字串的最大长度
5    struct student              //定义学生结构体,具有四个属性
6    {
7        char name[Name_Len];    //姓名
8        float Chinese;          //语文成绩
9        float Math;             //数学成绩
10       float English;          //英语成绩
11   };
12   int main( )
13   {
14       FILE *fp;
15       struct student stu[Max_size], stu_temp;
16       int i, value;
17       fp=fopen("file.bin", "wb");   //以只写的方式打开二进制文件
18       if(fp==NULL)
19       {
20           printf("文件打开失败!\n");
21           exit(1);
22       }
23       printf("请输入%d组数据:\n", Max_size);
24       for(i=0; i<Max_size; i++)
25       {
26           //利用循环,依次输入每个学生记录的属性值
27           printf("第%d个姓名:", i+1);
28           gets(stu[i].name);
29           printf("第%d个语文,数学,英语成绩: ", i+1);
30           scanf("%f,%f,%f",&stu[i].Chinese, &stu[i].Math, &stu[i].English);
31           getchar( );   //清除上句输入成绩时最后输入回车符的影响
32       }
33       for(i=0; i<Max_size; i++)
34       {
35           //依次将每个学生结构体按照结构体的大小,整体写入二进制文件中
36           fwrite(&stu[i], sizeof(struct student), 1, fp);
37       }
38       printf("文件写入成功!\n");
39       fclose(fp);                      //关闭文件
40       fp=fopen("file.bin ", "rb");     //以只读方式打开二进制文件
41       if(fp==NULL)
```

```
42        {
43            printf("文件打开失败！\n");
44            exit(1);
45        }
46     printf("再次打开读取文件，内容是:\n");
47     value=fread(&stu_temp, sizeof(struct student), 1, fp);
48     while(value!=NULL)
49     {
50         printf("%-16s: %.2f\t%.2f\t%.2f\n", stu_temp.name,
51             stu_temp.Chinese,stu_temp.Math, stu_temp.English);
52         value=fread(&stu_temp, sizeof(struct student), 1, fp);
53     }
54     fclose(fp);                     //关闭文件
55     return 0;
56  }
```

运行结果如图 11.12 所示。

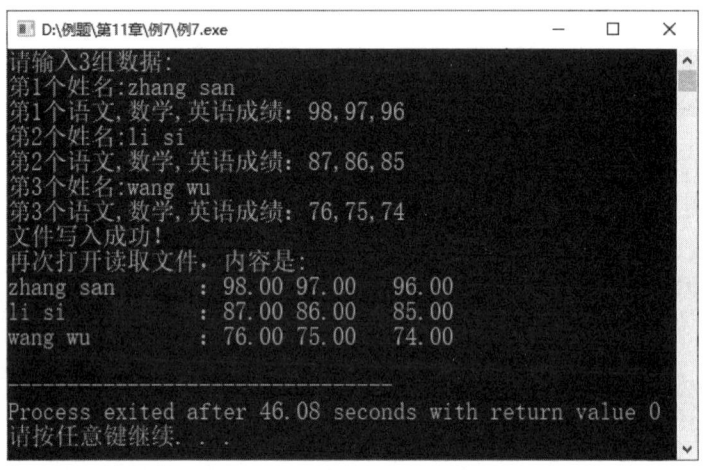

图 11.12 例 11.7 运行结果

用记事本打开该文件所显示的内容如图 11.13 所示。

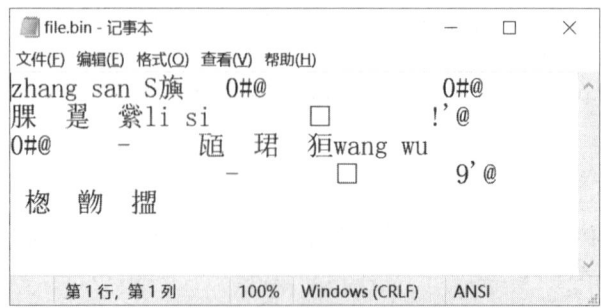

图 11.13 二进制文件内容

代码分析：

```
17    fp=fopen("file.bin", "wb");
```

以只写方式打开程序所在的当前路径下的二进制文件 file.bin，如果该文件已存在，则丢弃原文件内容，如果不存在，就新建这个文件。

```
36    fwrite(&stu[i], sizeof(struct student), 1, fp);
```

调用 fwrite 函数把内存中的 1 个数据块写入文件中，数据块以&stu[i]为起始地址，大小为 student 结构的大小。

```
47    value=fread(&stu_temp, sizeof(struct student), 1, fp);
```

调用 fread 函数把文件中的 1 个数据块读取到内存中以&stu[i]为起始地址的空间，大小是 student 结构的大小，函数返回读取数据块的个数。

```
48    while(value!=NULL)
```

判断是否读取到了文件结尾，如果读取到了文件结尾，则变量 value 的值等于 NULL；否则 value 的值等于 1。

对比例 11.7 和例 11.6 可以发现，如果需要存储到文件中的数据能够组织成一个个结构体的形式(如学生记录)，采用二进制文件要比文本文件更加简便、灵活。

11.5 其他文件相关函数

我们在进行文件操作时，需要区别文件指针和文件内位置指针这两个概念。我们定义的 FILE 类型文件指针是架起程序与数据文件的桥梁，而文件内位置指针指示的是对一个文件进行读写操作时，在这个文件内部所处的当前位置。例如，以 "r+" 读写方式打开文件后，文件内位置指针指向文件起始位置，相对文件开头的偏移量是 0 字节，此时写入文件将从文件开头覆盖原内容；而以 "a+" 追加读写方式打开文件后，文件内位置指针指向文件结束位置(EOF 所在位置)，相对文件开头的偏移量等于文件的大小，此时写入文件将追加在文件结尾(EOF 会自动后移)。下面主要介绍与文件内位置指针操作相关的四个函数。

1. rewind 函数

rewind 函数的作用是将文件内位置指针移动到文件的开头，使用格式如下：

rewind(文件指针);

【例 11.8】读写文本文件。
程序如下：

```
1    #include <stdio.h>
2    #include <stdlib.h>
3    int main( )
4    {
5        FILE *fp;
6        int i, value;
7        fp=fopen("file.txt", "w+");
8        if(fp==NULL)
```

```
9    {
10        printf("文件打开失败!\n");
11        exit(1);
12   }
13   for(i=0; i<5; i++)
14   {
15       fprintf(fp, "%d\n", i+1);
16   }
17   printf("文件写入成功!\n");
18   rewind(fp);
19   value=fscanf(fp, "%d\n", &i);
20   while(value!=EOF)
21   {
22       printf("%d\n", i);
23       value=fscanf(fp, "%d\n", &i);
24   }
25   printf("文件读取成功!\n");
26   fclose(fp);
27   return 0;
28 }
```

运行结果如图 11.14 所示。

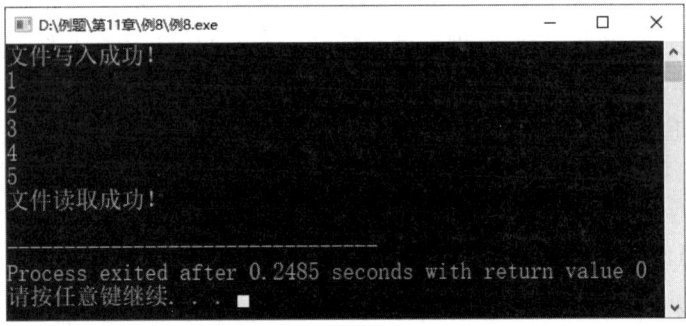

图 11.14　例 11.8 运行结果

代码分析：

```
7    fp=fopen("file.txt", "w+");
```

使用 "w+" 读写方式打开 file.txt 文件后，循环执行代码第 15 行把内容写入文件。伴随着每次写入，文件内位置指针会自动后移，当写入操作结束后，文件内位置指针已经移动到文件结束位置。

```
18   rewind(fp);
```

如果省略了第 18 行代码，因为文件内位置指针已经在文件结尾，所以再执行第 23 行代码是无法读取到文件内容的。第 18 行代码把文件内位置指针移到文件开头，接下来顺序读取数据，文件内位置指针会再次后移至文件结尾处。

2. ftell 函数

ftell 函数的作用是获取文件内位置指针的当前值，使用格式如下：

```
long pos;
pos=ftell(fp);
```

ftell 函数的返回值是文件内位置指针相对于文件开头的偏移量，单位是字节。

3. fseek 函数

fseek 函数的作用是将文件内位置指针移动到指定的位置。fseek 函数的使用格式如下：

```
fseek(文件指针, 偏移量, 起始位置);
```

其中，"偏移量"是文件内位置指针相对起始位置的偏移值，单位是字节，如果"偏移量"是正数，表示文件内位置指针是朝向文件结尾方向移动的；如果"偏移量"是负数，表示是朝着文件头方向移动的。"起始位置"共有三个选择，分别是文件开头、文件当前指针位置和文件末尾，如表 11.2 所示。

表 11.2 起始位置

数字	符号常量	起始位置
0	SEEK_SET	文件开头
1	SEEK_CUR	文件当前指针位置
2	SEEK_END	文件末尾

例如：

```
fseek(fp, 100L, 0);
```

文件内位置指针从文件开头处向后移动 100 字节。

```
fseek(fp, 50L, 1);
```

文件内位置指针从当前位置向后移动 50 字节。

```
fseek(fp, -30, 2);
```

文件内位置指针从文件结尾处向前移动 30 字节。

【例 11.9】以读写方式写入由 5 条记录构成的二进制文件，然后先修改第 3 条记录和最后一条记录，最后在文件结尾再追加一条记录。

程序如下：

```
1    #include <stdio.h>
2    #include <string.h>
3    #include <stdlib.h>
4    #define Max_size 5          //学生记录数组的长度
5    #define Name_Len 40         //定义名字串的最大长度
```

例 11.9
讲解视频

```
6    struct student              //定义学生结构体,具有四个属性
7    {
8        char name[Name_Len];    //姓名
9        float Chinese;          //语文成绩
10       float Math;             //数学成绩
11       float English;          //英语成绩
12   };
13   int main( )
14   {   FILE *fp;
15       struct student stu[Max_size], stu_temp;
16       int i, value;
17       fp=fopen("file.bin","wb+");   //以读写方式打开二进制文件
18       if(fp==NULL)
19       {   printf("文件打开失败!\n");
20           exit(1);
21       }
22       for(i=0; i<Max_size; i++)
23       {  //为了简化实现代码,此处采用了由程序自动生成姓名和成绩的方法
24           itoa(i+100, stu[i].name, 10);    //姓名
25           stu[i].Chinese=90+i;             //语文成绩
26           stu[i].Math=80+i;                //数学成绩
27           stu[i].English=70+i;             //英语成绩
28           fwrite(&stu[i], sizeof(struct student), 1, fp);   //写文件
29       }
30       printf("文件写入成功!\n");
31       rewind(fp);                  //将文件内位置指针移至文件开头
32       value=fread(&stu[0], sizeof(struct student), 1, fp);  //读文件
33       i=0;
34       while(value!=NULL)           //循环读取文件
35       {   printf("%-16s: %.2f\t%.2f\t%.2f\n",stu[i].name,stu[i].Chinese,
36              stu[i].Math, stu[i].English);
37           i++;
38           value=fread(&stu[i], sizeof(struct student), 1, fp);
39       }
40       printf("开始修改...\n");
41       fseek(fp, 2*sizeof(struct student), SEEK_SET);//相对文件开头偏移2个结构
42       itoa(2+1000, stu[2].name, 10);
43       fwrite(&stu[2], sizeof(struct student), 1, fp);
44       fseek(fp, sizeof(struct student), SEEK_CUR);  //相对当前位置偏移1个结构
45       itoa(4+1000, stu[4].name, 10);
46       fwrite(&stu[4], sizeof(struct student), 1, fp);
47       strcpy(stu_temp.name, "106");
48       stu_temp.Chinese=100;
49       stu_temp.Math=100;
50       stu_temp.English=100;
51       fwrite(&stu_temp, sizeof(struct student), 1, fp);
```

```
52      fseek(fp, 0, SEEK_SET);                         //移至文件开头
53      value=fread(&stu_temp, sizeof(struct student), 1, fp);//读取文件内容
54      while(value!=NULL)
55      {   printf("%-16s: %.2f\t%.2f\t%.2f\n",stu_temp.name,
                   stu_temp.Chinese,stu_temp.Math, stu_temp.English);
56          value=fread(&stu_temp, sizeof(struct student), 1, fp);
57      }
58      printf("文件修改成功! \n");
59      fclose(fp);
60      return 0;
61  }
```

运行结果如图 11.15 所示。

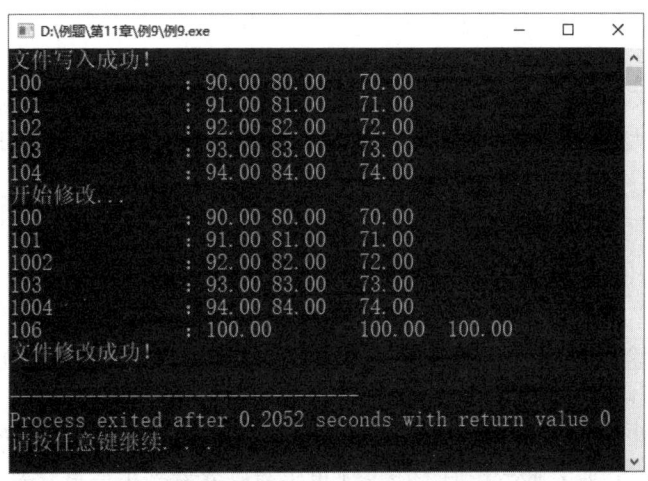

图 11.15　例 11.9 运行结果

代码分析:

```
24      itoa(i+100, stu[i].name, 10);
```

该行代码调用转换函数把整数以十进制方式转换后存储在字符串 stu[i].name 中。

```
28      fwrite(&stu[i], sizeof(struct student), 1, fp);
```

该行代码把 1 个结构数组元素 stu[i]写入文件，写入数据块大小等于结构 student 的大小。

```
31      rewind(fp);
```

伴随着文件的写入，文件内位置指针在不停后移，在执行到第 31 行代码前，文件内位置指针已经移动到了文件的结尾处，执行第 31 行代码将文件内位置指针移至文件开头。

```
32      value=fread(&stu[0], sizeof(struct student), 1, fp);
```

从文件中读取 1 个结构 student 大小的内容到数组元素 stu[0]中，fread 函数返回读取数据块的个数，如果读取到文件结尾，则 fread 函数返回 NULL。所以第 34 行代码使用 value 与 NULL 值比较作为循环读取的判断条件。

```
41    fseek(fp, 2*sizeof(struct Student), SEEK_SET);
```

该行代码调用 fseek 函数,将文件内位置指针移动到相对文件开头正向偏移 2 个结构的位置,也就是移动至第 3 条记录的起始位置。

```
44    fseek(fp, sizeof(struct student), SEEK_CUR);
```

该行代码调用 fseek 函数,将文件内位置指针移动到相对当前位置正向偏移 1 个结构的位置,也就是移动至第 5 条记录的起始位置。

4. feof 函数

feof 函数的作用是检测是否读取到了文件结尾,可以用于文本文件,但较多用于二进制文件。feof 函数的使用格式为:

```
feof(文件指针);
```

如果读取到了文件的结束标志 EOF,feof 函数的返回值是 1;否则,返回值是 0。需要注意的是,feof 函数只有在文件读取函数已经读入 EOF 后再检测才会返回 1,所以有可能导致出现输出数据的最后一条记录被重复输出一次的情况。

11.6 案例 1:成绩管理器 3.0

【例 11.10】编写程序实现成绩管理器 3.0,本版本与第 9 章实现的 2.0 版的主要区别在于以下几点。

(1) 扩充"新建"功能,成绩管理器中的"新建"功能每次都会抛弃当前已有的数据,重新开始录入学生信息。为了避免数据丢失,如果当前已经有学生信息,就会给用户提示信息,由用户再次确认是否进行新建操作。

(2) 新增"打开"功能,打开用户指定的数据文件,将学生信息读取到计算机内存。

(3) 新增"保存"功能,支持用户将学生信息存储到指定的文件中。

部分代码如下:

```
1     int score_in(struct student arr[ ], FILE *fp)   //定义学生信息读取函数
2     {   int value=0, i=0;
3         struct student stu_temp;
4         value=fread(&stu_temp, sizeof(struct student), 1, fp);
5         while(value!=NULL)
6         {   strcpy(arr[i].name, stu_temp.name);
7             arr[i].Chinese=stu_temp.Chinese;
8             arr[i].Math=stu_temp.Math;
9             arr[i].English=stu_temp.English;
10            i++;
11            value=fread(&stu_temp, sizeof(struct student), 1, fp);
12        }
13        return i;
14    }
```

```
15   score_save(struct student arr[ ], FILE *fp, int num)//定义学生信息保存函数
16   {    int i;
17        for(i=0; i<num; i++)
18        {   fwrite(&arr[i], sizeof(struct student), 1, fp);   }
19   }
20   int main( )
21   {    FILE *fp;                              //定义文件指针变量
22        char file_name[Max_size]={'\0'};      //定义一个字符数组,存放文件名信息
23        do
24        {   select=Display_menu(0);            //显示主菜单,接收菜单操作选项
25            switch(select)
26            {   case 1:                        //新建(输入)一批成绩, 以负数结束
27                    if(score_quantity>0)
28                    {
29                        printf("是否继续进行新建操作? (1-确定, 0-取消):");
30                        scanf("%d", &decide);
31                    }
32                    else
33                    {   decide=1;              //进行新建操作          }
34                    if(decide==1)
35                    {   score_quantity=score_input(arr_stu);
36                        printf("当前一共输入了%d个学生信息! \n", score_quantity);
37                    }
38                    break;
39                case 2:                        //打开,从一个数据文件中读取成绩
40                    if(score_quantity>0)
41                    {/*  判断当前学生信息数量,给出提示信息,由用户确认
42                         是否进行打开操作。参考case 1补齐代码 */         }
43                    if (decide==1)
44                    {   printf("请输入要打开的学生信息文件: \n");
45                        getchar( );            //清除用户进行确认操作时所键入的回车符
46                        gets(file_name);
47                        fp=fopen(file_name, "rb");
48                        if(fp==NULL)
49                        {   printf("打开文件失败! \n");   }
50                        else
51                        {   score_quantity=score_in(arr_stu, fp);
52                            printf("已从%s中读取%d个学生信息! \n",
53                                   file_name, score_quantity);
54                            fclose(fp);   //关闭文件
55                        }
56                    }
57                    break;
58                case 3:                        //保存,将当前成绩数据保存到文件中
59                    if(strcmp(file_name, "")==0)   //如果没有对应的文件
60                    {   printf("请输入保存文件名: \n");
```

```
61                        getchar( );
62                        gets(file_name);
63                    }
64                    fp=fopen(file_name, "wb");
65                    if(fp==NULL)
66                    {   printf("打开文件失败!\n");   }
67                    else
68                    {
69                        score_save(arr_stu, fp, score_quantity);
70                        printf("已成功保存到%s!\n", file_name);
71                        fclose(fp);  //关闭文件
72                    }
73                    break;
74              case 4:                  //显示学生信息
75          }
76      }
77  }
```

代码分析：

```
1   int score_in(struct student arr[ ], FILE *fp)
```

该行代码定义学生信息读取函数，从参数 fp 指向的二进制文件中读取数据，存到结构体数组 arr 中，将读取的学生记录个数作为函数值返回。

```
15  score_save(struct student arr[ ], FILE *fp, int num)
```

该行代码定义学生信息保存函数，将结构体数组中的学生记录(数量由参数 num 确定)写入参数 fp 指向的二进制文件中。

```
27  if(score_quantity>0)
```

在进行"新建"操作前，先判断当前内存是否已经存在学生记录，如果已经存在学生信息，则给出提示信息，由用户确认是否进行"新建"操作。如果用户确认要进行"新建"操作，就调用函数 score_input 进行学生信息的输入。运行结果如图 11.16 所示。

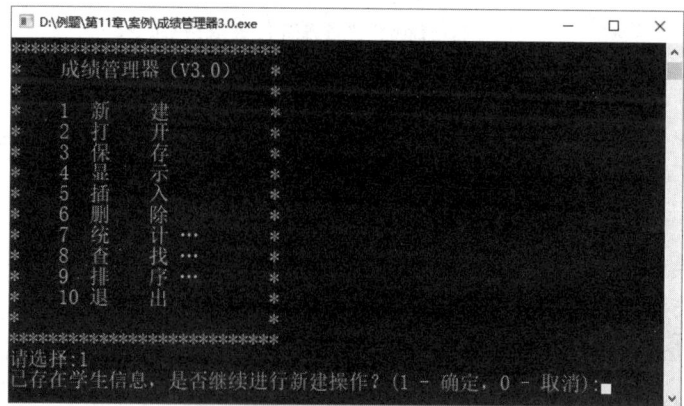

图 11.16 例 11.10 成绩管理器 3.0 "新建" 操作运行结果

```
40      if(score_quantity>0)
```

在进行"打开"操作前,先判断当前内存是否已经存在学生记录,如果已经存在学生信息,则给出提示信息,由用户确认是否进行"打开"操作。如果用户确认要进行"打开"操作,就由用户输入要打开的文件名信息,调用函数 score_in 进行学生信息的读取。运行结果如图 11.17 所示。

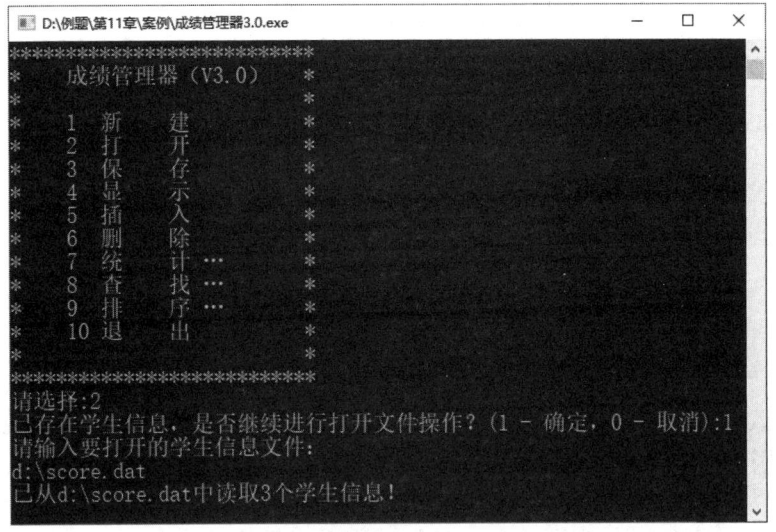

图 11.17 例 11.10 成绩管理器 3.0 "打开"操作运行结果

```
59      if(strcmp(file_name, "")==0)
```

在进行"保存"操作时,如果当前学生信息不是从某个文件读取得到的,就由用户输入要保存到的文件名信息,否则成绩管理器默认将学生信息存储到原文件中。运行结果如图 11.18 所示。

图 11.18 例 11.10 成绩管理器 3.0 "保存"操作运行结果

11.7 案例 2：绘制地图

【**例 11.11**】编写一个程序，完成地图绘制功能。约定该程序所在的当前路径下已经存在的文件 map.txt 是地图数据，文件 shape.txt 存放了地图数据中的字符与基本图形符号的对应关系，如图 11.19 所示。map.txt 文件第一行给出了这个地图的实际总行数和总列数。

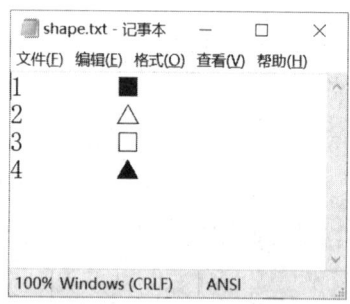

图 11.19　地图数据文件和地图基本形状示例

本例题在读取 map.txt 文件绘制地图时，遇到 1 用■替换，遇到 2 用△替换，遇到 3 用□替换，遇到 4 用▲替换，最终地图绘制效果如图 11.20 所示。有兴趣的读者可以在此绘制地图程序的基础上，扩充功能实现一个走迷宫的小游戏。

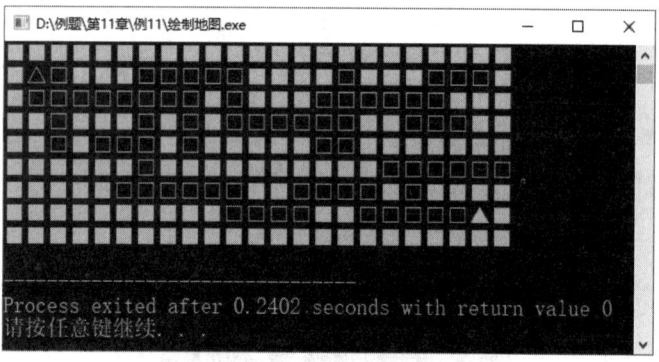

图 11.20　例 11.11 运行结果

程序如下：

```
1    #include<stdio.h>
2    #include<stdlib.h>
3    #define MAPMAX 50              //地图最大行数和列数
4    #define SHAPEMAX 10            //基本形状的个数
5    typedef struct Map             //定义 Map 结构，对应 map.txt 文件
6    {
7        char pt[MAPMAX][MAPMAX];   //用于存储地图数组
8        int rowlen;                //地图实际行数
9        int collen;                //地图实际列数
10   }Map;
```

```
11    typedef struct Shape              //定义 Shape 结构，用来刻画绘制地图的基本图形符
                                        号信息
12    {
13        char ch;                      //字符，如 1、2、3、4
14        char sym[3];                  //地图基本形状，如方块、三角形
15    }Shape;
16    typedef struct ShapeList//定义 ShapeList 结构，对应基本图形符号文件(shape.txt)
17    {
18        Shape sp[SHAPEMAX]; //存储整个 shape.txt 文件，1 个数组元素对应一行
19        int len;                      // shape.txt 文件中的实际行数
20    }ShapeList;
21    void readmap(Map *map);           //声明读取地图数据函数
22    void showmap(Map map, ShapeList shapelist);    //声明显示地图函数
23    void readshape(ShapeList *shapelist);          //声明读取形状函数
24    int main( )
25    {   Map map;
26        ShapeList shapelist;
27        readmap(&map);                //读取地图数据
28        readshape(&shapelist);        //读取地图形状数据
29        showmap(map, shapelist);      //显示地图
30        return 0;
31    }
32    void readmap(Map *map)            //读取地图数据函数
33    {   char c;
34        FILE *fp;
35        int value, row=0 , col=0;
36        fp=fopen("map.txt", "r");
37        if(fp==NULL)
38        {   printf("打开 map 文件异常！");
39            exit(1);
40        }
41        value=fscanf(fp, "%d,%d\n", &map->rowlen, &map->collen);  //地图的总行、列
42        if(value!=EOF)                //读取成功
43        {   c=fgetc(fp);              //逐个读取 map.txt 文件中的字符
44            while(c!=EOF)
45            {   if(c=='\n')           //一行结束
46                {   c=fgetc(fp);      //读取下一行第一个，不存储换行符
47                    row++;            //开始下一行的数据读取，行数加 1
48                    col=0;            //列序回到第 1 列(新 1 行的第 1 列)
49                }
50                map->pt[row][col]=c;
51                c=fgetc(fp);
52                col++;                //列加 1
53            }
54        }
55        else
```

```
56        {   printf("map 文件读取失败! \n");  }
57        fclose(fp);
58  }
59  void readshape(ShapeList *shapelist)      //读取形状函数
60  {   FILE *fp;
61      int value;
62      shapelist->len=0;
63      fp=fopen("shape.txt", "r");
64      if(fp==NULL)
65      {   printf("打开 shape 文件异常! ");
66          exit(1);
67      }
68      value=fscanf(fp,"%c\t%s\n",&shapelist->sp[0].ch, shapelist->sp[0].
            sym);//读一行
69      while(value!=EOF)
70      {   shapelist->len++;
71          value=fscanf(fp, "%c\t%s\n",&shapelist->sp[shapelist-> len].ch,
72                  shapelist->sp[shapelist->len].sym);
73      }
74      fclose(fp);
75  }
76  void showmap(Map map, ShapeList shapelist)      //显示地图函数
77  {   int i, j, k;
78      for(i=0; i<map.rowlen; i++)
79      {   for(j=0; j<map.collen; j++)
80          {   for(k=0; k<shapelist.len; k++)
81              {   if(map.pt[i][j]==shapelist.sp[k].ch)
82                  {   printf("%s", shapelist.sp[k].sym);
83                      break;
84                  }
85              }
86          }
87          printf("\n");
88      }
89  }
```

运行结果如图 11.20 所示。

代码分析：本案例的程序结构很清晰，分别读取 map.txt 文件和 shape.txt 文件并存储，然后遍历地图数组的每一个元素，输出对应的图形。

```
5   typedef struct Map
6   {
7       char pt[MAPMAX][MAPMAX];
8       int rowlen;
9       int collen;
10  }Map;
```

上述代码定义了地图结构体,并将该结构体用 typedef 定义成 Map 类型。在定义地图结构时,给成员 pt 分配了足够大的空间,以成员 rowlen 和 collen 控制 pt 的真实大小。

```
11    typedef struct Shape
12    {
13        char ch;
14        char sym[3];
15    }Shape;
16    typedef struct ShapeList
17    {
18        Shape sp[SHAPEMAX];
19        int len;
20    }ShapeList;
```

为了存储图形,定义一个地图显示基本形状的结构 Shape,对应于 shape.txt 文件中的一行,其中成员 ch 对应 map.txt 文件中的字符,sym 是相应的基本形状。虽然每个符号都占用 2 字节,但需要定义数组 sym 长度为 3,因为需要给 "\0" 预留位置。结构 ShapeList 为成员 sp 分配了足够大的空间,成员 len 记录文件中真实的行数。如果想改变构建地图的基本形状,只需要在 shapr.txt 文件中进行相应修改即可。

```
32    void readmap(Map *map)
```

该行代码定义了读取地图数据函数,该函数的主要功能就是逐个读取 map.txt 文件中的字符并存储在二维数组中。在读取过程中,要注意处理文件中的换行符和文件结束标志 EOF。

```
36    fp=fopen("map.txt", "r");
```

该行代码以只读方式打开该程序所在的当前路径下的文本文件 map.txt。

```
37    if(fp==NULL)
38    {   printf("打开 map 文件异常! ");
39        exit(1);
40    }
```

如果打开 map.txt 文件失败,就给出提示信息,然后执行 C 语言标准库中的 exit 函数来终止当前程序的执行。

```
41    value=fscanf(fp, "%d,%d\n", &map->rowlen, &map->collen);
```

该行代码从 map.txt 文件中格式化读取地图的总行数和总列数,存储到 map 结构的 rowlen 和 collen 成员中。

```
59    void readshape(ShapeList *shapelist)
```

该行代码定义了读取形状函数,该函数的主要功能就是打开 shape.txt 文件,格式化读取文件中的每一行数据,并存到结构数组中。读取 shape.txt 文件时,会使用结构嵌套结构数组的形式,应注意结构成员指针运算符和指针成员引用运算符等的综合使用。

特别提醒:可能有同学在创建完自己的 map.txt 和 shape.txt 文件之后,运行该程序时,会出现乱码的情况。其原因主要是创建的 shape.txt 中的那些特殊字符所采用的编码标准不是 ANSI 标准所导致的。只需要将 shape.txt 文件打开，然后执行"另存为"操作，在"另存为"对话框中，把文件编码选择为 ANSI，然后单击"保存"按钮就可以解决乱码问题了，如图 11.21 所示。

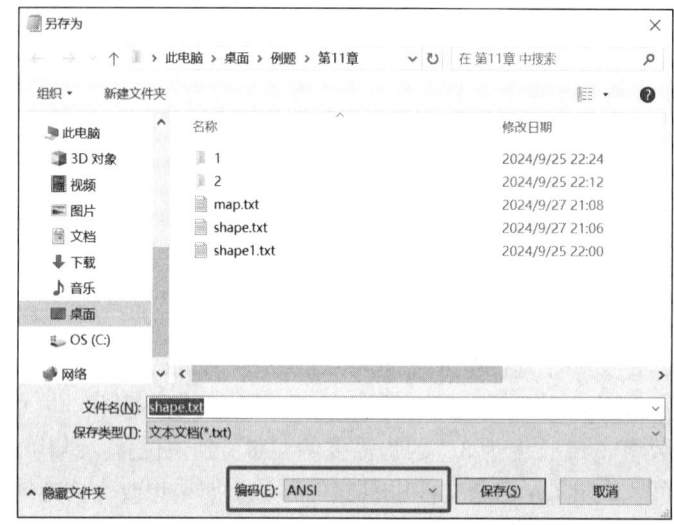

图 11.21　"另存为"操作更改编码格式

习　　题

1. 比较文本文件和二进制文件的异同。
2. 简述文件内位置指针的作用。
3. 简述 fopen 函数和 fclose 函数的作用。
4. 编写一个程序，实现把从键盘输入的字符存储到一个用户指定的文本文件中的功能(用字符 "@" 作为结束输入的标志)。
5. 编写一个简单的图书馆管理系统，该系统要满足以下基本要求。
(1) 书籍具有书号、书名、简介、在馆册数、总册数、借阅者学号等属性信息。
(2) 借阅者具有学号、姓名、出生年月等属性信息。
(3) 能够实现书籍的增加、删除、修改、查阅功能。
(4) 实现借阅和归还图书的功能。

第四部分 高 阶 篇

第 12 章 预编译指令

预编译指令并不属于 C 语言的指令，预编译指令在使用时需要以"#"开头，用来和 C 语言的指令进行区分。使用预编译指令是为了改进程序设计环境，提高编程效率，减少代码的开发量。

本章将介绍宏定义、文件包含和条件编译三种预编译指令。

12.1 宏 定 义

12.1.1 变量式宏定义

宏定义指令是以"#"开头的 define 指令，分为无参宏定义和带参宏定义。无参宏定义的一般形式如下：

```
#define 宏名 字符串
```

宏名是一个符合 C 语言命名规则的标识符，字符串可以是常数、表达式和格式串等。符号常量就是无参宏定义的一种形式，因为定义符号常量的形式和定义变量很相似(结尾没有分号)，所以又可以将符号常量的定义称为变量式宏定义。

```
#define PI 3.14
```

在 printf 函数中使用符号常量 PI，形式如下：

```
printf("PI=%f\n", PI);
```

在执行程序预编译时，除了字符串中的常量 PI 不会被替换成 3.14，其他位置的 PI 都会被 3.14 自动替换。

使用宏定义的好处之一是便于程序修改和维护，如根据项目需求要将 PI 的精度提高到 3.1416，只需要修改符号常量的定义，即修改为"#define PI 3.1416"，代码中使用到 PI 的位置就会自动调整为 3.1416。

好处之二是增强程序的可读性。例如，有这样的符号常量：

```
#define TRUE 1
#define FALSE 0
```

在阅读代码时，相信大家看到 TRUE、FALSE 这样的符号，比看到 1、0 这样冷冰冰的数字更容易理解代码的含义。

好处之三是提高了代码的通用性。因为在不同的编译环境下，会出现使用不同的数值代表同一个逻辑结果的情况。例如，在某种编译器下逻辑"假"用 0 表示，在另一种编译器下逻辑"假"需要用-1 表示。为了使同一个程序在两种编译器下通用，可以定义宏 FALSE 表示逻辑"假"。这样在更换编译环境后，只需要重新定义宏 FALSE 的值，而不用修改大量的代码。

宏定义只是在程序预编译阶段完成替换的操作，并不会对宏进行任何计算，计算的任务是在程序编译时才进行的。

【例 12.1】变量式宏定义。

程序如下：

```
1    #include <stdio.h>
2    #define A 1+2
3    int main( )
4    {   printf("A = %d\n", A);
5        printf("A * A = %d\n", A*A);
6        return 0;
7    }
```

运行结果如图 12.1 所示。

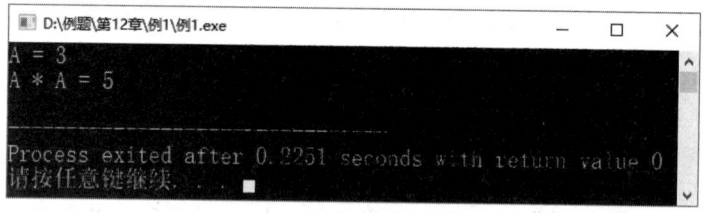

图 12.1 例 12.1 运行结果

代码分析：

```
4    printf("A = %d\n", A);
```

预编译后，第 4 行代码被替换成了：

```
printf("A = %d\n", 1+2);
```

输出结果是 3。

```
5    printf("A * A = %d\n", A*A);
```

预编译后，第 5 行代码被替换成了：

```
printf("A = %d\n", 1+2*1+2);
```

输出结果是 5，并不是预期的结果 9。因为宏定义只是进行了简单的替换，所以为了保证结果的正确性，最好为宏所代表的表达式加小括号。例如，在例 12.1 中，将宏 A 的定义修改成下面的形式：

```
#define A (1+2)
```

预编译后,代码第 5 行被替换成了:

```
printf("A = %d\n",(1+2)*(1+2));
```

输出结果自然是我们预期的 9。

宏是可以嵌套定义的,但要注意它们定义的先后顺序,例如:

```
#define A(1*2+3)
#define B A*A
```

经过预编译,宏 B 的定义被替换为:

```
#define B(1*2+3)*(1*2+3)
```

12.1.2　函数式宏定义

宏定义是可以带参数的,因为带参数的宏定义形式上类似于函数的声明,所以又称为函数式宏定义。带参宏定义的一般形式如下:

```
#define 宏名(形参表)字符串
```

【例 12.2】函数式宏定义。
程序如下:

```
1    #include <stdio.h>
2    #define MAX(a, b) a>b?a:b
3    #define MUL(a, b) a*b
4    int main( )
5    {   int x, y ;
6        printf("请输入两个整数:");
7        scanf("%d %d", &x, &y);
8        printf("MAX(%d,%d) = %d\n", x, y, MAX(x, y));
9        printf("MUL(%d,%d) = %d\n", x, y, MUL(x, y));
10       return 0;
11   }
```

运行结果如图 12.2 所示。

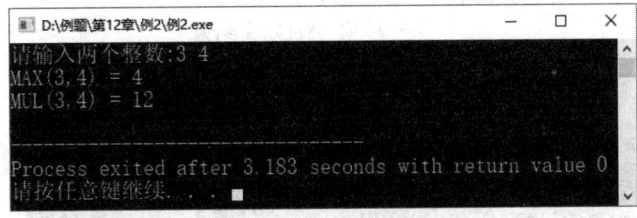

图 12.2　例 12.2 运行结果

代码分析:

```
8    printf("MAX(%d,%d) = %d\n", x, y, MAX(x, y));
```

预编译后,表达式"MAX(x, y)"被替换成了条件表达式"x>y?x:y",程序运行结果是 3 和 4 当中较大的那个。因为在调用宏 MAX 时,有可能传递表达式作为参数,所以宏 MAX 更加合理的定义方式应该是为表达式和参数都加上小括号,形式如下:

```
#define MAX(a, b)  ((a)>(b)?(a):(b) )
```

下面分析第 9 行代码。

```
9    printf("MUL(%d,%d) = %d\n", x, y, MUL(x, y));
```

预编译后,表达式"MUL(x, y)"被替换成了条件表达式"x*y"。

12.1.3 宏定义的范围

宏定义是有作用范围的,默认情况下宏的作用范围是从定义开始到当前源文件的结束,也可以使用下面的方法限定宏的作用范围:

```
#define              //宏定义开始
…                    //宏定义作用范围
#undef               //宏定义结束
```

【例 12.3】宏定义的范围。

程序如下:

```
1    #include<stdio.h>
2    #define SYM 2              //宏 SYM 定义开始
3    void fun( );
4    int main( )
5    {   printf("调用 fun 函数前 SYM=%d\n", SYM);
6        fun( );
7        printf("调用 fun 函数后 SYM=%d\n", SYM);
8        return 0;
9    }
10   #undef SYM                 //宏 SYM 定义结束
11   #define SYM 5              //宏 SYM 定义开始
12   void fun( )
13   {   printf("调用 fun 函数时 SYM=%d\n", SYM);   }
14   #undef SYM                 //宏 SYM 定义结束
```

运行结果如图 12.3 所示。

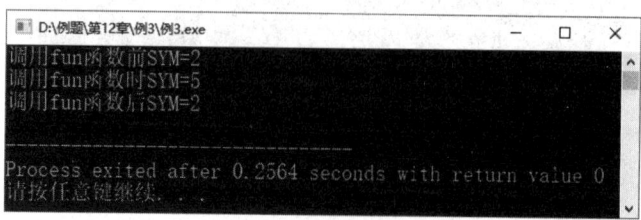

图 12.3　例 12.3 运行结果

代码分析:

```
2    #define SYM 2
10   #undef SYM
```

在第 2~10 行代码范围内,宏 SYM 的值为 2,调用 fun 函数前后输出 SYM 的值也是 2。

```
11   #define SYM 5
14   #undef SYM
```

在代码第 11~14 行范围内,宏 SYM 的值为 5,而 fun 函数恰在此范围内,所以调用 fun 函数输出 SYM 的值是 5。

12.2 文件包含和条件编译

1. 文件包含

文件包含是以"#"开头的 include 指令。文件包含的含义就是把被包含的文件的全部内容复制到 include 指令所在的位置。例如,最常使用的"#include <stdio.h>",之所以在使用输入输出函数时需要包含该头文件,是因为 stdio.h 中有输入输出函数的声明,执行"#include <stdio.h>"的作用就是把头文件 stdio.h 的全部内容复制到指令所在位置,从而使程序符合函数先声明再使用的要求。

文件包含的一般形式为:

```
#include <文件名>
```

或者

```
#include "文件名"
```

其中,"< >"表示只在编译器默认的路径下搜索文件,"" ""表示先在工程所在的当前目录搜索文件,再在编译器默认的路径下进行搜索。被包含的文件名的后缀多是".h"、".cpp"或者".c"。如果某头文件是用户创建的,存在于工程所在当前目录,执行 include 指令时,就需要使用"" ""引用该文件。

2. 条件编译

条件编译指令的用法就像 C 语言中的 if 选择结构的用法一样,作用是根据条件有选择地编译代码段,条件编译属于预编译指令。

条件编译指令有三种形式。

(1) #ifdef 形式:

```
#ifdef 标识符
    程序段 1
#else
    程序段 2
#endif
```

这种形式的作用是，如果标识符已经被定义，则对程序段 1 进行编译，否则编译程序段 2。也可以省略#else，形式如下：

```
#ifdef 标识符
    程序段
#endif
```

(2) #ifndef 形式：

```
#ifndef 标识符
    程序段 1
#else
    程序段 2
#endif
```

#ifndef 形式与#ifdef 形式刚好相反，它是指，如果标识符没有被定义，就对程序段 1 进行编译，否则编译程序段 2。

(3) #if 形式：

```
#if 表达式
    程序段 1
#else
    程序段 2
#endif
```

这种形式的作用是，如果 if 表达式的值非零，就对程序段 1 进行编译，否则对程序段 2 进行编译。

【例 12.4】 在编译程序时是不允许重复编译文件的。本例题给出了使用条件编译的方法来避免出现因为文件重复包含而导致程序产生重复编译错误的示例。

在 Dev-C++中通过"文件"菜单新建一个控制台应用类型的工程，并为该工程命名为"例4"，将该工程文件保存之后，弹出一个程序代码编写的标准模板。在该代码编辑区中，输入 program 程序文件代码。

program.cpp 文件中，程序如下：

```
1   #include "common.h"
2   #include "other.cpp"
3   int main( )
4   {   int x, y, n;
5       printf("请输入两个整数:");
6       scanf("%d %d",&x,&y);
7       printf("MAX(%d,%d) = %d\n", x, y, MAX(x, y));
8       printf("MIN(%d,%d) = %d\n", x, y, MIN(x, y));
9       printf("请输入一个正整数:");
10      scanf("%d", &n);
11      printf("%d 的阶乘是: %d\n", n, fact(n));
12      printf("%d 的累加和是: %d\n", n, sum(n));
13      return 0;
14  }
```

代码输入完成后，单击"保存"按钮，会弹出保存对话框，如图 12.4 所示。我们将文件命名为 program，保存类型选择 C++ source files(C++源文件)类型，最后单击"保存"按钮，至此我们就成功创建了一个名字为"例 4"的工程，该工程中包含一个 C++源文件 program.cpp。

然后，再新建一个源文件，此时会弹出一个确认对话框，询问是否将该新文件加入当前工程中，如图 12.5 所示。单击 Yes 按钮，会创建一个空的源文件，并将新文件加入工程中。

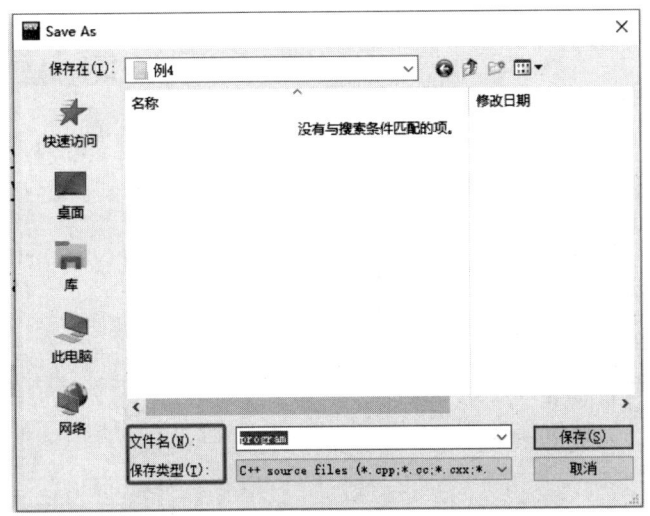

图 12.4　源文件保存操作图

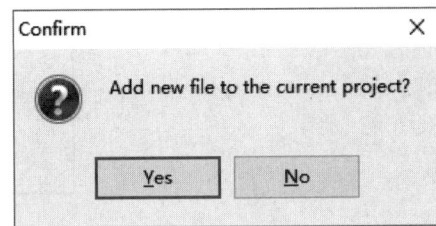

图 12.5　确认对话框

在这个空文件中输入 common.h 文件中的代码，将它保存为 C/C++ Header files(C/C++头文件)类型，名字为 common.h。common.h 文件中，程序如下：

```
1    #ifndef _COMMON_H_
2    #define _COMMON_H_
3    #include <stdio.h>
4    #define MAX(a,b) (a)>(b)?(a):(b)
5    #define MIN(a,b) (a)<(b)?(a):(b)
6    #endif
```

用相同的方法为这个工程添加一个 C/C++头文件和一个 C++源文件，都命名为 other。other.h 文件中，程序如下：

```
1    #ifndef _OTHER_H_
2    #define _OTHER_H_
3    int fact(int);    //n!
4    int sum(int);     //1+2+...+n
5    #endif
```

other.cpp 文件中，程序如下：

```
1    #include "common.h"
2    #include "other.h"
3    int fact(int n)
4    {    if(n==0)
```

```
5        return 1;
6     else
7        return n*fact(n-1);
8  }
9  int sum(int n)
10 {int i, s=0;
11    for(i=1; i<=n; i++)
12    {s+=i;}
13    return s;
14 }
```

文件添加完毕后，工程空间内容如图12.6所示。

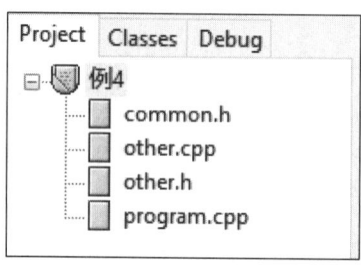

图12.6 工程空间内容

运行结果如图12.7所示。

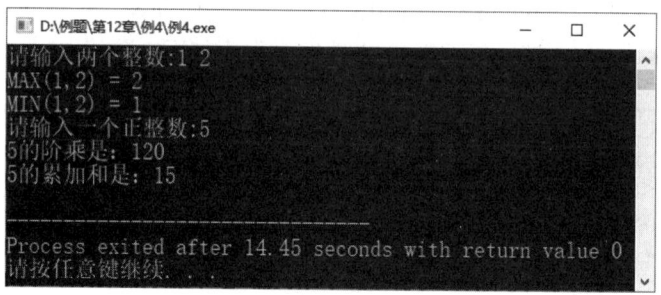

图12.7 例12.4运行结果

代码分析：

common.h 文件中的代码：

```
1  #ifndef _COMMON_H_
2  #define _COMMON_H_
6  #endif
```

上面代码的作用是防止文件重复包含。

other.h 文件中的代码：

```
1  #ifndef _OTHER_H_
2  #define _OTHER_H_
5  #endif
```

上面代码的作用同样是防止文件重复包含。

other.cpp 文件中的代码：

```
2   #include "other.h"
```

使用 include 指令包含头文件 other.h，把 fact 函数和 sum 函数的声明复制到指令所在位置。

program.cpp 文件中的代码：

```
1   #include "common.h"
2   #include "other.cpp"
```

使用 include 指令包含 common.h 和 other.cpp 两个文件，作用是把宏和函数的定义复制到主函数中。

第 13 章　位运算及应用

C 语言提供了直接对位操作的功能，称为位运算。正确使用位运算可以更合理地利用内存，优化程序。C 语言提供了以下 6 种位运算符，如表 13.1 所示。

表 13.1　位运算符

优先级	位运算符	运算顺序
2	~	从右至左
5	<<	从左至右
5	>>	从左至右
8	&	从左至右
9	^	从左至右
10	|	从左至右

13.1　位　运　算

1. 按位与运算

按位与运算符 "&" 的运算规则如表 13.2 所示。

表 13.2　按位与运算符 "&" 的运算规则

运算数 1	运算数 2	按位与运算结果
0	0	0
0	1	0
1	0	0
1	1	1

功能：将参与运算的两个数的对应位分别求与。只有对应位都为 1 时，结果才为 1；否则结果为 0。

例如，计算 10 & 5，先把十进制数转换为补码形式，再进行按位与运算，结果是 0，计算如下：

```
      0000 1010    10 的二进制补码
  &   0000 0101    5 的二进制补码
      0000 0000    按位与运算，结果转换为十进制后为 0
```

按位与运算通常用来对某些位清零或保留某些位。例如，把整型变量 a 的高 8 位清 0，保留低 8 位，可以使用表达式 "a & 255"（255 的二进制数为 0000000011111111）。

例如，有一个数是 0110 1101，我们希望只保留从右边开始的第 3、4 位，而清除其他各位，以达到程序的某些要求，可以这样运算：

```
  0110 1101      十进制 109
& 0000 1100      十进制 12
  ─────────
  0000 1100
```

上面的二进制计算过程对应的表达式是：109&12。

2. 按位或运算

按位或运算符"|"的运算规则如表 13.3 所示。

表 13.3 按位或运算符"|"的运算规则

运算数 1	运算数 2	按位或运算结果
0	0	0
0	1	1
1	0	1
1	1	1

功能：将参与运算的两个数的对应位分别求或。只有对应位都为 0 时，结果才为 0；否则结果为 1。

例如，计算 10|5，结果是 15，计算式如下：

```
  0000 1010
| 0000 0101
  ─────────
  0000 1111      15 的二进制补码
```

按位或运算常用来将操作数的某些位设置为 1，而其他位不改变。需要先设置一个二进制掩码(其中特定位置 1，其他位为 0)，然后再执行按位或运算。

例如，有一个数是 0000 0011，我们希望把它从右边开始第 3、4 位置为 1，其他位不变，可以写成：

```
  0000 0011
| 0000 1100
  ─────────
  0000 1111
```

即 3 | 12 = 15。

3. 按位异或运算

按位异或运算符"^"的运算规则如表 13.4 所示。

表 13.4 按位异或运算符"^"的运算规则

运算数 1	运算数 2	按位异或运算结果
0	0	0
0	1	1
1	0	1
1	1	0

功能：将参与运算的两个数的对应位分别求异或。如果对应位不相等，则结果为 1；否则结果是 0。

例如，10 ^ 5 计算如下：

```
    0000 1010
^   0000 0101
    0000 1111      15 的二进制补码
```

所以 10 ^ 5 = 15。

充分利用按位异或的特性，可以实现以下功能。

(1) 我们设置一个二进制掩码，执行按位求异或运算，如果设置特定位置是 1，可以使特定位的值取反；如果设置特定位置是 0，可以保留原值。例如，有 01111010，想使其低 4 位翻转，即 0 和 1 互换，可以将它与 00001111 进行 "^" 运算，即

```
    0111 1010
^   0000 1111
    0111 0101
```

(2) 因为按位异或满足交换率，在不引入第三个变量的条件下，可实现两个变量的交换。想将 a 和 b 的值互换，可以用以下赋值语句实现：

a=a^b;
b=b^a;
a=a^b;

分析如下：

a=a^b;
b=b^a=b^a^b=b^b^a=0^a=a;
a=a^b=a^b^a=a^a^b=0^b=b;

4. 按位取反运算

按位取反运算符 "~" 的功能是对运算数的每一位进行按位取反操作。

例如，~9 的运算为~(00001001)，结果为(11110110)，它所表示的无符号数是 246，所表示的有符号数是-10。

5. 左移运算

左移运算符 "<<" 的功能是把 "<<" 左边的运算数的二进制位全部左移若干位，移动位数由 "<<" 右边的操作数指定。

左移运算过程如下所示。

$n=1$，n 对应的二进制码：00000001；

$n<<1$，二进制码：00000010，表示十进制数 $n=2$；

$n<<2$，二进制码：00000100，表示十进制数 $n=4$；

$n<<3$，二进制码：00001000，表示十进制数 $n=8$；

$n<<4$，二进制码：00010000，表示十进制数 $n=16$；

$n<<5$，二进制码：00100000，表示十进制数 $n=32$；

$n << 6$，二进制码：01000000，表示十进制数 $n = 64$；
$n << 7$，二进制码：10000000，表示十进制数 $n = 128$；
$n << 8$，二进制码：00000000，表示十进制数 $n = 0$。
在左移不溢出的情况下，左移 x 位相当于乘以 2 的 x 次幂。

6. 右移运算

右移运算符 ">>" 的功能是把 ">>" 左边的运算数的二进制位全部右移若干位，移动位数由 ">>" 右边的操作数指定。

右移运算根据操作数是否有符号，分成无符号数右移和有符号数右移。如果是无符号数右移 n 位，则丢弃右边 n 位，并在左边填充 0；如果是有符号数右移，还可以再分成算术右移和逻辑右移。算术右移是指在有符号数右移时，左边以符号位填充；逻辑右移是指在有符号数右移时，左边以 0 填充。

算术右移过程如下所示。

$n = -128$，n 对应的二进制码：10000000；
$n>>1$，二进制码：11000000，表示十进制数 $n = -64$；
$n>>2$，二进制码：11100000，表示十进制数 $n = -32$；
$n>>3$，二进制码：11110000，表示十进制数 $n = -16$；
$n>>4$，二进制码：11111000，表示十进制数 $n = -8$；
$n>>5$，二进制码：11111100，表示十进制数 $n = -4$；
$n>>6$，二进制码：11111110，表示十进制数 $n = -2$；
$n>>7$，二进制码：11111111，表示十进制数 $n = -1$；
$n>>8$，二进制码：11111111，表示十进制数 $n = -1$。
在右移不溢出的情况下，右移 x 位相当于除以 2 的 x 次幂。

13.2 位运算应用

【例 13.1】位运算符的应用代码示例。
程序如下：

```
1    #include <stdio.h>
2    int main( )
3    {    char a, b, c;
4         a=0x3;            //a 是十六进制数值
5         b=a | 0x8;
6         c=b << 1;
7         printf("a = %d\tb = %d\tc = %d\n", a, b, c);
8         return 0;
9    }
```

运行结果如图 13.1 所示。

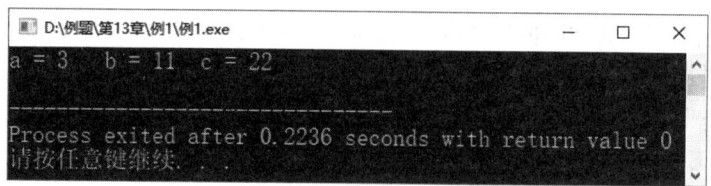

图 13.1　例 13.1 运行结果

代码分析：a 的二进制码为 00000011，0x8 的二进制码为 00001000，b 的二进制码为 00010110，计算过程为

```
    0000 0011
|   0000 1000
    ─────────
    0000 1011     十进制 11 的二进制码
```

【例 13.2】将短整型数据 a 循环右移 n 位，即将 a 中原来左端 16-n 位右移 n 位，原来右端 n 位移到最左端 n 位。

假设短整型 a 的值是 792，它的二进制码如图 13.2 所示。

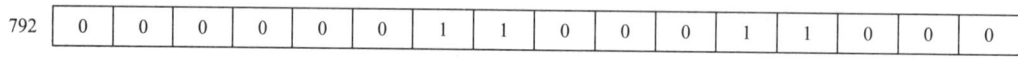

图 13.2　整型 a 循环右移前的状态

循环右移 8 位的结果如图 13.3 所示。

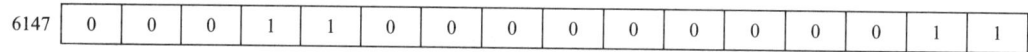

图 13.3　整型 a 循环右移后的状态

程序如下：

```
1   #include <stdio.h>
2   int main( )
3   {   short a, b, c, d;
4       int n;
5       printf("请输入一个整数:");
6       scanf("%d", &a);
7       printf("请输入循环右移位数:");
8       scanf("%d", &n);
9       b=a <<(16-n);
10      c=a >> n;
11      d=c | b;
12      printf("%d 循环右移%d 位是%d\n", a, n, d);
13      return 0;
14  }
```

运行结果如图 13.4 所示。

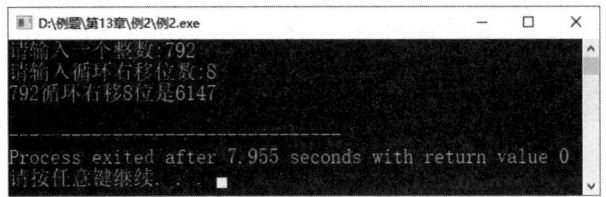

图 13.4　例 13.2 运行结果

代码分析：

9　　b=a <<(16-n);

a 左移 8 位，右端补 0。赋值后，变量 b 的内容如图 13.5 所示。

图 13.5　变量 b 的内容

10　　c=a >> n;

a 右移 8 位，左端补符号位 0。赋值后，变量 c 的内容如图 13.6 所示。

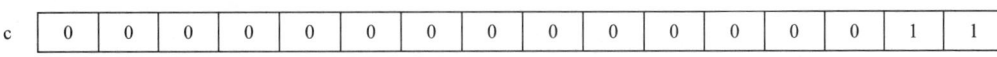

图 13.6　变量 c 的内容

11　　d=c | b;

将 c 和 b 进行按位或运算。根据按位或运算的规则，最终 d 的值如图 13.7 所示。

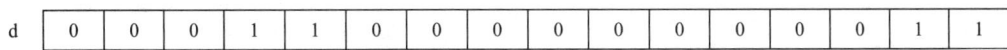

图 13.7　变量 d 的内容

参 考 文 献

刘黎明, 张晓民, 2015. C语言程序设计与实践[M]. 郑州: 河南科学技术出版社.
乔保军, 2011. C/C++程序设计[M]. 成都: 电子科技大学出版社.
谭浩强, 2008. C语言程序设计[M]. 2版. 北京: 清华大学出版社.
BRONSON G J, 2006. 标准C语言基础教程[M]. 4版. 北京: 电子工业出版社.
KERNIGHAN B W, RITCHIE D M, 2019. C语言程序设计[M]. 2版. 徐宝文, 李志, 译. 北京: 机械工业出版社.
LIANG Y D, 2014. C++程序设计[M]. 原书第3版. 刘晓光, 译. 北京: 机械工业出版社.